国家科学技术学术著作出版基金资助出版

U0185100

随机模拟的方法和应用

周永道　贺　平

宁建辉　方开泰

著

高等教育出版社·北京

图书在版编目（ＣＩＰ）数据

随机模拟的方法和应用 / 周永道等著 . -- 北京：
高等教育出版社，2021.1
（概率统计与数据科学）
ISBN 978-7-04-054337-7

Ⅰ.①随… Ⅱ.①周… Ⅲ.①数理统计－概率统计计
算法－研究 Ⅳ.① O21

中国版本图书馆 CIP 数据核字（2020）第 111462 号

随机模拟的方法和应用
SUIJIMONI DE FANGFA HE YINGYONG

| 策划编辑 | 吴晓丽 | 责任编辑 | 吴晓丽 | 封面设计 | 王凌波 | 版式设计 | 王艳红 |
| 责任校对 | 刁丽丽 | 责任印制 | 耿 轩 | | | | |

出版发行	高等教育出版社	网　　址	http://www.hep.edu.cn
社　　址	北京市西城区德外大街4号		http://www.hep.com.cn
邮政编码	100120	网上订购	http://www.hepmall.com.cn
印　　刷	三河市吉祥印务有限公司		http://www.hepmall.com
开　　本	787mm×1092mm　1/16		http://www.hepmall.cn
印　　张	15.75		
字　　数	290 千字	版　　次	2021 年 1 月第 1 版
购书热线	010-58581118	印　　次	2021 年 1 月第 1 次印刷
咨询电话	400-810-0598	定　　价	69.00 元

本书如有缺页、倒页、脱页等质量问题，请到所购图书销售部门联系调换
版权所有　侵权必究
物料号　54337-00

概率统计与数据科学

主　编　方开泰

副主编　艾春荣　唐年胜　王学钦

丛书序言

为了促进概率论、统计学和数据科学的研究,我们组织了《概率统计与数据科学》(*Lecture Notes in Probability, Statistics and Data Science*) 丛书,由高等教育出版社出版。我们的初衷是在这个舞台上交流研究课题的思想以及建模的方法,介绍新的研究工具和应用软件,探讨交叉学科领域及其实际应用(包括案例研究)。我们殷切地希望这套丛书能帮助莘莘学子和研究人员迅速进入前沿研究领域并且掌握新的研究工具,取得丰硕的研究成果。20 世纪,许多交叉学科如金融数学、风险管理、生物计量学、基因工程、中草药研究、人工智能等得到了前所未有的蓬勃发展,而概率论和统计学是其基石。21 世纪更是一个信息爆炸的时代,人们真切地感受到了大数据时代的来临,数据科学或者说大数据的研究和应用成为国家重大战略。一方面概率论和统计学是研究大数据的基本工具,另一方面大数据的研究中出现了许多新的问题,这些问题的解决进一步推动了新的概率和统计的理论与方法的发展。

丛书选材不拘一格,它们可以是多年教学或者科研成果的积累,也可以是针对某一主题 (新领域、新方法、新软件、案例研究) 深入浅出的介绍,或是专家在短期讨论班或暑期班上的比较成熟的讲义。列入丛书的图书篇幅也比较灵活,可长可短,既可以是百十来页的专题介绍,也可以是系统的专著。案例研究应是每本书不可缺少的部分,但是作者需要说明资料的来源和研究案例的目的,并介绍数据分析的相关技术。在写作语言上,使用中文或英文我们都非常欢迎。在这个快速发展的学科领域,我们希望通过这种灵活的出版方式更快捷地传递给读者该领域的最新资讯。

　　我们诚挚欢迎本学科领域的资深学者为丛书撰著, 也希望各位专家踊跃投稿。

方开泰 (ktfang@uic.edu.hk)

艾春荣 (Chunrongai@ruc.edu.cn)

唐年胜 (nstang_68@hotmail.com)

王学钦 (wangxq88@mail.sysu.edu.cn)

前　言

　　物理学、化学、生物学的理论需要通过实验来验证, 统计学的理论也必须通过实验和实践的验证. 随机模拟是利用计算机试验来检验和论证统计学理论的方法. 传统的随机模拟方法也称为蒙特卡罗法, 其主要思想是通过计算机软件模拟实践中的随机抽样, 用以检验统计方法和理论的有效性. 随机模拟在计算机上进行, 可以大大减少研究经费, 迅速获得需要的结果. 某些复杂问题, 相关的统计量的分布函数没有解析公式, 特别是在贝叶斯统计理论中, 后验分布常常没有解析公式, 这时随机模拟成为主要的研究工具. 20 世纪 80 年代以来, 学术界普遍接受随机模拟的结果有重要参考价值. 世界上许多大学把 "随机模拟" 或 "统计计算" 列入本科的教学计划. 本书介绍随机模拟的基础知识, 可以作为统计学与相关专业的研究生教材或教学参考书.

　　如何用计算机统计软件产生给定的随机变量的样本, 是随机模拟的基础. 单位区间 (0,1) 上均匀分布的样本称为随机数. 由于计算机的有限位数限制, 不可能在计算机上获得真正的随机数. 用统计软件产生单位区间 (0,1) 上均匀分布的样本, 称为伪随机数, 它是随机数的近似, 是随机模拟中非常关键的技术. 产生伪随机数的编码称为随机数发生器. 随机数发生器的质量决定了随机模拟的效能. 随机数发生器的研究已经非常成熟, 产生的伪随机数已经完全能符合大多数实际问题需求和理论探究, 因此本书在不产生歧义的情况下将伪随机数简称为随机数.

　　对给定的统计分布, 如何产生它的随机样本? 经典办法有逆变换抽样法 (inverse transform sampling)、接受拒绝抽样法 (acceptance-rejection sampling)、重要性抽样重抽样法 (sampling-importance resampling)、Metropolis-Hasting 算法、Gibbs 抽样法和切片抽样法 (slice sampling) 等. "逆变换抽样法" 需要先产生随机数, 然后通过对随机数做分布函数的逆变换得到样本. 当该分布函数的逆函数太复杂以至于难以计算时, 可采用 "接受拒绝抽样法", 其思想是考虑另一个易于抽样的密度函数控制该随机变量的密度函数, 且对于前者抽样得到的样本, 在两者更加接近的地方以较高概率接受, 在两者差距较大处以较低概率接受. "重要性抽样重抽样法" 也类似地找一个控制函数, 不过其做法与接受拒绝抽样法有些区别. "Metropolis-Hasting 算法" 和 "Gibbs 抽样法" 是 "马尔可夫链蒙特卡罗法" (Markov Chain Monte Carlo, 简称 MCMC) 中的重要内容, 这两种方法的理论基础都依赖于马尔可夫过程的性质. "切片抽样法" 是一种特殊的两阶段 Gibbs 抽样法. 马尔可夫链蒙特卡罗法在贝叶斯理论框架下进行随机模拟. 该方法可实现抽样分布随模拟的进行而改变的动态模拟, 是一种简单有效的计算方法, 在很多领域都有广泛的应用. 对同一个统计分布, 可以有许多不同的方法产生模拟样本, 需要检验它们的质量来决定采用何种方法.

多维统计分布的模拟抽样比一元统计分布要复杂得多. 逆变换法、接受拒绝抽样法和重要性抽样重抽样法在高维情形下, 往往效果不佳. 一些 MCMC 抽样方法 (特别是 Gibbs 抽样法) 可以处理高维密度函数. 然而, 对于高维多峰的概率密度函数, 这些方法也可能效果不佳. 我们需要一种当密度函数为高维多峰时效果更好的抽样方法. 由王友钟、宁建辉、周永道、方开泰等人首先提出的 "全局似然比抽样法" (global likelihood ratio sampling) 可以满足这要求, 其依赖于均匀设计这一重要的试验设计类型, 可以快速有效地得到高维随机变量的随机样本.

随机模拟依赖于随机样本, 然而在很多情形下随机样本的效果不如非随机样本. 拟蒙特卡罗法 (或数论方法) 和代表点方法是两类获取非随机样本的方法. 拟蒙特卡罗法 (quasi Monte Carlo method) 考虑用空间上均匀散布的点集代替随机样本, 其中需要考虑均匀性测度及构造均匀点集的方法. 代表点方法是通过优化某些准则而得到确定性点集, 并使其所对应的离散分布尽可能地逼近给定随机变量的概率分布. 均方误差准则是常用的准则, 此外也可以考虑使离散分布和原概率分布的各种数字特征尽可能地接近.

本书分为八章. 第一章给出随机模拟的定义及一些例子. 第二章介绍产生随机样本的几种经典方法, 如逆变换法、接受拒绝抽样法等, 并给出常见随机变量分布的生成方法. 第三章给出一些方差减少技术, 如对偶变换法、条件期望法、分层抽样法、控制变量法和重要性抽样法等. 第四章介绍刀切法和自助法这两种重抽样技术. 第五章介绍马尔可夫链蒙特卡罗法中的各种算法,如 Metropolis-Hasting 算法、Gibbs 抽样和切片抽样等方法. 第六章介绍拟蒙特卡罗法中的均匀点集和代表点理论. 第七章介绍全局似然比抽样方法的理论、具体算法及其性质. 一些蒙特卡罗法和拟蒙特卡罗法的应用将在第八章中介绍. 本书讲到的一元和多元统计分布的基本知识可以参考方开泰, 许建伦 (2016).

　　本书作者周永道感谢国家自然科学基金 (批准号: 11871288) 和天津市自然科学基金 (批准号: 19JCZDJC31100) 的资助. 方开泰和贺平感谢香港 UGC 研究基金、北京师范大学–香港浸会大学联合国际学院研究基金 (资助号: R201409) 和珠海市优势学科基金的资助. 宁建辉感谢国家自然科学基金 (批准号: 11571133) 的资助.

　　　　　　　方开泰　北京师范大学–香港浸会大学联合国际学院
　　　　　　　　　　　中国科学院数学与系统科学研究院应用数学所
　　　　　　　贺　平　北京师范大学–香港浸会大学联合国际学院
　　　　　　　宁建辉　华中师范大学数学与统计学学院
　　　　　　　周永道　南开大学统计与数据科学学院

　　　　　　　　　　　　　　　　　　　　　　　　　　2020 年 3 月

目　　录

第一章　　随机模拟 ⋯⋯⋯⋯⋯⋯⋯⋯⋯⋯⋯⋯⋯⋯⋯⋯ 1

1.1　引言 ⋯⋯⋯⋯⋯⋯⋯⋯⋯⋯⋯⋯⋯⋯⋯⋯⋯⋯⋯ 1

1.2　随机模拟的发展 ⋯⋯⋯⋯⋯⋯⋯⋯⋯⋯⋯⋯⋯⋯⋯ 2

1.3　随机模拟的应用 ⋯⋯⋯⋯⋯⋯⋯⋯⋯⋯⋯⋯⋯⋯⋯ 6

第二章　　随机变量的生成 ⋯⋯⋯⋯⋯⋯⋯⋯⋯⋯⋯⋯⋯ 13

2.1　随机数发生器 ⋯⋯⋯⋯⋯⋯⋯⋯⋯⋯⋯⋯⋯⋯⋯⋯ 13

2.2　随机变量生成方法 ⋯⋯⋯⋯⋯⋯⋯⋯⋯⋯⋯⋯⋯⋯ 15

　　2.2.1　逆变换法 ⋯⋯⋯⋯⋯⋯⋯⋯⋯⋯⋯⋯⋯⋯ 15

　　2.2.2　接受拒绝抽样法 ⋯⋯⋯⋯⋯⋯⋯⋯⋯⋯⋯ 18

　　2.2.3　随机表示法 ⋯⋯⋯⋯⋯⋯⋯⋯⋯⋯⋯⋯⋯ 22

2.3　常见统计分布的生成 ⋯⋯⋯⋯⋯⋯⋯⋯⋯⋯⋯⋯⋯ 22

　　2.3.1　常见离散型随机变量的生成 ⋯⋯⋯⋯⋯⋯ 23

　　2.3.2　常见连续型随机变量的生成 ⋯⋯⋯⋯⋯⋯ 25

2.4　多维随机变量的生成 ⋯⋯⋯⋯⋯⋯⋯⋯⋯⋯⋯⋯⋯ 35

习题 ⋯⋯⋯⋯⋯⋯⋯⋯⋯⋯⋯⋯⋯⋯⋯⋯⋯⋯⋯⋯⋯⋯ 39

第三章　　方差减少技术 ⋯⋯⋯⋯⋯⋯⋯⋯⋯⋯⋯⋯⋯⋯ 41

3.1　对偶变量法 ⋯⋯⋯⋯⋯⋯⋯⋯⋯⋯⋯⋯⋯⋯⋯⋯ 41

3.2　条件期望法 ⋯⋯⋯⋯⋯⋯⋯⋯⋯⋯⋯⋯⋯⋯⋯⋯ 43

3.3　分层抽样法 ·· 46

3.4　控制变量法 ·· 48

3.5　重要性抽样法 ·· 49

习题 ·· 56

第四章　重抽样技术 ·· **59**

4.1　刀切法 ··· 59

4.1.1　偏差的刀切估计 ·· 61

4.1.2　方差的刀切估计 ·· 63

4.2　自助法 ··· 65

4.2.1　非参数自助法 ··· 66

4.2.2　参数化 B 估计 ·· 71

4.2.3　自助法不适合的情形 ·· 73

习题 ·· 75

第五章　马尔可夫链蒙特卡罗法 ··· **77**

5.1　简单的案例 ·· 78

5.2　离散时间马尔可夫过程 ·· 80

5.3　Metropolis-Hastings 算法 ··· 89

5.3.1　Metropolis 算法 ·· 89

5.3.2　Metropolis-Hastings 算法 ·································· 95

5.3.3　Metropolis-Hastings 算法的收敛理论 ·················· 101

5.3.4　Metropolis-Hastings 算法的缺陷 ······················ 103

5.3.5　推广算法 ·· 104

5.4　Gibbs 抽样 ··· 110

5.4.1　Gibbs 抽样原理 ·· 110

5.4.2　分块 Gibbs 抽样 ··· 113

5.4.3　Gibbs 算法的收敛定理 ····································· 114

5.4.4　数据增强技术 ··· 117

5.5　切片抽样 ··· 119

5.5.1　切片算法的收敛性 ··· 122

5.6　收敛性诊断 ·· 122

5.6.1　图示法 ··· 123

5.6.2　诊断统计量 ··· 125

习题 ·· 126

第六章　　拟蒙特卡罗方法 ·· **129**

　6.1　均匀网格 ·· 129

　　　6.1.1　低偏差序列 ··· 130

　　　6.1.2　均匀网格 ·· 134

　　　6.1.3　改进的偏差 ··· 136

　6.2　分布函数的代表点 ·· 139

　　　6.2.1　几种代表点方法 ··· 139

　　　6.2.2　FM 代表点 ·· 142

　　　6.2.3　不同代表点的比较 ··· 150

　6.3　离散数据的代表点 ·· 152

　　　6.3.1　k 均值算法 ·· 152

　　　6.3.2　数据收集有偏情形 ··· 154

　习题 ··· 157

第七章　　全局似然比 (GLR) 技术 ································ **159**

　7.1　重要性抽样重抽样技术 ·· 159

　　　7.1.1　重要性抽样重抽样技术 ····································· 159

　7.2　拟蒙特卡罗 SIR 技术 ··· 164

　　　7.2.1　拟蒙特卡罗 SIR 技术 ······································ 164

　　　7.2.2　随机化拟蒙特卡罗重要性重采样 (RQSIR) ················· 165

　7.3　全局似然比抽样器 ·· 170

　7.4　GLR 在一维分布中的应用 ······································· 173

　7.5　多维多峰分布中的使用 ·· 177

　7.6　GLR-Gibbs 算法 ··· 179

　习题 ··· 182

第八章　　随机模拟的应用 ·· **185**

　8.1　多维积分的近似 ·· 185

　　　8.1.1　随机方法 ·· 186

　　　8.1.2　拟随机方法 ··· 187

　　　8.1.3　各种方法近似效果 ··· 189

　8.2　优化问题求解 ·· 191

　　　8.2.1　无约束优化问题 ··· 192

　　　8.2.2　约束优化问题 ··· 199

8.3　贝叶斯推断 ··· 202

8.4　贝叶斯变量选择 ··· 207

　　8.4.1　分层贝叶斯模型 ·· 208

　　8.4.2　Gibbs 抽样法 ·· 209

　　8.4.3　超参数的选择 ·· 210

　　8.4.4　实例分析 ··· 211

8.5　非规则区域上的点集 ··· 212

习题 ··· 217

参考文献 ·· **219**

索引 ·· **233**

第一章　随机模拟

1.1　引言

化学、物理学、生物学以及工程技术的发展需要实验来检验理论的正确性, 这些实验需要特殊的设备和仪器. 统计学的发展也需要做实验, 通常是在计算机上进行的, 这一类的实验称为随机模拟, 模拟实体随机抽样、统计分析, 并且给出经验的结论和预报.

面对一个实际问题, 统计学家希望用一个或几个模型去分析数据, 估计模型中的未知参数或函数, 然后通过模型的分析给出结论. 模型中的随机变量可以用计算机软件来产生, 从而可以用计算机软件来模拟实体随机抽样, 代替实际的数据. 模拟就是仿真, 随机模拟是统计方法仿真. 随机模拟是统计学中的重要方法, 其以概率与统计理论为基础, 是一种应用随机数来进行模拟实验的方法. 随机模拟方法也称为蒙特卡罗法 (Monte Carlo method), 其主要思想是通过计算机软件来模拟实践中的随机抽样. 这种方法名称来源于世界著名的赌城——摩纳哥的蒙特卡罗, 通过对研究问题或系统进行随机抽样, 然后对样本值进行统计分析, 进而得到所研究问题或系统的某些具体参数、统计量等. 因为随机模拟在计算机上进行, 可以大大减少研究经费, 迅速获得需要的结果.

随机模拟方法有许多优点, 例如:

(1) 随机模拟用于预先研究, 可以减少收集数据的预算、时间和人力.

(2) 需要的统计量没有解析表达, 随机模拟方法可以给出数值解, 特别是在贝叶斯统计理论中, 后验分布常常没有解析公式, 这时随机模拟成为研究的主要工具.

(3) 随机模拟可以研究非常复杂的系统.

(4) 有一些非随机的问题, 也可以用蒙特卡罗法来尝试, 例如估计圆周率的值.

20 世纪 80 年代以前, 统计学术界不认可仅有随机模拟的结论, 因而如果没有相应的理论证明, 那么有关的文章难以发表. 甚至统计学家 B. Efron 的著名论文 *Bootstrap methods: another look at the jackknife* 第一次投稿被拒绝, 因为文章只有随机模拟的结论, 没有理论证明. 但历史证明, 这是一个突破性的思想. 这个事件给随机模拟方法一个有力的支持. 现在, 随机模拟方法成为最重要的研究工具之一, 学术界普遍接受随机模拟的结果有重要参考价值.

20 世纪统计学中的贝叶斯统计和非贝叶斯统计是非常对立的两派, 因为大部分问题的后验分布没有 (或很难导出) 解析公式, 于是, 一些作者假定先验分布为均匀分布或其他简单的情况, 这些假定不符合实际, 非贝叶斯统计派给予强力批评. 因为随机模拟可以给出后验分布的数值解, 使贝叶斯统计派摆脱了困境, 中止了两派的辩论.

随机模拟的核心是随机抽样, 通过随机抽样产生一种符合随机变量概率分布的随机数值序列, 这个序列可视为随机样本, 进而得到所研究问题或系统的某些具体参数、统计量等. 由于每次随机抽样得到的统计量都是相互独立的, 根据中心极限定理, 这些统计量的样本均值将收敛到真实值, 且其渐近分布服从正态分布.

1.2　随机模拟的发展

随机模拟方法的基本思想很早以前就被人们所发现和利用. 早在 17 世纪, 人们就知道用事件发生 "频率" 来近似事件 "概率". 18 世纪下半叶, 法国学者 Buffon 提出用投针试验的方法来估计圆周率的值. 这个著名的 Buffon 试验是蒙特卡罗方法的最早尝试.

现代意义的蒙特卡罗法源于美国在第二次世界大战期间进行的研制原子弹的 "曼哈顿计划". 美国 Los Alamos 国家实验室的波兰裔犹太人 Stanislaw Ulam 在 20 世纪 40 年代首先提出应用蒙特卡罗法解决研发原子弹过程的一些问题. 该计划的负责人之一、数学家 John von Neumann 很快意识到该方法的重要性, 并在世界上第一台电子计算机 ENIAC (electronic numerical integrator and calculator) 上实现该方法. 后来, von Neumann 和 Ulam 的同事 Nicholas Metropolis 建议用驰名世界的赌城——摩纳哥的蒙特卡罗城市名来命名这种方法, 为它蒙上了一层神秘的色彩. 该方法刚开始是严格保密的. 尽管有人批评该方法比较粗糙, 但 von Neumann 认为它比所能使用的任何其他方法都要快, 并且还指出, 当它出错时会很清楚地显示其已出错, 而其他方法并不具有这个效果. 从此, 蒙特卡罗法变成 "曼哈顿计划" 仿真试验的核心方法. 在 20 世纪 50 年代, 该方法也被 Los Alamos 国家实验室用于与氢弹开发相关的早期工作. 在此期间, 美国兰德公司和美国空军是两个负责资助和推广蒙特卡罗法的主要组织; 从而, 该方法开始在不同领域都得到广泛应用. 逐渐地, 该方法在物理、化学和运筹学领域得到普及, 并结合相关背景得到一些新发展. 例如, Fermi, Richtmyer (1948) 提出量子蒙特卡罗法用于解释中子链反应的平均场粒子的变化. Gordon 等 (1993) 提出了序列蒙特卡罗法 (sequential Monte Carlo), 其也被称为粒子滤波 (particle filter) 或自助滤波 (bootstrap filter). 这是蒙特卡罗重抽样法首次在贝叶斯统计推断中的应用. 该方法也大量应用于信息处理领域. 与其他滤波方法相比, 序列蒙特卡罗法既不用假设状态空间也不用假设系统噪声.

通常地, 蒙特卡罗法得到的估计方差较大. 重要性抽样法 (importance sampling) 是一种缩小蒙特卡罗法的方差的方法, 它不从给定的概率分布函数中进行抽样, 而是通过引入另一个分布, 使得对模拟结果有重要贡献的部分高频率出现, 从而达到缩减方差和提高效率的目的. 然而该方法在高维中的效果不佳. 自适应重要性抽样法 (adaptive importance sampling) 和重要性抽样重抽样法 (sampling-importance resampling, 参见 Rubin, 1987) 是重要性抽样法的推广.

在随机模拟中, 抽样得到的随机样本并不是真正随机的, 而是拟随机样本. 如何产生随机样本是一个很重要的问题. 对于非均匀分布的概率分布, 欲使得到的样本能服从该分布, 最简单的方法是逆变换抽样法 (inverse transform sampling); 该方法的思想是先产生 $[0,1]$ 上的 (拟) 随机样本, 称为伪随机数, 然后再通过逆变换的方法得到相应的随机样本. 逆变换抽样法是最早使用的抽样方法. 然而有些分布函数的逆变换很难计算, 为了克服该困难, 另一常用的抽样方法为接受拒绝抽样法 (acceptance-rejection sampling, accept-reject algorithm 或 rejection sampling), John von Neumann 已使用过该方法. 该方法可以适用于任何一维或多维分布, 其思想是找一个更易抽样的分布 $G(x)$ 来控制目标分布 $F(x)$, 然后通过接受或拒绝服从 $G(x)$ 的样本来得到 $F(x)$ 的样本. 然而, 接受拒绝抽样法也存在一些问题. 例如, 当目标分布所在的某个局部区域有一个陡峰时, 该方法的效果不佳. 为此, Gilks, Wild (1992) 提出自适应拒绝抽样法 (adaptive rejection sampling). 对于一维对数凹的概率密度函数,自适应拒绝抽样法可以获得更好的效果. 然而, 对于不是对数凹的密度函数, 该方法需要修改. Gilks 等 (1995) 基于 Metropolis-Hastings 算法, 提出了自适应拒绝 Metropolis 抽样 (adaptive rejection Metropolis sampling, ARMS) 法.

　　逆变换抽样法和接受拒绝抽样法得到的样本通常是相互独立的, 然而相关的样本也有可能使其服从目标分布. 马尔可夫链蒙特卡罗 (Markov Chain Monte Carlo, 简称 MCMC) 方法可达到这个效果. 该算法功能强大, 易于实现, 因而应用广泛, 甚至被冠以 "万能" 之名. 该算法最早应用于物理学, 后来推广至应用数学、计算机科学和统计学中. MCMC 包括很多种方法, 其中最常用的是 Metropolis-Hastings 算法和 Gibbs 抽样法等. 最早的 MCMC 方法是 Metropolis 等 (1953) 提出的 Metropolis 算法, 其可以处理对称的目标分布的抽样问题; Hastings (1970) 把该方法推广至一般的情形, 从而合称为 Metropolis-Hastings 算法. 该算法可以对较复杂的目标分布抽取随机样本. 有趣的是, 提出 Metropolis 算法的 Nicholas Metropolis, Arianna W. Rosenbluth, Marshall Rosenbluth, Augusta H. Teller 和 Edward Teller 五位作者对该文各自的贡献大小有不同的意见. Rosenbluth 在纪念该文发表 50 周年的会议中认为他和他的妻子 Arianna 是主要贡献者, 而 Metropolis 除了一点计算之外别无贡献, 然而 Edward Teller 认为文章在五位作者鼎力合作下才完成. 毋庸置疑, 该文的发表, 对于随机模拟这一研究方向的发展起到非常重要的作用, 该算法被 Dongarra, Sullivan (2000) 评为 20 世纪十大算法之一. 此外, Geman, Geman (1984) 提出了 Gibbs 抽样法并介绍了该方法在数字图像复原中的应用. Gibbs 抽样法是另一种常用的 MCMC 方法, 且可以看成是一种特殊的 Metropolis-Hastings 算法, 其要求对目标分布的所有边缘条件分布都可以进行精确抽样. 直到 Gelfand, Smith (1990) 在统计学顶级期刊 JASA 上介绍 MCMC 方法在贝叶斯分析的应用价值之后, 统计学家才开始重视 MCMC 方法, 并发展了许多理论结果, 例如算法的收敛性以及如何确定马尔可夫链的迭代步数等. 除了这两类 MCMC 方法, 人们还提出许多新的 MCMC 方法, 如 Neal (2003) 提出的切片抽样 (slice sampling) 等. MCMC 的研究在过去的二三十年里非常热门, 期间有好几位美国 COPSS 奖获得者是因研究 MCMC 的理论而获奖的.

　　蒙特卡罗方法具有随机性, 与此对应的另一类方法是拟蒙特卡罗法 (quasi Monte Carlo method), 其应用数论方法确定性地选点, 因此也称之为数论方法. 拟蒙特卡罗法最早应用于多维积分的近似 (Korobov, 1959a,b; Niederreiter, 1978). 该方法说明一个具有低偏差的点集或序列可以更准确地估计积分值, 这里的偏差是指由 Weyl (1916) 提出的星偏差 (star discrepancy). Korobov (1959a) 提出的好格子点法 (good lattice point method) 和方幂好格子点法 (good lattice point with power generator method) 是构造低偏差点集的有效方法, Hua, Wang (1981) 证明了这两种方法的收敛性质. Fang (1980), Wang, Fang (1981) 首次把拟蒙特卡罗法应用到统计学中的试验设计领域, 提出均匀设计这一全新的试验设计类型, 并采用好格子点法生成均匀设计表. 从此, 拟蒙特卡罗法在统计学中开始受到重视. 除了好格子点集, 人们还提出了不同的低偏差序列, 如 Halton 序列、Hammersley 集、Sobol 序列、Faure 序列等. Niederreiter (1992) 证明了这些序列的偏差上界及收敛性质. 用这些低偏差序列来估计 s 维的积分值时, 其收敛阶数为 $O((\log N)^s/N)$, 其中 N 为序列长度. 而蒙特卡罗法的收敛阶数为 $O(N^{-1/2})$, 其与维数 s 无关. 因此, 当维数 s 不太大时, 拟蒙特卡罗法比蒙特卡罗法的收敛速度更快.

拟蒙特卡罗法的理论证明, 点集的偏差值越小时, 高维积分的估计越准确. 因此, 人们寻找偏差值小的点集, 即均匀设计. 最早采用的偏差为星偏差. 然而, 星偏差仍具有一些缺点, Fred Hickernell 采用再生核 Hilbert 空间的工具提出新的均匀性度量, 比如可卷偏差和中心化偏差等, 并指出这些偏差可以修正星偏差的缺点, 参见 Hickernell (1998a,b). 后来 Zhou 等 (2013) 指出可卷偏差和中心化偏差仍有一些缺点, 并提出混合偏差这一更合理的偏差准则. 基于这些不同的偏差准则, 方开泰和他的合作者们完善了均匀设计理论, 并得到大量的应用, 参见 Fang 等 (2006a, 2018). 进一步地, Wang 等 (2015) 把拟蒙特卡罗法的思想应用到抽样中, 其结合均匀设计的思想可对任意分布进行抽样.

在随机模拟的发展历程中, 重抽样技术起到了很重要的作用, 例如之前提到的重要性抽样重抽样法. 然而最早的重抽样技术是由 Quenouille (1949) 提出的刀切法 (Jackknife). Quenouille (1956) 给出刀切法的相应理论推断. Tukey (1958) 认为其可以作为一种通用的假设检验和置信区间计算的方法. Efron (1979) 基于刀切法提出了自助法 (bootstrap). 实际上, 该方法的核心思想是对已有数据做有放回的重抽样. 有人评价, 自助法可谓是近几十年来统计学方法最大的突破, 因为该方法可以处理小样本统计推断. 该方法也得到了大力发展, 例如 Rubin (1981) 结合贝叶斯方法和自助法, 提出了贝叶斯自助法; Efron (1987) 提出了偏差修正和快速自助法. 自助法可以更充分地利用已有数据的信息, 因此在随机模拟中也得到广泛应用.

1.3　随机模拟的应用

A. 统计教育

统计学是研究如何用样本推断总体的学科. 给定一个分布, 用蒙特卡罗法产生一个样本 $\{x_1, x_2, \cdots, x_n\}$, 然后比较总体和样本的各种统计量: 平均值、中位数、方差、高阶矩、各种各样分位点等. 通过这种方式, 学生更容易理解统计思想和方法. 也可以利用蒙特卡罗模拟形象地说明总体分布的一些性质, 例如, 对于一个服从二项分布 $B(n,p)$ 的随机变量, 当 np 和 $n(1-p)$ 满足一定条件时, 可以用服从正态分布 $N(np, np(1-p))$ 的随机变量来逼近它.

B. 求统计量的分布

假定 $\{x_1, \cdots, x_n\}$ 是总体 $X \sim F(x)$ 的一个样本, $T = g(x_1, \cdots, x_n)$ 是样本的一个函数. 我们需要基于 T 做统计推断. 利用随机模拟我们可以获得统计量 T 的一组模拟样本 $T_1, \cdots, T_N$, 从这个样本我们容易估计 T 的分布.

例 1.1 （t 检验和 t 分布）

令 $x_1, \cdots, x_n$ 为从正态分布 $N(\mu, \sigma^2)$ 中抽取的一个随机样本, 其中 $\sigma^2 > 0$ 未知. 假设我们要做下面的关于总体均值的检验:

$$H_0: \mu = 0, \quad H_1: \mu > 0.$$

检验统计量为

$$t = \sqrt{n} \frac{\overline{x}}{s},$$

这里 $\overline{x}$ 和 s 分别为样本均值和样本标准差. 众所周知, 零假设为真的情况下, t 服从自由度为 $n-1$ 的 t 分布, 记为 t_{n-1}. 假设我们不知道这个事实, 并且想找到 t 的分布和给定显著水平 α 时的临界值.

我们可以用下面的步骤模拟出 t 的分布并估计出临界值:

步骤 1. 选定 n 和 N;

步骤 2. 从正态分布 $N(\mu, \sigma^2)$ 生成 N 组具有 n 个独立同分布的随机样本 $x_1^{(j)}, \cdots, x_n^{(j)}, j = 1, \cdots, N$;

步骤 3. 计算 $\overline{x}_j = \frac{1}{n} \sum_{i=1}^{n} x_i^{(j)}, S_j = \sqrt{\frac{\sum_{i=1}^{n}(x_i^{(j)} - \overline{x}_j)^2}{n-1}}, t_j = \sqrt{n} \frac{\overline{x}_j}{s_j}, j = 1, \cdots, N$, 则 $\{t_1, \cdots, t_N\}$ 为服从 t_{n-1} 的一个大小为 N 的样本;

步骤 4. $t_1, \cdots, t_N$ 的直方图给出了 t_{n-1} 的一个近似概率密度;

步骤 5. 令 $t_{(1)} \leqslant t_{(2)} \leqslant \cdots \leqslant t_{(N)}$ 为顺序统计量. 给定显著水平 α, 计算 $100(1-\alpha)\%$ 的样本分位数对应的位置 $k = \text{Int}[(1-\alpha)(N+1)]$, Int 表示取整. 那么 $t_{(k)}$ 可以作为显著水平为 α 时的临界值 $t_{n-1}(\alpha)$ 的一个近似.

C. 数值积分

随机数最早的应用之一是计算定积分. 假如 $g(x)$ 是一个可积函数, 并且我们想计算下面定积分的值

$$\theta = \int_0^1 g(x)dx. \tag{1.1}$$

令 U 为服从 $(0,1)$ 上的均匀分布的随机变量, 记为 $U \sim U(0,1)$, 则 θ 可以表示为

$$\theta = E[g(U)].$$

如果 $U_1, \cdots, U_n$ 为 $(0,1)$ 上的独立的随机变量, 那么 $g(U_1), \cdots, g(U_n)$ 是均值为 θ 的独立同分布的随机变量. 因此, 根据大数定理, 我们有

$$\frac{1}{n}\sum_{i=1}^n g(U_i) \longrightarrow E[g(U)] = \theta, n \longrightarrow \infty,$$

以概率为 1 收敛. 所以我们可以首先产生 n 个随机数 $u_i \sim U(0,1), i = 1, \cdots, n$, 然后计算 $g(u_i), i = 1, \cdots, n$ 的均值, 则这个均值可以作为 θ 的数值近似值.

当积分的上下限不是 0 和 1 时, 一种方法是我们可以通过换元法将积分的上下限变为 0 和 1, 再进一步用蒙特卡罗法求积分的数值近似值. 另一种方法是直接利用合适的分布, 将积分表达为具有这个分布的随机变量的函数的期望, 然后再利用样本均值估计期望, 例如下面的例子.

例 1.2 假设我们需要估计下面定积分的值

$$\theta = \int_0^\infty x^{0.6}e^{-x}dx.$$

考虑一个均值为 1 的指数分布的随机变量 X, 其概率密度函数为

$$f(x) = e^{-x}, x > 0.$$

从随机变量函数的期望定义, 我们知道

$$\theta = E_f(X^{0.6}).$$

从而 θ 的估计可以通过下面的步骤获得:

步骤 1. 从均值为 1 的指数分布中抽取一个随机样本 $\{x_1, \cdots, x_n\}$;

步骤 2. 计算 $\hat{\theta} = \frac{1}{n} \sum_1^n x_i^{0.6}$ 的值.

则 $\hat{\theta}$ 是 θ 的一个无偏估计.

这里需要知道如何从指数分布中抽样. 在第二章我们将证明如果令

$$X_i = -\ln U_i,$$

且 $U_i \ (i = 1, 2, \cdots, n)$ 为服从 $(0, 1)$ 上均匀分布的 n 个独立同分布的随机变量, 则 $X_i \ (i = 1, 2, \cdots, n)$ 为 n 个独立同分布的服从均值为 1 的指数分布随机变量.

D. 求不规则的区域的面积

假设我们有一个矩形区域, 在这个区域中有一个有限大的不规则的区域 G, 需要计算或估计 G 的面积. 如果不能通过公式直接计算出来, 我们可以用随机模拟的思想来处理. 首先, 建立区域 G 的外接矩形, 记为 $A = [a, b] \times [c, d]$. 如果我们能产生 N 个点在矩形 A 上均匀分布, 若有 M 个点落在 G 内, 那么 G 的面积 area(G) 可以估计为

$$\hat{\text{area}}(G) = (b-a)(d-c)\frac{M}{N}. \tag{1.2}$$

如何在矩形 A 上产生均匀分布的点集, 通常有三类常用的方法:

(1) 在区间 $[a, b]$ 和 $[c, d]$ 上分别取等距的点 $x_1, \cdots, x_{n_1}$ 及 $y_1, \cdots, y_{n_2}$, 那么点集 $\{(x_i, y_j), 1 \leqslant i \leqslant n_1, 1 \leqslant j \leqslant n_2\}$ 有 $N = n_1 n_2$ 个点.

(2) 产生 n_1 个均匀分布 $U(a, b)$ 的随机样本 $x_1, \cdots, x_{n_1}$ 及 n_2 个均匀分布 $U(c, d)$ 的随机样本 $y_1, \cdots, y_{n_2}$, 那么点集 $\{(x_i, y_j), 1 \leqslant i \leqslant n_1, 1 \leqslant j \leqslant n_2\}$ 为均匀分布 $U(A)$ 的样本.

(3) 用拟蒙特卡罗法 (quasi Monte Carlo method) 在 A 上产生一个均匀散开的点集. 细节将在第六章中介绍.

例 1.3 假设我们想估计椭圆 $5x^2 + 21xy + 25y^2 = 9$ 的面积. 我们可以先利用上述三种方法之一产生 N 个均匀散布在一个矩形 A 里的点, 其中矩形 $A = [-4, 4] \times [-2, 2]$, 则矩形的面积为 32. 然后可以通过 $(M/N) \times 32$ 来估计椭圆的面积, 其中 M 为所有 N 个随机点中落在椭圆内的点的个数, 如图 1.1 所示.

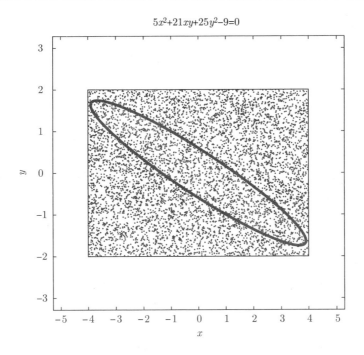

图 1.1　求椭圆 $5x^2 + 21xy + 25y^2 = 9$ 面积的示意图

E. 几何概率的计算

统计模拟是一个重要的工具, 因为统计中的许多问题都没有解析解. 这里给出方开泰, 王元 (1996) 的《数论方法在统计中的应用》中的两个例子.

例 1.4　由现实生活中的案例抽象出的一个随机覆盖问题为: 确定一个固定圆和一组 m 个随机圆重叠区域面积的分布. 令 $B_2 = \{(x, y) : x^2 + y^2 \leqslant 1\}$ 为一个单位圆. 假设有以 $\{P_1, \cdots, P_m\}$ 为中心以 $\{R_1, \cdots, R_m\}$ 为半径的 m 个随机圆 $\{O_1, \cdots, O_m\}$, 其中每一个 P_i 都服从二维正态分布, $P_i \sim N_2(\mathbf{0}, \sigma_i^2 \mathbf{I}_2), 1 \leqslant i \leqslant m$. 令 S 为 B_2 和所有随机圆的并集的重叠邻域, 即 $S = B_2 \cap (O_1 \cup \cdots \cup O_m)$. 记 A_s 为 S 的面积, 目的是找到 A_s 的分布. 当 $m = 1$ 时, 由于两个圆的公共面积可以由这两个圆的中心与半径的显式表示出来, 所以容易找到 A_s 的分布. 当 $m > 1$ 时, 则很难找到 A_s 分布的一个简单公式, 故可以用随机模拟的方法找到近似分布. Fang, Wang (1994) 运用数论方法进行了相关的统计模拟. 更进一步, Wang, Fang (2009) 比较了利用等距格点方法 (ELP 网) 与数论方法 (NT 网) 对这个问题做统计模拟时的结果, 一些数值实例表明 NT 网远比 ELP 网优.

例 1.5　这个问题来自轧钢生产线. 工程师希望用一种随机旋转的球形轧辊代替传统的三维矩形轧辊, 从而提高零件的使用寿命. 它的数学模型可以表述为: 令 S 为 R^3 中的一个单位球, 依次被具有固定宽度的独立随机带所覆盖. 每条带都关于 S 上的一个大圈对称, 并且均匀分布在 S 上, 即 $\boldsymbol{x} \sim U(S)$. 用 $G_h(\boldsymbol{x})$ 表示厚度为 $2h$, 法线方向为 $\boldsymbol{x}$ 的 S 上的随机带. 产生随机带 $G_h(\boldsymbol{x}_1), G_h(\boldsymbol{x}_2), \cdots$, 如果 S 上的某个点已经被 m 次覆盖, 其中 m 是给定的正整数, 则更换新滚轮. 用 $T_m(h)$ 表示滚轮的寿命, 这个问题的目标为: 对 (m, h) 的各种取值找到 $T_m(h)$ 的分布, 并希望找到一种使滚轮寿命达到最长的旋转方式. 此问题也很难找到解析解, 所以目前也是通过随机模拟得到估计的近似解.

F. 泊松过程模拟

计算机仿真实验中往往需要模拟动态过程, 例如模拟人们在银行窗口排队等待的过程, 模拟病人在医院就医的流程, 模拟流行病随时间和空间的演变等. 泊松过程是最常用来对排队模式进行建模的一种过程, 它是描述随机事件累计发生次数的最基本过程之一. 例如随着时间增长, 累计进入某商店的人数就构成一个泊松过程. 泊松过程定义如下:

定义 1.1 (泊松过程)　在一个随机过程 $N(t)$ $(t \geqslant 0)$ 中, $N(t)$ 表示在 t 时刻发生的事件总数, 如果满足下面的条件, 则 $N(t)$ 称为具有参数 λ 的泊松过程:

(i) $N(0) = 0$;

(ii) 在两个互斥 (不重叠) 的区间内所发生的事件的数目是互相独立的随机变量;

(iii) 在任何长度为 t 的时间间隔里, 事件发生的数量都服从均值为 λt 的泊松分布. 也就是说, 对于所有的 $s, t \geqslant 0$,

$$P\{N(t+s) - N(s) = n\} = e^{-\lambda t} \frac{(\lambda t)^n}{n!}, n = 0, \cdots, 1.$$

注意, 根据条件 (iii), 泊松过程中时间区间 $[0, t]$ 内的事件发生次数的期望值为 λt, 即

$$E[N(t)] = \lambda t,$$

这也解释了为什么参数 λ 被称为到达率或强度.

考虑一个参数为 λ 的泊松过程, 如果我们知道了每两个紧邻事件的间隔时间的分布, 就很容易模拟这个过程. 假设 T_1 表示第一个事件的发生时间, $T_n(n > 1)$ 表示从第 $n-1$ 个事件到第 n 个事件经历的时间. 那么, 序列 $\{T_n, n = 1, 2, \cdots\}$ 称为到达时间间隔序列. 例如, 如果 $T_1 = 3, T_2 = 9$, 那么泊松过程的第一个事件发生在时间点 3, 第二个事件发生在时间点 12. 所以我们需要研究 T_n 的分布. 首先注意事件 $\{T_1 > t\}$ 发生当且仅当泊松过程中没有任何事件在区间 $[0, t]$ 内发生, 因此,

$$P\{T_1 > t\} = P\{N(t) = 0\} = e^{-\lambda t}.$$

则 T_1 服从均值为 $1/\lambda$ 的指数分布. 同时

$$
\begin{aligned}
P\{T_2 > t | T_1 = s\} &= P\{\text{在 } (s, s+t) \text{ 里无事件发生 } | T_1 = s\} \\
&= P\{\text{在 } (s, s+t) \text{ 里无事件发生}\} \\
&= e^{-\lambda t}.
\end{aligned}
$$

最后两个等式可以从泊松过程的定义条件 (ii) 和 (iii) 中得到. 从上述分析我们可以得出结论, T_2 也是一个均值为 $1/\lambda$ 的指数分布随机变量. 此外 T_1, T_2 是独立的. 重复相同的分析我们得到一个重要的结论: 泊松过程的时间间隔序列 $\{T_n, n = 1, 2, \cdots\}$ 独立同分布于均值为 $1/\lambda$ 的指数分布.

基于上面的结论, 假设想模拟具有参数 λ 的泊松过程中前 n 个事件发生的时间, 我们只需从均匀分布 $U(0, 1)$ 中生成随机数 $U_1, U_2, \cdots, U_n$ 并令 $X_i = \frac{1}{\lambda} \log U_i$, 则 $X_i (i = 1, \cdots, n)$ 独立同分布于均值为 $1/\lambda$ 的指数分布, 可以被看作泊松过程中连续事件之间的相隔时间. 因为第 j 个事件的实际时间等于前 j 个间隔时间的求和, 由此得出前 j 个事件的发生时间为 $\sum_{i=1}^{j} X_i, j = 1, \cdots, n$.

G. 金融模型

风险管理是金融学中的一个重要课题. 几乎每一种现代风险管理方法都包含大量的计算. 要评估一个风险管理过程的成功与否, 我们经常依赖于模拟方法. 一个典型的例子是衍生品市场上奇异期权的定价和对冲, 这些期权的非线性特征使得很多分析工具失效. 因此, 人们不得不依赖模拟来检查它们的特性. 模拟已经成为当今金融和风险管理行业不可或缺的工具.

例 1.6 风险管理中一个被广泛采用的估计风险的度量为风险价值 (value at risk, 简称 VaR), 是指在给定的信心水平下和一定持有期限内, 某一金融资产或证券组合的最大可能损失. 从统计意义上讲, VaR 是预期损益分布在目标

范围内的指定的分位数. 令 R_t 为给定期限 t 的投资组合的回报, 则在 $100c\%$ 的置信水平下, 投资组合的 VaR 可以通过下式衡量:

$$P(R_t > \text{VaR}) = (1 - c) = \alpha.$$

因此, VaR 是 R_t 的概率分布的 $100(1 - \alpha)\%$ 的百分位数. VaR 越大, 投资组合的风险就越大. 决策者可以通过研究风险情景下的结果来评估他们的策略. 例如, 银行可能会检查它是否有足够的钱来应付极端危险的情况.

衡量 VaR 的传统方法通常假定投资组合的回报率服从正态分布, 一个典型的模型是

$$R_t = \mu + \sigma z, \quad z \sim N(0, 1).$$

从这个模型可推导出 $\text{VaR}_\alpha(t) = \mu + z_\alpha \sigma$, 其中 z_α 为标准正态分布的 $100(1 - \alpha)\%$ 分位数, μ 为 R_t 在投资时限内的均值, σ 为相应的标准差. 尽管这个结果很容易被证明, 但我们仍可以通过仿真来验证它. 步骤如下:

步骤 1. 生成 n 个独立的标准正态随机变量, 记为 $Z_j \sim N(0, 1), j = 1, 2, \cdots, n$;

步骤 2. 令 $R_j = \mu + \sigma Z_j$;

步骤 3. 对 $\{R_1, R_2, \cdots, R_n\}$ 进行排序, 得到具有升序排列的 $\{R_1^*, R_2^*, \cdots, R_n^*\}$;

步骤 4. 令 $\text{VaR} = R_k^*$, 其中 $k = \text{Int}[(1 - \alpha)(n + 1)]$.

蒙特卡罗模拟已经被广泛地用于各行各业, 随着计算机的快速发展和人们面临的科学问题日趋复杂, 蒙特卡罗模拟提供了一种行之有效的解决方式. 许多科研工作者都需要掌握蒙特卡罗模拟的原理和技术. 在下面的章节中, 我们将首先从最基本的随机数的产生开始介绍.

第二章　随机变量的生成

本章讨论随机变量的生成. 随机模拟的基础是产生随机数, 随机数是指从 [0,1] 上的均匀分布中随机抽取的一个样本的值. 在一个典型的随机模拟中, 第一阶段是产生随机数. 第二阶段是基于随机数产生各种随机变量, 包括产生已知分布的离散和连续随机变量. 然后利用这些随机变量来模拟更一般的随机系统. 本章结构如下: 2.1 节介绍均匀随机数的生成; 2.2 节讨论生成随机变量的一般方法; 2.3 节介绍常用分布随机变量的生成; 2.4 节介绍多维随机向量的生成.

2.1　随机数发生器

随机模拟是按照统计学理论在计算机上仿真统计推断的过程, 从总体抽样, 到建立需要的统计量, 然后从理论导出统计量的分布, 或者通过模拟的样本直接获得统计量分布的样本, 基于这个样本可以估计未知的参数, 进行假设检验和预报. 显然, 模拟抽样是基础. 为了叙述简单, 假定总体是一元随机变量.

记总体的分布函数为 $F(x)$, 如何模拟从 $F(x)$ 中抽样? 历史上曾经使用物理现象产生一些简单的 $F(x)$ 的样本, 比如人工的抛硬币、掷骰子, 或利用物理设备噪声二极管和盖革计数器等.

但是由于这类方法产生的随机序列缺乏可重复性并有可能出现偏差, 当今大多数的模拟样本的生成都不是基于物理设备的, 而是利用计算机.

研究发现, 如果我们能够模拟产生在 $(0,1)$ 上均匀分布 (记为 $U(0,1)$) 的样本, 许多其他的 $F(x)$ 的样本不难获得. 因此, 给了一个简单的名字 "随机数", 表示 $U(0,1)$ 的样本. 由于计算机只有有限的位数, $(0,1)$ 上许多值不能达到, 因此计算机软件产生的 "随机数", 也被称为 "伪随机数". 能够产生伪随机数的物理设备或计算机软件称为 "伪随机数发生器" 或简称为 "随机数发生器". 在大部分随机模拟中, 需要大量的伪随机数, 如果要求它们严格服从均匀分布且独立, 这显然是不现实的, 但是需要这些伪随机数在 $(0,1)$ 上具有非常接近独立同均匀分布的性质.

由于 $U(0,1)$ 是连续的统计分布, 如果将开区间更换为 $[0,1)$, $(0,1]$ 或 $[0,1]$, 在大部分情况下, 随机模拟的过程是类似的, 在以后的叙述中, 读者可以自行理解.

线性同余生成器

最常见的生成伪随机序列的方法是使用 Lehmer (1951) 中介绍的线性同余生成器. 从初始值 X_0 开始, 根据下面的递归公式依次产生 $X_i, i \geqslant 1$,

$$X_i = aX_{i-1} + c \,(\mathrm{mod}\, m), \tag{2.1}$$

$$U_i = \frac{X_i}{m}, \quad i \geqslant 1, \tag{2.2}$$

初始值 $\{X_0 > 0\}$ 被称为种子, 式 (2.1) 中的 a, c 和 m 为事先给定的正整数, 分别称为乘子、增量和模. 这个公式表明 $aX_{i-1} + c$ 被 m 除, 余数正好是第 X_i 的值, 从而每个 X_i 只能从 $\{0, 1, \cdots, m-1\}$ 中取值. 如果 a, c 和 m 选择合适, $X_1, \cdots, X_n$ 可以看作是取值于 $\{0, 1, \cdots, m-1\}$ 的随机整数序列. 式 (2.2) 将随机整数序列转变为 $[0, 1)$ 上的随机数序列, $0 \leqslant U_i < 1$, 我们称之为伪随机序列. 例如, 如果令 $a = 3, c = 0, X_0 = 6$ 和 $m = 7$, 根据 $X_{i+1} = 3X_i + 0 \,(\mathrm{mod}\, 7)$ 得到的序列为 $4, 5, 1, 3, 2, 6, 4, 5, 1, 3, 2, 6, \cdots$, 其中周期长为 6. 这组伪随机序列不具有独立性. 但研究发现当 m 充分大, 适当地选择 a, m, 相应的序列将具备 $(0,1)$ 上均匀分布随机变量的统计特性. Neumann, Lehmer (1951) 提出了利用一些数论方法选择 X_0, a, c 和 m. 在计算机实现中, 通常模 m 被选择为一个值很大的素数. 例如, 在 32 位二进制计算机中, 一个统计上可接受的生成器是 $m = 2^{31} - 1$, $a = 630360016$ 和 $c = 0$. 通常希望选择合适的 a, m 和 c, 以便对于任何给定的种子 X_0, 生成的伪随机序列周期尽可能地大. 这是大素数的重要应用.

除了线性同余生成器之外, 还存在其他类似的实现长周期具有良好统计特性的随机数生成器, 有兴趣的读者可参考 Marsaglia, Zaman (1993) 以及 L'Ecuyer (1994) 和 Knuth (1997). 大多数计算机语言已经包含一个内置的伪随机数生成器. 通常只要求用户输入初始种子 X_0, 甚至不需要输入初始种子, 在调用时随机数生成器自动生成近似独立同分布的 $(0,1)$ 上的均匀分布随机变量序列. 因此, 以后我们将不再探索如何构建 "良好的" 伪随机数生成器, 而直接假设我们可以有效地生成 $(0,1)$ 上均匀分布的随机数.

2.2 随机变量生成方法

在本节中, 我们将讨论从一个给定分布中生成随机变量的基本方法, 包括逆变换法和接受拒绝抽样法. 注意从本节开始随机数不再特指为 $(0,1)$ 上均匀分布的随机样本的数值, 它可以是从任何分布中随机抽取的样本取值.

2.2.1 逆变换法

定理 2.1 假设随机变量 U 服从 $[0,1]$ 上的均匀分布, 并且 F 是一个一维的累积分布函数 (cdf), 令 $X = F^{-1}(U), F^{-1}(U) = \inf\{x : F(x) \geqslant U\}$, 则 X 具有分布函数 F.

因为累积分布函数 F 是可逆的, 并且对任何 $0 < u < 1$ 有 $P(U \leqslant u) = u$, 很容易得到下式:

$$P(X \leqslant x) = P(F^{-1}(U) \leqslant x) = P(U \leqslant F(x)) = F(x). \tag{2.3}$$

为了生成服从 F 分布的一个随机样本, 我们只需先产生一个随机数 $u \sim U(0,1)$, 然后令 $X = F^{-1}(u)$. 注意利用逆变换法从离散分布和连续分布中产生随机数的做法稍有不同.

A. 离散型随机变量

设 X 为一随机变量, 具有概率质量函数 $P(X = x_i) = p_i, i = 1, 2, \cdots$, $\sum_i p_i = 1$. 不失一般性, 记 $x_1 < x_2 < \cdots$, 并且 X 的累积概率分布函数 F 为 $F(x) = \sum_{i:x_i \leqslant x} p_i, i = 1, 2, \cdots$. 根据定理 2.1, 从 F 分布中抽取一个随机样本的逆变换算法如下:

算法 2.1 离散概率分布的逆变换

1. 从 $U(0,1)$ 分布中生成一个随机数 $u \sim U(0,1)$.
2. 找到使得 $u \leqslant F(x_k)$ 的最小 k 值, 返回随机样本值 $X := x_k$.

例 2.1　二项分布 假设我们要生成二项分布随机变量 $X \sim B(n, p)$ 的一个样本值. 随机变量 X 的概率质量函数为

$$p_i = P(X = i) = \frac{n!}{i!(n-i)!}p^i(1-p)^{n-i}, \ i = 0, 1, \cdots, n. \quad (2.4)$$

我们可以得到以下概率分布函数的递归公式

$$p_i = \frac{(n-i+1)p}{i(1-p)}p_{i-1}, \ i = 1, 2, \cdots, n. \quad (2.5)$$

利用逆变换法, 我们得到生成二项分布 $B(n, p)$ 的一个随机样本算法:

步骤 1. 设置初始值 $pr = (1-p)^n$, $F = pr$, $i = 0$.
步骤 2. 生成一个随机数 $u \sim U(0, 1)$.
步骤 3. 若 $u < F$, 则输出随机样本值为 $X := i$ 并停止. 否则
步骤 4. 令 $i := i + 1$, 计算 $pr := \frac{(n-i+1)p}{i(1-p)}pr$, $F := F + pr$ 并转到步骤 3.

假设二项分布的参数 $n = 7$, $p = 0.5$, 图 2.1 展示了当生成的随机数 $u = 0.85$ 时逆变换法的过程, 产生的样本值应该为 $X = 5$.

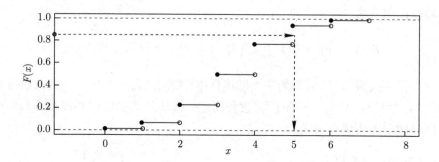

图 2.1　逆变换算法生成二项分布 $B(7, 0.5)$ 样本的示意图

例 2.2 假设我们想要生成服从均匀离散分布的随机数. 随机变量 X 以相等的概率取 1 到 n 的值, 即 $P(X = i) = 1/n$, $i = 1, \cdots, n$. 根据逆变换算法 2.1, 我们首先产生一个随机数 $u \sim U(0, 1)$, 再找到使得

$$u \leqslant F(x_k) = \sum_1^k 1/n = k/n$$

的最小 k 值. 这等同于 $k = \text{Int}(nu) + 1$, 这里 $\text{Int}(x)$ 也可以记为 $[x]$, 表示 x 的整数部分. 所以均匀离散分布的随机样本值 $x = \text{Int}(nu) + 1$.

从例 2.2 可以看到对于等概率离散分布, 逆变换法只需要对预先生成的随机数 u 计算 $\mathrm{Int}(nu)+1$ 的值, 则其值即为产生的随机样本的值. 这使得算法速度非常快, 抽样效率高, 并且可以向量化. 而对于一般的离散分布, 例如 2.1 的二项分布, 逆变换算法需要查找满足 $u \leqslant F(x_k)$ 的最小 k 值, 算法的主要计算时间是进行比对查找所花费的时间. 所以如果一个一般的离散分布取值很密集时, 逆变换算法的平均查找次数将较长, 并且不能向量化, 导致抽样效率不高.

B. 连续型随机变量

对于具有累积分布函数 $F(x)$ 的连续型随机变量 X, 图 2.2 给出了用逆变换算法生成 X 随机样本的示意图.

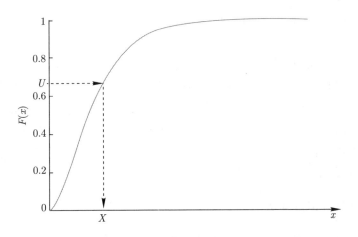

图 2.2   连续型随机分布逆变换算法示意图

根据定理 2.1, 逆变换产生随机样本的算法如下:

算法 2.2 连续概率分布的逆变换

1. 生成一个随机数 $u \sim U(0,1)$.
2. 输出随机样本值 $X := F^{-1}(u)$.

例 2.3   指数分布 假设随机变量 X 服从率参数为 $\lambda > 0$ 的指数分布, 记为 $X \sim Exp(\lambda)$, 其累积概率分布为

$$F(x) = \begin{cases} 0, & x \leqslant 0, \\ 1 - e^{-\lambda x}, & x > 0. \end{cases} \tag{2.6}$$

令 $x = F^{-1}(u), 0 < u < 1$, 那么

$$u = F(x) = 1 - e^{-\lambda x},$$
$$1 - u = e^{-\lambda x},$$
$$\ln(1 - u) = -\lambda x,$$
$$x = -\frac{1}{\lambda}\ln(1 - u).$$

显然, 如果 $U \sim U(0,1)$, 那么 $1 - U \sim U(0,1)$, 所以我们有

$$X = -\frac{1}{\lambda}\ln(U) \sim Exp(\lambda).$$

通常逆变换法要求累积分布函数 F 的反函数 F^{-1} 有显性的解析表达式. 例如指数分布、韦布尔分布、逻辑斯谛分布和柯西分布都可以求得累积分布反函数的解析表达式, 从而利用逆变换法生成相应的随机样本值. 但是也有很多其他的分布, 其累积分布的反函数无显性解析表达式, 这时可以用最优化的二分方法计算反函数 F^{-1} 的数值解. 如果反函数的数值解计算量过大, 将使得逆变换方法的效率很低. 也有些分布尽管可以解出累积分布的反函数的显式解析表达解, 但逆变换算法需要的计算量大, 并不是最有效的算法. 在这种情况下我们通常可以考虑另一种抽样方法: 接受拒绝抽样法.

2.2.2　接受拒绝抽样法

接受拒绝抽样法是 Neumann (1951) 提出的一种间接抽样的方法. 假设我们想抽样的随机变量 X 具有概率分布密度 $f(x)$ (称为目标分布), 在某个有限区间 $[a,b]$ 上有界, 并且在该区间外为零 (如图 2.3 (a) 所示). 令 c 为 $f(x)$ 的上界, 即

$$c = \sup\{f(x), x \in [a,b]\}.$$

利用估计几何概率的想法 (参见 1.3 节), 很显然可以先在矩形 $[a,b] \times [0,c]$ 中生成均匀分布的随机点, 然后拒绝那些落在概率密度 $f(x)$ 上方的点, 则接受的点在 $f(x)$ 下方均匀分布, 这意味着接受点的 X 值服从分布密度为 $f(x)$ 的分布. 因此这种方法被命名为接受拒绝抽样法 (简称为拒绝法). 用这种方法从概率分布 $f(x)$ 中随机抽取一个样本的具体步骤如下:

步骤 1. 产生随机变量 $X \sim U(a,b)$ 的一个随机样本 $X = x$.
步骤 2. 产生随机变量 $Y \sim U(0,c)$ 的一个随机样本 $Y = y$, Y 与 X 独立.

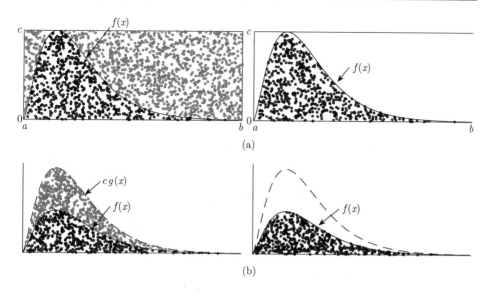

(a)

(b)

图 2.3　接受拒绝抽样法

步骤 3. 如果 $y \leqslant f(x)$, 则输出随机样本值 $Z := x$, 否则转到步骤 1.

上面的接受拒绝方法使用一个矩形来覆盖目标概率密度函数, 然后在矩形内均匀生成候选点. 然而, 如果给定目标的概率密度函数的支撑集是无限的, 则矩形也无限长, 上面的方法无法使用. 更一般的接受拒绝法是: 假设我们可以找到一个易抽样的概率密度函数 g, 其支撑集包含了 f 的支撑集, 并且可以找到一个 c 满足

$$\frac{f(x)}{g(x)} \leqslant c, \ \forall x,$$

那么我们可以先在 $cg(x)$ 下方产生均匀分布 $U(0, cg(X))$ 的随机候选点, 然后只保留在 $f(x)$ 下方的随机点, 如图 2.3 (b) 所示. 则保留点的 X 值服从 $f(x)$ 分布. 生成一个随机样本的具体步骤如下:

步骤 1. 产生随机变量 $X \sim g$ 的一个随机样本 $X = x$.

步骤 2. 产生随机变量 $Y \sim U(0, cg(X))$ 的一个随机样本 $Y = y$.

步骤 3. 如果 $y \leqslant f(x)$, 则输出随机样本值 $Z := x$, 否则转到步骤 1.

注意到步骤 2 中的 $Y \sim U(0, cg(X))$ 等同于 $Y = Ucg(X)$, 这里 $U \sim U(0,1)$, 所以我们可以将第三步中的 $y \leqslant f(x)$ 改写为 $u \leqslant f(x)/(cg(x))$. 这就意味着我们从 $g(x)$ 中生成一个随机样本 $X = x$, 并以 $f(x)/(cg(x))$ 的概率接受它.

此后我们称 $g(x)$ 为拒绝法的提案分布 (proposal distribution). 算法 2.3 展示了改写后的接受拒绝抽样法.

算法 2.3 接受拒绝抽样

1. 产生随机变量 $X \sim g$ 的一个随机样本 $X = x$.
2. 产生随机变量 $U \sim U(0,1)$ 的一个随机数 u, U 独立于 X.
3. 如果 $u \leqslant f(x)/(cg(x))$, 则输出样本值 $Z := x$, 否则转到步骤 1.

接受拒绝抽样算法同时适用于离散型概率分布和连续型概率分布. 这里我们只证明算法对连续型概率分布抽样的有效性, 对离散型概率分布的证明几乎相同.

定理 2.2 接受拒绝抽样算法 2.3 生成的随机变量 Z 服从概率密度函数为 f 的分布, 并且该算法输出一个随机样本需要的迭代次数是一个服从均值为 c 的几何分布随机变量.

证明 令 X 为具有提案分布 g 的随机变量及 $U \sim U(0,1)$, 则 X 被接受的概率为

$$
\begin{aligned}
P(X \text{ 被接受}) &= \int P(X \text{ 被接受}, \ X = x)dx \\
&= \int P(X \text{ 被接受 } |X = x)g(x)dx \\
&= \int P(u \leqslant f(x)/(cg(x)))g(x)dx \\
&= \int \frac{f(x)}{cg(x)}g(x)dx = \frac{1}{c}.
\end{aligned}
$$

从上式可以看出该算法每次迭代都独立产生一个接受概率为 $1/c$ 的样本值, 所以生成一个可接受随机样本所需的迭代次数是一个服从均值为 c 的几何分布随机变量.

另外,

$$
\begin{aligned}
P(x \leqslant Z < x + dx) &= P(x \leqslant X < x + dx|X \text{ 被接受}) \\
&= \frac{f(x)}{cg(x)} \times g(x)dx \times c = f(x)dx.
\end{aligned} \tag{2.7}
$$

因此, 接受的随机样本 Z 的值具有所需的密度 f. ∎

例 2.4 利用接受拒绝抽样算法从折叠标准正态分布 (folded standard normal distribution) 中抽取随机样本. 折叠标准正态分布具有以下概率密度函数

$$f(x) = \begin{cases} 0, & x \leqslant 0, \\ \sqrt{\dfrac{2}{\pi}} e^{-x^2/2}, & x > 0. \end{cases} \tag{2.8}$$

接受拒绝抽样算法成功的关键在于找到一个易抽样的符合条件的概率分布 $g(x)$, 并使得 c 较小. 我们注意到指数分布很容易抽样并且分布密度函数的形状与目标分布密度函数很接近. 所以选取指数分布作为提案分布 g, 即

$$g(x) = \lambda e^{-\lambda x}, \quad 0 < x < \infty.$$

我们还需找到一个常数 c 使得

$$c\lambda e^{-\lambda x} \geqslant \sqrt{\frac{2}{\pi}} e^{-x^2/2}.$$

这等价于找到一个 K, 满足 $K > 0, \lambda > 0$ 且 $K\lambda e^{-\lambda x} \geqslant e^{-x^2/2}, \forall x > 0$. 根据定理 2.2, 算法需要的平均迭代次数为 c. 所以我们可以通过极小化 K 值使算法的效率极大化,

$$\begin{aligned} K &= \min\{k : k\lambda e^{-\lambda x} \geqslant e^{-x^2/2}, \forall x > 0\} \\ &= \min\{k : k \geqslant \frac{1}{\lambda} e^{-\frac{1}{2}(x-\lambda)^2} e^{\frac{1}{2}\lambda^2}, \forall x > 0\} \\ &= \frac{1}{\lambda} e^{\lambda^2/2}. \end{aligned}$$

从而, $c = \sqrt{\frac{2}{\pi}} \frac{1}{\lambda} e^{\lambda^2/2}$. 容易得到当 $\lambda = 1$ 时, c 达到最小值 $\sqrt{\frac{2e}{\pi}}$, 所以我们选择均值为 1 的标准指数分布作为提案概率分布 g:

$$g(x) = e^{-x}, \quad x > 0,$$

且

$$\frac{f(x)}{cg(x)} = e^{-\frac{(x-1)^2}{2}}.$$

则拒绝抽样法生成折叠标准正态分布的一个随机样本的步骤如下:

步骤 1. 从标准指数分布中抽取一个随机样本 $X = x$.

步骤 2. 生成一个随机数 $u \sim U(0,1)$.

步骤 3. 如果 $u \leqslant e^{-(x-1)^2/2}$, 则输出随机样本值 $Z := x$. 否则转到步骤 1.

2.2.3　随机表示法

若一个统计分布 f 可以被其他一个或几个分布表示, 则我们可以利用这个关系产生服从 f 分布的随机样本, 这种方法被称为随机表示法. 例如: 二项分布随机变量可以表示为 n 个伯努利分布随机变量的和. 利用这个性质, 我们可以通过生成伯努利分布的随机样本得到二项分布的随机样本, 见下例.

例 2.5　利用随机表示法产生一个二项分布的随机样本.

首先我们要产生伯努利分布的随机样本. 设 X 为服从伯努利分布的随机变量, 记为 $X \sim Ber(p)$, 其概率密度函数为

$$P(X = 1) = p, \quad P(X = 0) = 1 - p. \tag{2.9}$$

因为 X 只可以取 0 或 1, 利用逆变换法很容易得到生成一个伯努利分布随机数的算法:

算法 2.4 伯努利分布抽样

1. 从 $U(0,1)$ 产生一个随机数 u.
2. 如果 $u \leqslant p$, 则输出样本值 $X := 1$, 否则输出样本值 $X := 0$.

设 $Y = X_1 + X_2 + \cdots + X_n$, 其中 $X_i \sim Ber(p)$ $(i = 1, \cdots, n)$ 为 n 个独立的伯努利随机变量, 则易知 Y 为二项分布随机变量, 且 $Y \sim B(n,p)$. 从而一个二项分布随机样本可由以下算法生成:

算法 2.5 二项分布抽样

1. 从伯努利分布 $Ber(p)$ 中产生 n 个独立的随机样本值 $x_1, x_2, \cdots, x_n$.
2. 输出 $Y := \sum_{i=1}^{n} x_i$ 为二项分布的一个随机样本.

如果想要节省写程序的时间, 建议使用随机表示法. 而通常想要获得较好的速度, 仍然是直接采用逆变换方法和接受拒绝抽样法比较好.

2.3　常见统计分布的生成

接下来的两个小节介绍了从常见的连续分布和离散分布中产生随机样本的算法. 这些分布的定义、性质和它们的应用, 可以参考方开泰和许建伦的《统计分布》(2016).

2.3.1 常见离散型随机变量的生成

产生伯努利分布和二项分布随机样本的算法已在例 2.1 和例 2.5 中给出. 下面我们将介绍产生其他几种常见离散分布的随机样本的算法.

泊松分布: 假设 $X \sim Poi(\lambda)$, 它的概率密度函数为

$$P(x = i) = e^{-\lambda} \frac{\lambda^i}{i!}.$$

令 $p_i = P(x = i)$, 易得到以下递归等式

$$p_i = \frac{\lambda}{i} p_{i-1}, \ i = 1, 2, \cdots.$$

从而利用逆变换法生成一个泊松分布 $Poi(\lambda)$ 随机样本的算法为:

算法 2.6 泊松分布逆变换抽样

1. 设置初始值 $pr = e^{-\lambda}$, $F = pr$, $i = 0$.
2. 生成随机数 $u \sim U(0, 1)$.
3. 如果 $u < F$, 则输出样本值 $X := i$ 并停止. 否则
4. 令 $i := i + 1$, 计算 $pr := \frac{\lambda}{i} pr$, $F := F + pr$, 并转到步骤 3.

几何分布: 假设随机变量 X 服从几何分布, 记为 $X \sim G(p)$, 其概率密度函数为

$$P(X = i) = p(1-p)^{i-1}, \quad i \geqslant 1.$$

对于产生几何分布的随机样本, 一种方法是基于以下事实: 具有几何分布的随机变量 X 为重复执行伯努利试验直到第一次成功时所进行的试验次数, 其中伯努利试验成功的概率为 p. 所以我们只需不断产生伯努利分布的随机数, 直到第一个值为 1 的随机数出现, 则此时所有随机数的个数即为几何分布的一个随机样本值. 另一种方法是利用逆变换法产生几何分布的随机样本. 根据算法 2.1, 首先生成一个均匀分布随机数 u, 然后找到使得 $u \leqslant F(x_k)$ 的最小整数 k, 则输出的随机样本值为 $X := k$. 因为

$$F(x_k) = P(X \leqslant k) = \sum_{i=1}^{k} P(x = i) = 1 - P(X > k) = 1 - (1-p)^k,$$

所以输出随机样本的值为

$$X = \min\{k : (1-p)^k < 1 - u\}.$$

又因为对数函数是单调函数, 我们可以将 X 表示为

$$X = \min\{k : k\ln(1-p) < \ln(1-u)\}$$
$$= \min\left\{k : k > \frac{\ln(1-u)}{\ln(1-p)}\right\}.$$

从而, X 还可表示为

$$X = \text{Int}\left(\frac{\ln(1-u)}{\ln(1-p)}\right) + 1,$$

注意到 $1-U$ 与 U 均服从 $[0,1]$ 上的均匀分布. 所以上式可简化为

$$X = \text{Int}\left(\frac{\ln(u)}{\ln(1-p)}\right) + 1. \tag{2.10}$$

算法 2.7 几何分布逆变换抽样

1. 生成随机数 $u \sim U(0,1)$.
2. 输出随机样本值 $X := \text{Int}(\frac{\ln(u)}{\ln(1-p)}) + 1$.

　　负二项分布: 随机变量 X 服从负二项分布, 记为 $X \sim NB(r,p)$. 则其概率密度函数为

$$P(X = i) = \frac{(i-1)!}{(i-r)!(r-1)!}p^r q^{i-r}, \quad i = r, r+1, \cdots, \tag{2.11}$$

其中 $0 < p < 1, q = 1-p$, p 为伯努利试验的成功概率. 负二项分布是几何分布的一种推广, 也可以用伯努利试验来定义. 负二项分布随机变量 X 为试验进行到第 r 次 "成功" 出现为止时试验共进行的次数. 因此 X 可以看作是 r 个独立的几何分布随机变量的和. 利用公式 (2.10), 我们有如下负二项分布随机数生成算法:

算法 2.8 负二项分布抽样

1. 从均匀分布 $U(0,1)$ 中抽取 r 个独立的随机数 $u_1, u_2, \cdots, u_r$.
2. 输出 $X := \sum_{i=1}^{r} \text{Int}(\frac{\ln(u_i)}{\ln(1-p)}) + r$ 为负二项分布的一个随机样本值.

　　另外, 我们也可以用逆变换法生成服从负二项分布的随机样本. 令 $P_i = P(X = i)$, 根据公式 (2.11), 可得到下面的递推公式

$$P_{i+1} = \frac{i(1-p)}{i+1-r}P_i.$$

从而, 算法 2.9 给出了如何利用逆变换法生成一个负二项分布 $X \sim NB(r,p)$ 的随机样本.

算法 2.9 负二项分布逆变换抽样

1. 设置初始值 $pr := p^r, F := pr, i := r$.
2. 生成随机数 $u \sim U(0,1)$.
3. 如果 $u < F$, 则输出样本值 $X := i$ 并停止. 否则
4. 计算 $pr := \frac{i(1-p)}{i+1-r}pr, F := F + pr$. 令 $i := i + 1$ 并转到步骤 3.

2.3.2 常见连续型随机变量的生成

指数分布: 根据例 2.3, 指数分布 $X \sim Exp(\lambda)$ 的逆变换抽样算法如下.

算法 2.10 指数分布逆变换抽样

1. 从均匀分布 $U(0,1)$ 中产生一个随机数 u.
2. 输出随机样本值 $X := -\lambda^{-1}\ln(u)$.

正态分布: 假设随机变量 X 服从均值为 μ, 方差为 σ^2 的正态分布, 记为 $X \sim N(\mu, \sigma^2)$, 则其概率密度函数为:

$$f(x) = \frac{1}{\sigma\sqrt{2\pi}}e^{-\frac{(x-\mu)^2}{2\sigma^2}}, \quad -\infty < x < +\infty. \tag{2.12}$$

假设随机变量 Z 具有标准正态分布 $N(0,1)$, 则任何一正态随机变量 $X \sim N(\mu, \sigma^2)$ 都可以通过变换 $X = \mu + \sigma Z$ 得到. 所以下面我们只需考虑从标准正态分布 $N(0,1)$ 中如何抽样.

因为正态分布的逆函数很难求得, 所以考虑拒绝抽样法. 例 2.4 给出了从折叠标准正态分布中生成随机样本的拒绝抽样算法. 易知如果随机变量 Y 服从折叠标准正态分布, 令 Z 以 50% 的概率等于 Y 和 50% 的概率等于 $-Y$, 则 Z 为标准正态分布随机变量. 算法如下:

算法 2.11 正态分布随机抽样: 接受拒绝抽样法

1. 产生一个指数分布随机数 $y \sim Exp(1)$.
2. 产生一个均匀分布随机数 $u_1 \sim U(0,1)$.
3. 如果 $u_1 \leqslant e^{-(y-1)^2/2}$, 则转到步骤 4, 否则转到步骤 1.
4. 产生一个均匀分布随机数 $u_2 \sim U(0,1)$, 如果 $u_2 \leqslant 0.5$, 则输出随机样本值 $Z := y$; 如果 $u_2 > 0.5$, 则输出随机样本值 $Z := -y$.

下面我们将介绍另一种生成标准正态分布随机数的 Box-Müller 方法.

考虑两个独立的标准正态分布随机变量 X_1 和 X_2. 它们的联合分布为:

$$f_{X_1,X_2}(x_1,x_2) = \frac{1}{2\pi} e^{-\frac{1}{2}(x_1^2+x_2^2)}, \quad -\infty < x_1 < +\infty, \; -\infty < x_2 < +\infty.$$

通过极坐标变换

$$X_1 = R\cos\theta, \quad X_2 = R\sin\theta, \tag{2.13}$$

得到 R 和 θ 的联合分布为

$$f_{R,\theta}(r,\theta)drd\theta = \frac{1}{2\pi} e^{-r^2/2} \det \begin{bmatrix} \cos\theta & -r\sin\theta \\ \sin\theta & r\cos\theta \end{bmatrix} drd\theta$$

$$= \frac{1}{2\pi} e^{-r^2/2} r\, drd\theta,$$

其中 $\det(A)$ 表示方阵 A 的行列式, $r \in (0,\infty)$, $\theta \in [0,2\pi]$. 从上式可以看出 R 和 θ 独立, 并且 $\theta \sim U(0,2\pi)$ 及 $\frac{1}{2}R^2 \sim Exp(1)$. 所以, 给定两个独立同分布的随机变量 $U_i \sim U(0,1), i = 1,2$, 利用逆变换法很容易得到:

$$\frac{1}{2}R^2 = -\ln(U_1),$$

$$R = \sqrt{-2\ln U_1} \tag{2.14}$$

和 $\theta = 2\pi U_2$. 然后通过式 (2.13) 将 R 和 θ 变换回笛卡儿坐标下的 X_1 和 X_2. 则 X_1 和 X_2 为两个独立的标准正态分布随机变量. Box-Müller 方法的算法如下:

算法 2.12 标准正态分布抽样: Box-Müller 法

1. 从 $U(0,1)$ 生成两个独立的随机数 u_1 和 u_2.
2. 输出两个随机样本值

$$X_1 := \sqrt{-2\ln u_1} \cos(2\pi u_2),$$

$$X_2 := \sqrt{-2\ln u_1} \sin(2\pi u_2). \tag{2.15}$$

很显然, 利用 Box-Müller 法生成正态分布随机样本要比利用拒绝抽样法计算方便很多.

伽马分布: 假设随机变量 X 服从伽马分布且具有形状参数 α 和尺度参数 β, 记为 $X \sim Ga(\alpha, \beta)$. 则其概率密度函数为:

$$f(\alpha,\beta) = \frac{\beta^\alpha}{\Gamma(\alpha)} x^{\alpha-1} e^{-x/\beta}, \; 0 < x < \infty, \tag{2.16}$$

式中 $\alpha > 0, \beta > 0$, $\Gamma(\alpha)$ 是伽马函数 $\Gamma(\alpha) = \int_0^\infty v^{\alpha-1}e^{-v}dv$. 当 $\alpha = 1$ 时, 伽马分布就是指数分布, 即

$$Ga(1, \beta) = Exp(\beta). \qquad (2.17)$$

伽马分布具有简单的线性性质: 如果 $X \sim Ga(\alpha, \beta)$, $Y = aX + b$ ($a > 0$), 则 $Y - b \sim Ga(\alpha, \frac{\beta}{a})$. 根据这个性质, 当我们需要从任一伽马分布 $X \sim Ga(\alpha, \beta)$ 中产生随机样本时, 只需先产生 $Ga(\alpha, 1)$ 分布的随机变量 Y, 再令 $X = Y/\beta$, 则 X 为具有 $Ga(\alpha, \beta)$ 分布的随机变量. 下面我们只介绍如何从 $Ga(\alpha, 1)$ 分布中生成随机样本. 因为伽马分布的累积概率密度函数及其逆函数都没有显式表达式, 所以逆变换方法不便用于生成伽马分布的随机数, 从而考虑接受拒绝抽样法. 我们注意到指数分布的随机变量非常容易生成, 并且如果选择合适的指数分布参数, 指数分布和伽马分布会很接近, 如图 2.4 所示. 所以指数分布将被作为拒绝抽样法中的提案分布 g.

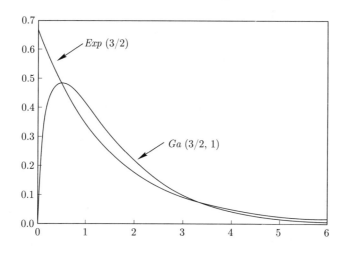

图 2.4　伽马分布 $Ga(3/2, 1)$ 和指数分布 $Exp(3/2)$ 的概率密度比较

下面讨论指数分布参数 λ 的选择. $Ga(\alpha, 1)$ 的概率密度函数可表达为

$$f(x) = Ke^{-x}x^{\alpha-1}, \quad x > 0,$$

公式中 $K = 1/\Gamma(\alpha)$. 所以

$$\frac{f(x)}{g(x)} = \frac{Ke^{-x}x^{\alpha-1}}{\lambda e^{-\lambda x}} = \frac{K}{\lambda}x^{\alpha-1}e^{(\lambda-1)x},$$

式中 $g(x)$ 为指数分布 $Exp(\lambda)$ 的分布函数. 注意到当 $0 < \alpha < 1$ 时,

$$\lim_{x \to 0} \frac{f(x)}{g(x)} = \infty,$$

所以利用指数分布作为提案分布并不适合 $0 < \alpha < 1$ 的情况. 另外当 $\alpha = 1$ 时, 伽马分布等同于指数分布, 所以我们这里只考虑 $\alpha > 1$ 的情况. 又因为当 $\lambda \geqslant 1$ 时,

$$\lim_{x \to \infty} \frac{f(x)}{g(x)} = \infty.$$

所以我们可以考虑 λ 取值小于 1 的情况. 如果选定 λ, 根据定理 2.2, 我们知道拒绝抽样法的平均迭代次数为

$$c(\lambda) = \max_x \frac{f(x)}{g(x)} = \max_x \frac{K}{\lambda} x^{\alpha-1} e^{(\lambda-1)x}. \tag{2.18}$$

对 $f(x)/g(x)$ 取一阶微分可得

$$(\alpha-1)x^{\alpha-2}e^{(\lambda-1)x} + (\lambda-1)x^{\alpha-1}e^{(\lambda-1)x} = 0.$$

所以当 $x = \frac{\alpha-1}{1-\lambda}$ 时, $\frac{f(x)}{g(x)}$ 取得最大值. 将 x 代回公式 (2.18) 得到:

$$\begin{aligned}
c(\lambda) &= \frac{K}{\lambda} \left(\frac{\alpha-1}{1-\lambda} \right)^{\alpha-1} e^{(\lambda-1)(\frac{\alpha-1}{1-\lambda})} \\
&= \frac{K}{\lambda} \left(\frac{\alpha-1}{1-\lambda} \right)^{\alpha-1} e^{1-\alpha}.
\end{aligned}$$

由此, 为了使得平均迭代次数 $c(\lambda)$ 达到最小, 我们只需找到 λ 使得 $\lambda(1-\lambda)^{\alpha-1}$ 达到最大值. 求微分可得

$$\frac{d}{d\lambda}\lambda(1-\lambda)^{\alpha-1} = (1-\lambda)^{\alpha-1} - (\alpha-1)\lambda(1-\lambda)^{\alpha-2}.$$

令上式等于 0 得到

$$1-\lambda = (\alpha-1)\lambda \Rightarrow \lambda = 1/\alpha.$$

所以, 为了使生成 $Ga(\alpha, 1)$ 分布随机数所需的平均迭代次数达到最小, 拒绝抽样法中提案指数分布的率参数 λ 应该取伽马分布中形状参数 α 的倒数, 这也意味着提案指数分布应该与要被抽样的标准伽马分布具有同样的均值.

选定提案分布 g 为 $Exp(1/\alpha)$ 后, 易得

$$c = \max \frac{f(x)}{g(x)} = K\alpha^\alpha e^{1-\alpha},$$

及

$$\frac{f(x)}{cg(x)} = \left(\frac{e}{\alpha}\right)^{\alpha-1} x^{\alpha-1} e^{(\frac{1}{\alpha}-1)x}.$$

所以我们得到生成 $Ga(\alpha, 1)$ 随机数的接受拒绝抽样算法 2.13.

算法 2.13 伽马分布 $Ga(\alpha, 1)$ 接受拒绝抽样

1. 从 $U \sim U(0, 1)$ 生成随机数 u_1, 并令 $x = -\alpha \ln u_1$.
2. 从 $U \sim U(0, 1)$ 独立生成另一随机数 u_2.
3. 如果 $u_2 \leqslant \left(\frac{e}{\alpha}\right)^{\alpha-1} x^{\alpha-1} e^{(\frac{1}{\alpha}-1)x}$, 则返回样本值为 $X := x$, 否则转到步骤 1.

图 2.5 展示了用接受拒绝抽样算法生成 $Ga(3/2, 1)$ 随机数的一次模拟效果图. 理论的平均迭代次数为 $c = 3(\frac{3}{2\pi e})^{1/2} \approx 1.257$. 从图 2.5 (a) 中我们可以看到从指数分布 $Exp(2/3)$ 中产生的 5000 个随机点中, 3989 个随机点被接

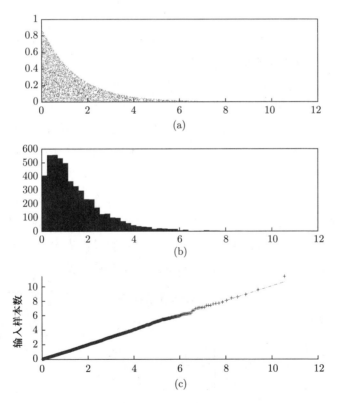

图 2.5 　(a) 接受拒绝抽样法产生 $Ga(3/2, 1)$ 随机样本示意图, (b) $Ga(3/2, 1)$ 随机样本直方图, (c) $Ga(3/2, 1)$ 随机样本 QQ 图

受作为 $Ga(3/2,1)$ 的随机样本, 接受率大约为 80%, 非常接近理论的接受率 $\frac{1}{1.257}$. 图 (b) 和图 (c) 分别给出了生成的伽马随机样本的直方图和 QQ 图. 从图中看出生成的伽马随机样本符合预期的分布.

伽马分布具有可加性, 设 $X \sim Ga(\alpha_1,\beta)$, $Y \sim Ga(\alpha_2,\beta)$, 且 X 和 Y 独立, 则

$$Z = X + Y \sim Ga(\alpha_1 + \alpha_2, \beta). \tag{2.19}$$

所以当形状参数 α 为整数时, 可加性为我们提供了另一种生成伽马分布随机数的方法. 因为当 $\alpha = 1$ 时, 伽马分布即为指数分布. 所以当 $\alpha = m$ 为整数时, $X \sim Ga(\alpha,\lambda)$ 可以表示为 m 个独立同分布的指数随机变量的和, 且每个指数随机变量的参数都为 λ. 利用生成指数分布随机数算法 2.10, 当形状参数 α 为整数时, 伽马分布 $Ga(\alpha,1)$ 的随机数可由下式生成

$$X = \sum_1^\alpha -\ln u_i = -\ln\left(\prod_{i=1}^\alpha u_i\right). \tag{2.20}$$

注意当 α 是比较小的整数时, 这个方法能有效地生成伽马分布随机数, 而当 α 比较大时, 这个方法的效率就比较低了.

指数分布、正态分布和伽马分布是三种常见的、重要的连续型分布, 与许多其他分布都有密切的关系. 通过这些关系, 大多数常见的连续型分布随机变量都可以通过基于这三种分布的随机变量的变换得到. 下面我们介绍如何基于这三种分布生成对数正态分布、卡方分布、贝塔分布、t 分布、F 分布、韦布尔分布、柯西分布、逻辑斯谛分布的随机数.

对数正态分布: 对数正态分布被广泛应用于很多领域. 假设 X 是取值为正数的随机变量, 且 $\ln(X) \sim N(\mu,\sigma^2)$, 则称 X 服从对数正态分布, 并记作 $X \sim LN(\mu,\sigma^2)$. 从这个定义可以看出, 我们只需先产生正态分布随机数 $y \sim N(\mu,\sigma^2)$, 再令 $x = e^y$, 则 x 为对数正态分布随机数.

卡方分布: 假设随机变量 X 服从自由度为 n 的卡方分布, 记为 $X \sim \chi_n^2$, 则其概率密度函数为:

$$f(x) = \begin{cases} 0, & x \leqslant 0, \\ \dfrac{e^{-x/2}x^{n/2-1}}{2^{n/2}\Gamma(n/2)}, & x > 0. \end{cases} \tag{2.21}$$

χ^2 (卡方) 分布是从正态分布中派生出来的一个分布. 假设 $Z_1,\cdots,Z_n$ 独立同分布, 且 $Z_1 \sim N(0,1)$, 则随机变量 $X = \sum_1^n Z_i^2$ 服从 χ_n^2 分布. 很显然,

利用这个关系我们可以通过计算 n 个标准正态分布的随机样本值的平方和, 得到 χ^2 分布的随机数. 然而, 这个方法当 n 比较大时效率不高. 当 n 比较小, 并且是偶数时, 用 Box-Müller 法中公式 (2.15), 可得 $\chi^2 = -2\ln(U_1 \cdots U_{n/2})$, 其中 $U_i \sim U(0,1), i = 1, \cdots, n/2$. 对于其他情况, 推荐利用伽马分布随机变量生成 χ^2 分布的随机变量, 因为伽马分布 $\Gamma(1/2, 1/2)$ 正好是自由度为 n 的卡方分布 χ_n^2.

贝塔分布: 假设随机变量 X 的分布密度为 $(a > 0, b > 0)$

$$f(x) = \begin{cases} \dfrac{\Gamma(\alpha + \beta)}{\Gamma(\alpha)\Gamma(\beta)} x^{\alpha-1}(1-x)^{\beta-1}, & 0 \leqslant x \leqslant 1, \\ 0, & \text{其他,} \end{cases} \tag{2.22}$$

则称 X 为服从参数为 α 和 β 的贝塔分布, 记作 $X \sim Be(\alpha, \beta)$. 注意到 $Be(1,1)$ 就是均匀分布 $U(0,1)$. 如何从贝塔分布中随机抽样? 我们首先考虑当 α 或者 β 等于 1 时, 例如, $\beta = 1$, 可以通过逆变换法得到 $Be(\alpha, 1)$ 的随机样本. 容易得到 $Be(\alpha, 1)$ 分布的累积密度函数为

$$F(x) = x^{\alpha}, \quad 0 \leqslant x \leqslant 1.$$

从而, 生成一个随机数 $u \sim U(0,1)$, 令 $x = u^{1/\alpha}$, 则 x 为 $Be(\alpha, 1)$ 的一个随机数.

更一般的生成贝塔分布随机样本的方法是利用它与伽马分布的关系: 如果 $W \sim Ga(\alpha_1, \beta), Y \sim Ga(\alpha_2, \beta)$, 则

$$X = \frac{W}{W + Y}$$

为服从贝塔分布的随机变量, 且 $X \sim Be(\alpha_1, \alpha_2)$. 利用这个关系, 我们可以通过生成两个独立的伽马分布的随机数, 经过适当变换后, 得到一个贝塔分布随机数.

当 $\alpha = n$ 和 $\beta = m$ 为整数时, 我们也可以用另外一种基于次序统计量的方法. 假设随机变量 $U_1, \cdots, U_n$ 独立同分布, 且 $U_1 \sim U(0,1)$, 记 $U_1, \cdots, U_n$ 的次序统计量为 $U_{(1)} \leqslant U_{(2)} \leqslant \cdots \leqslant U_{(n)}$, 则 $U_{(r)} \sim Be(r, n-r+1), 1 \leqslant r \leqslant n$. 根据这个性质, 我们可以得到生成 $Be(\alpha = n, \beta = m)$ 分布的一个随机样本的算法: 首先生成 $m+n-1$ 个独立同分布于 $U(0,1)$ 的随机样本 $u_1, \cdots, u_{m+n-1}$, 则第 n 个次序随机数 $u_{(n)}$ 为 $Be(\alpha = n, \beta = m)$ 的一个随机样本值.

t 分布: t 分布对总体均值的假设检验非常重要. 其分布密度函数的形状类似于标准正态分布, 但有更扁平的尾部. 假设 T 为自由度为 n 的 t 分布随

机变量, 记为 $T \sim t_n$, 其概率密度为

$$f(x) = \frac{\Gamma\left(\dfrac{n+1}{2}\right)}{\sqrt{n\pi}\,\Gamma\left(\dfrac{n}{2}\right)} \left(1 + \frac{x^2}{n}\right)^{-(n+1)/2}, \quad -\infty < x < \infty. \qquad (2.23)$$

众所周知, 如果 $X \sim N(0,1)$ 和 $Y \sim \chi_n^2$ 独立, 则随机变量

$$T = \frac{X}{\sqrt{Y}}\sqrt{n}$$

服从 t_n 分布. 这为我们提供了一种生成 t 分布随机样本的方法. 另一种方法是利用 t 分布和贝塔分布的关系生成 t 分布的随机样本. 如果随机变量 $X \sim Be(\frac{n}{2}, \frac{n}{2})$, 则

$$T = \sqrt{n}\,\frac{X - \frac{1}{2}}{\sqrt{X(1-X)}}$$

服从 t_n 分布. 另外, 如果考虑生成 t 分布随机数的速度, 则直接利用拒绝抽样法 (详见 Devroye (1986)) 或者由 Bailey (1994) 提出的类似于 Box-Müller 极坐标随机变量法会更有效.

F 分布: 在总体方差检验和方差分析中常常会用到 F 分布. 假设随机变量 X 和 Y 独立, 且 $X \sim \chi_m^2, Y \sim \chi_n^2$, 则

$$F = \frac{X}{m} \bigg/ \frac{Y}{n} \qquad (2.24)$$

的分布为自由度为 m 和 n 的 F 分布, 并记作 $F \sim F_{m,n}$. 从这个定义很容易知道 F 分布随机样本可以通过 χ^2 分布随机样本产生.

韦布尔分布: 韦布尔 (Weibull) 分布是寿命实验和可靠性理论的基础. 若随机变量 X 具有分布密度

$$f(x) = \begin{cases} \dfrac{\alpha}{\beta}\left(\dfrac{x}{\beta}\right)^{\alpha-1} e^{-\left(\frac{x}{\beta}\right)^{\alpha}}, & x \geqslant 0, \\ 0, & x < 0, \end{cases} \qquad (2.25)$$

则称 X 服从韦布尔分布, 记为 $X \sim W(\alpha, \beta)$. 容易得到韦布尔分布的累积分布密度函数为

$$F(x) = 1 - e^{-(x/\beta)^{\alpha}}, \quad x \geqslant 0, \qquad (2.26)$$

所以利用逆变换法, 假设 $U \sim U(0,1)$, 我们可以得到

$$X = \beta[-\ln(1-U)]^{1/\alpha}. \tag{2.27}$$

从而, 生成一个韦布尔分布随机样本的算法为: 生成均匀分布随机数 $u \sim U(0,1)$, 输出随机样本值为 $x := \beta[-\ln(u)]^{1/\alpha}$.

柯西分布: 假设随机变量 X 的分布密度为

$$f(x) = \frac{1}{\pi\lambda\left[1+\left(\dfrac{x-\theta}{\lambda}\right)^2\right]}, \quad \lambda > 0, -\infty < \theta, x < \infty, \tag{2.28}$$

则称 X 是服从位置参数为 θ 和尺度参数为 λ 的柯西分布, 记为 $X \sim C(\theta, \lambda)$. 由于柯西分布的期望值与方差均不存在, 因此它在统计分布中占有很特殊的地位.

当 $\theta = 0, \lambda = 1$ 时, 上式为

$$f(x) = \frac{1}{\pi(1+x^2)}, \quad -\infty < x < \infty,$$

通常称它为标准柯西分布. 任一柯西分布都可以由标准柯西分布通过一个线性变换得到: 设 $X \sim C(0,1), Y = \lambda X + \theta$, 则 $Y \sim C(\theta, \lambda)$. 所以我们就只讨论如何从标准柯西分布中生成随机样本. 易得到标准柯西分布的累积分布函数为

$$F(x) = \frac{1}{\pi}\arctan(x) + 1/2,$$

所以通过逆变换法, 我们可以得到

$$X = \tan\left(\pi U - \frac{\pi}{2}\right),$$

其中 $U \sim U(0,1)$. 一般计算 tan 是比较慢的运算, 我们也可以通过正态随机变量的变换生成标准柯西分布的随机变量. 假设 Y_1, Y_2 独立, 且都服从 $N(0,1)$, $X = \frac{Y_1}{Y_2}$, 则 $X \sim C(1,0)$. 所以为了生成柯西分布的一个随机数, 只要生成两个独立的标准正态的随机数, 然后将这两个随机数的比作为柯西分布的一个随机数.

逻辑斯谛分布: 假设随机变量 X 的分布函数为

$$F(x) = \frac{1}{1+e^{-(x-\alpha)/\beta}}, \quad \beta > 0, \ -\infty < \alpha, \ x < \infty, \tag{2.29}$$

则称 X 为服从位置参数 α 和尺度参数 β 的逻辑斯谛 (logistic) 分布, 记作 $X \sim L(\alpha, \beta)$. 当 $\alpha = 0, \beta = 1$ 时, 称为标准逻辑斯谛分布, 它的分布函数为

$$F(x) = \frac{1}{1 + e^{-x}}.$$

分布 $L(\alpha, \beta)$ 的概率分布密度函数是

$$f(x) = \frac{e^{-(x-\alpha)/\beta}}{\beta(1 + e^{-(x-\alpha)/\beta})^2}, \ \beta > 0, \ -\infty < \alpha, \ x < \infty. \tag{2.30}$$

已知如果 $X \sim L(0,1), Y = \beta X + \alpha$, 则 $Y \sim L(\alpha, \beta)$. 从而, 我们只讨论如何生成标准逻辑斯谛分布的随机样本.

我们可以利用逆变换法生成 $L(0,1)$ 的随机样本: 首先生成随机数 $u \sim U(0,1)$, 然后令 $X := \ln\left(\frac{u}{1-u}\right)$ 为 $L(0,1)$ 的一个随机样本值.

产生常见统计分布随机数的 R 函数 (表 2.1): 目前许多软件都可以通过自带的函数直接生成各种分布的随机数, 这里我们只列出统计软件 R 中生成随机数的命令供大家参考. R 软件中每一个统计分布都有一个名称, 在这个名称前加 "r" 就可以得到产生随机数的函数名称, 此类函数的第一输入值为需要产生的随机数个数, 随后的输入值为对应分布的参数值.

表 2.1　生成统计分布随机数的 R 函数

分布名称	R 函数	参数的含义
二项分布	rbinom(n,size,prob)	n= 需产生的随机数个数, size= 试验总数, prob= 每次试验成功的概率
泊松分布	rpois(n, lambda)	lambda= 均值
几何分布	rgeom(n,prob)	prob= 每次试验成功的概率
负二项分布	rnbinom(n, size, prob)	size= 预设试验成功的次数, prob= 每次试验成功的概率
均匀分布	runif(n, min, max)	min= 分布范围的最小值, max= 分布范围的最大值
正态分布	rnorm(n, mean, sd)	mean= 均值, sd= 标准差

分布名称	R 函数	参数的含义
对数正态	rlnorm(n, meanlog, sdlong)	meanlog= 对数尺度下的分布均值, sdlog= 对数尺度下的分布标准差
χ^2 分布	rchisq(n, df)	df= 自由度
t 分布	rt(n, df)	df= 自由度
F 分布	rf(n, df1, df2)	df1= 第一自由度, df2= 第二自由度
伽马分布	rgamma(n, shape, scale)	shape= 形状参数, scale= 尺度参数
贝塔分布	rbeta(n, shape1, shape2)	shape1= 第一形状参数, shape2= 第二形状参数
韦布尔分布	rweibull(n, shape, scale)	shape= 形状参数, scale= 尺度参数
柯西分布	rcauchy(n, location, scale)	location= 位置参数, scale= 尺度参数
逻辑斯谛分布	rlogis(n, location, scale)	location= 位置参数, scale= 尺度参数

2.4 多维随机变量的生成

令 $\boldsymbol{x} = (X_1, \cdots, X_p)$ 是一个 p 维随机向量, 如何用计算机模拟产生它的样本是随机模拟中十分重要的研究课题. 令 $F(x_1, \cdots, x_p)$ 表示 $\boldsymbol{x}$ 的概率分布函数. 如果 $X_1, \cdots, X_p$ 之间互相独立, 那么

$$F(x_1, \cdots, x_p) = F_1(x_1)F_2(x_2)\cdots F_p(x_p),$$

其中 $F_i(x_i)$ 是随机变量 X_i 的边际概率分布函数. 使用本章前几节介绍的方法, 我们可以对每个 i 产生 $F_i(x_i)$ 的随机样本 Y_i. 于是, $(Y_1, Y_2, \cdots, Y_p)$ 是分布 $F(x_1, \cdots, x_p)$ 的一个随机样本.

如果各维随机变量之间不独立, 我们可以利用下面的条件分布乘法准则生成随机向量

$$F(x_1, \cdots, x_p) = F_1(x_1)F_2(x_2|x_1)\cdots F_p(x_p|x_1, \cdots, x_{p-1}), \qquad (2.31)$$

其中 $F_2(x_2|x_1)$ 是当给定 $X_1 = x_1$ 时 X_2 的条件概率分布, $F_k(x_k|x_1, \cdots, x_{k-1})$

是当给定 $X_1 = x_1, X_2 = x_2, \cdots, X_{k-1} = x_{k-1}$ 时 X_k 的条件概率分布. 这个公式可以应用到离散型和连续型随机向量. 如果 $\boldsymbol{x}$ 是连续型随机向量, 有分布密度函数, 它可以分解为

$$f(x_1, \cdots, x_n) = f_1(x_1)f_2(x_2|x_1)\cdots f_n(x_n|x_1, \cdots, x_{n-1}), \qquad (2.32)$$

其中 $f_1(x_1)$ 是 X_1 的边际分布密度, $f_k(x_k|x_1, \cdots, x_{k-1})$ 是当给定 $X_1 = x_1, X_2 = x_2, \cdots, X_{k-1} = x_{k-1}$ 时, X_k 的条件分布密度.

注意到公式 (2.31) 右边的每个因子都是一元分布函数, 如果它们容易产生, 那么我们就能得到 $\boldsymbol{x}$ 的随机样本. 记 Y_1 是分布 $F_1(x_1)$ 的随机样本, Y_2 是分布 $F_2(x_2|x_1)$ 的随机样本, $\cdots$, Y_p 是分布 $F_p(x_p|x_1, \cdots, x_{p-1})$ 的随机样本, 那么 $(Y_1, \cdots, Y_p)$ 是分布 $F(x_1, \cdots, x_p)$ 的随机样本. 以下通过两个例子分别讨论离散型和连续型随机向量的随机模拟.

多项分布: 多项分布是二项分布的一种推广. 如果一项试验中有 r 个不同的结果, $A_1, \cdots, A_r$, 产生结果 A_i 的概率为 p_i, 则有 $0 < p_i < 1, i = 1, \cdots, r, \sum_{i=1}^{r} p_i = 1$. 重复试验 n 次, 记 X_i 为 n 次试验中得到 A_i 的次数. 定义随机向量 $\boldsymbol{x} = (X_1, \cdots, X_r)$, 那么事件 $\{X_1 = n_1, \cdots, X_r = n_r\}$ 发生的概率为

$$P(X_i = n_i, i = 1, \cdots, r) = \frac{n!}{n_1! \cdots n_r!} p_1^{n_1} \cdots p_r^{n_r}, \qquad (2.33)$$

其中 $n_1 + \cdots + n_r = n$. $\boldsymbol{x} = (X_1, \cdots, X_r)$ 称为多项分布随机向量, 它的分布称为多项分布, 记为 $\boldsymbol{x} \sim M(n; p_1, \cdots, p_r)$. 多项分布有下列的性质:

1. 因为 $X_1 + \cdots + X_r = n$, 随机变量 $X_1, \cdots, X_r$ 不可能互相独立. 知道了其中 $r-1$ 个随机变量的取值, 剩下的那个随机变量的取值就被确定了.

2. 如果一项试验中只有两个结果, 即 $r = 2$, $\boldsymbol{x} = (X_1, X_2)$, 那么 X_1 服从二项分布 $B(n, p_1)$.

3. 如果 $\boldsymbol{x} = (X_1, \cdots, X_r) \sim M(n; p_1, \cdots, p_r)$, 那么 $X_i \sim Bin(n, p_i), i = 1, \cdots, r$, 即每个边际分布都服从二项分布.

4. 如果 $\boldsymbol{x} = (X_1, \cdots, X_r) \sim M(n; p_1, \cdots, p_r)$, 那么 $\boldsymbol{x}$ 的任何子向量也服从多项分布. 确切的含义如下: 令 $1 \leqslant j_1 < j_2 < \cdots < j_t \leqslant r$, 那么, $(X_{j_1}, \cdots, X_{j_t}, X^*) \sim M(n; p_{j_1}, \cdots, p_{j_t}, p^*)$, 其中

$$X^* = \sum_{i \neq j_1, \cdots, j_t} X_i, \quad p^* = \sum_{i \neq j_1, \cdots, j_t} p_i.$$

5. 如果 $\boldsymbol{x} = (X_1, \cdots, X_r) \sim M(n; p_1, \cdots, p_r)$, 那么

$$X_1 \sim B(n,\ p_1),$$
$$(X_2|X_1 = n_1) \sim B\left(n - n_1, \frac{p_2}{1 - p_1}\right),$$
$$(X_i|X_1 = n_1, \cdots, X_{i-1} = n_{i-1}) \sim B\left(n - \sum_{j=1}^{i-1} n_j, \frac{p_i}{1 - \sum_{j=1}^{i-1} p_j}\right),\ i \leqslant r.$$

产生多项分布随机向量有下列两个方法:

方法 I 是定义一个离散型随机变量 X, 其概率质量函数为

$$P(X = A_i) = p_i, i = 1, \cdots, r, \sum_1^r p_i = 1,$$

则从离散型概率分布的逆算法 2.1 可得: 生成一个随机数 $u \sim U(0,1)$, 令 $s_1 = [0, p_1), s_2 = [p_1, p_1 + p_2), \cdots, s_r = [p_1 + \cdots + p_{r-1}, 1]$, 如果 $u \in s_i$, 则产生随机样本值 $X = A_i$, 显然

$$P(X = A_i) = p_i, \quad i = 1, \cdots, r. \tag{2.34}$$

重复上面的过程 n 次, 记 Y_i 是 $X = A_i$ 的次数, 那么 $\boldsymbol{y} = (Y_1, \cdots, Y_n) \sim M(n; p_1, \cdots, p_r)$.

这个方法当 n 远大于 r 时, 效率不是很高, 可以考虑利用条件分布乘法准则生成多项分布的随机向量.

方法 II 是利用上面的性质 5, 产生 r 个随机样本, 令 x_1 是从 $X_1 \sim B(n, p_1)$ 中抽取的一个随机样本, x_2 是从 $(X_2|X_1 = x_1) \sim B\left(n - x_1, \frac{p_2}{1-p_1}\right)$ 中抽取的一个随机样本, 以此类推, x_i 是从 $(X_i|X_1 = x_1, \cdots, X_{i-1} = x_{i-1}) \sim B\left(n - \sum_{j=1}^{i-1} x_j, \frac{p_i}{1-\sum_{j=1}^{i-1} p_j}\right)$ 中抽取的一个随机样本, 由此得到的 $\boldsymbol{x} = (x_1, \cdots, x_r)$ 是多项分布 $M(n; p_1, \cdots, p_r)$ 的随机样本.

多元正态分布: 多元正态分布是多元统计分析的基础, 众所周知一元正态分布 $X \sim N(\mu, \sigma^2)$ 由它的平均值 μ 及方差 σ^2 决定, 其概率密度函数为

$$f(x) = \frac{1}{\sqrt{2\pi}\sigma} \exp\left(-\frac{1}{2}\left(\frac{x - \mu}{\sigma}\right)^2\right).$$

当 $\mu = 0, \sigma = 1$ 时, 相应的称为标准正态分布, 记为 $Z \sim N(0,1)$. 随机变量 X, Z 有关系 $X = \mu + \sigma Z$. 这个关系可以直接从正态分布推广到多元正态分布 (参考张尧庭, 方开泰 (1982)). 令 p 维随机向量 $\boldsymbol{x}$ 具有均值 μ 和协方差矩阵 $\boldsymbol{\Sigma}$, $\boldsymbol{\Sigma}$ 是正定对称阵, 利用 Cholesky 分解一定能找到 $\boldsymbol{\Sigma}$ 的正定平方根 $\boldsymbol{B}$ 满足 $\boldsymbol{BB} = \boldsymbol{\Sigma}$. 定义随机向量

$$\boldsymbol{x} = \mu + \boldsymbol{Bz}, \tag{2.35}$$

其中 $\boldsymbol{z} = (Z_1, \cdots, Z_p)'$, $Z_1, \cdots, Z_p$ 独立同分布于 $N(0,1)$. 因为 $\boldsymbol{z}$ 的分布密度 是标准正态分布密度函数的乘积, 利用变换 (2.35), 获得多元正态分布的概率 密度函数为

$$f(\boldsymbol{x}|\mu, \boldsymbol{\Sigma}) = |2\pi\boldsymbol{\Sigma}|^{\frac{1}{2}} \exp\left(-\frac{1}{2}(\boldsymbol{x} - \mu)'\boldsymbol{\Sigma}^{-1}(\boldsymbol{x} - \mu)\right). \tag{2.36}$$

利用式 (2.35) 可以得到生成一个多元正态随机向量 $\boldsymbol{x} \sim N(\mu, \boldsymbol{\Sigma})$ 的随机样本, 其算法如下:

算法 2.14 多元正态分布随机产生法

1. 从 $N(0,1)$ 中生成 p 个独立的随机变量 $\boldsymbol{z} = \{Z_1, \cdots, Z_p\}$.
2. 对 $\boldsymbol{\Sigma}$ 进行 Cholesky 分解, 找到正定矩阵 $\boldsymbol{B}$ 使得 $\boldsymbol{BB} = \boldsymbol{\Sigma}$.
3. 输出随机向量 $\boldsymbol{x} := \mu + \boldsymbol{Bz}$.

　　二维正态随机向量的样本也可以利用条件分布乘法准则生成. 假设二维 正态随机向量 $\boldsymbol{x} = (X_1, X_2)$ 的均值为 $\boldsymbol{0}$, 协方差为 $\boldsymbol{\Sigma} = (a_{i,j})$, 这里 $a_{ij} = E(X_i X_j)$, 则 $X_1 \sim N(0, a_{11})$, 以及 $(X_2|X_1) \sim N\left(\frac{a_{21}}{a_{11}}X_1, \frac{a_{22}a_{11} - a_{21}^2}{a_{11}}\right)$. 从而, 得到算法如下:

算法 2.15 二维正态分布随机向量生成法

1. 从 $N(0,1)$ 中生成 2 个独立的随机变量 $\boldsymbol{z} = \{Z_1, Z_2\}$.
2. 令 $X_1 := \sqrt{a_{11}} Z_1$.
3. 令 $X_2 := \frac{a_{21}}{a_{11}} X_1 + \sqrt{\frac{a_{22}a_{11} - a_{21}^2}{a_{11}}} Z_2$.
4. 输出随机向量样本 $\boldsymbol{x} = (X_1, X_2)$.

习 题

1. 为什么计算机用软件产生的随机数称为伪随机数. 证明线性同余随机数生成器有周期.

2. 用逆变换法可以产生标准正态分布的随机样本, 使用 Matlab 或 R 写相应的程序.

3. 著名统计学家皮尔逊 (Pearson, 1924) 曾 (通过一种叫惠斯特 (Whist) 的游戏) 研究了玩扑克牌中洗牌是否彻底的问题, 这种游戏是类似桥牌的一种游戏, 每次有 13 个 "主", 4 人每人各拿 13 张牌, 他从 25000 局实际比赛中随机抽取了 3400 局, 统计第一次出牌人手中的 "主", 看看实际的情况与理论的情况是否吻合, 从理论上, 第一个人手中 "主" 的数目服从超几何分布, 相应的参数是 $N = 52, n = 13, M = 13$, 故理论值应该是 $3400 \cdot P(X = k), k = 0, 1, \cdots, 13$. 使用 Matlab 或 R 写一个程序产生随机样本, 即从 25000 局实际比赛中随机抽取了 3400 局, 统计第一次出牌人手中的 "主". 并且用这个随机样本来检验它是否服从超几何分布.

4. 在计算机未普及以前, 常用轮盘进行模拟 (蒙特卡罗) 试验, 这种轮盘也广泛地用于西方赌场上, 相应的赌博称为轮盘赌. 如果使用的轮盘分成 37 等格, 标志 $0, 1, \cdots, 36$. 如一个赌徒下一笔赌注到偶数 (这里 0 不算偶数), 故他赢的机会是 18/37, 同样, 他赌奇数, 赢的概率也是 18/37. 赌场老板特地设置了一个 "0", 它既不算奇数也不算偶数, 使赌博对他有利. 于是有一个人想对付赌场老板, 他想出了一个赌博的规则: 他第一次赌一元, 如输了, 下一次赌 2 元, 如再输了他赌 4 元, ……, 如前 $k - 1$ 次都输了, 第 k 次他赌 2^k 元, 只要某一次赢了, 这一轮赌博就算结束. 新的一轮他又从 1 元赌起, 重复以上的办法. 写一个随机模拟的程序, 对给定赌本 C, 记录该赌徒在输光赌本时总计进行赌博的 "轮数", 记为 X. 重复 $N = 1000$ 次试验, 绘出 X 的直方图.

5. 有一个两人掷两个六面骰子的游戏, 用甲、乙表示参加者. 游戏规则如下: 用两个骰子的和决定胜负, 点数大的赢 2 分, 如果甲、乙有相等的点数, 各得 1 分. 游戏规定甲、乙先掷 1 个骰子, 如果 2 个骰子的点数相差很大, 例如, 甲获得 6 点, 乙获得 1 点. 这时甲、乙掷第二个骰子, 乙赢的希望很小, 甲将获得 2 分. 游戏规定允许游戏者有一个选择, 其中一人立即认输, 不掷第二个骰子, 这时仅判输一分, 称为 "认输策略". 假定甲不采用认输策略, 但是乙采用认输策略. 使用 Matlab 或 R 写相应的程序并且比较甲和乙的比赛情况.

6. 现有标有编号为 $1, 2, \cdots, 100$ 的卡片, 充分洗牌之后, 让一个人一次只翻开一张卡片, 直到所有的卡都翻完. 如果这个人第 i 次翻开了编号为 i 的卡片时, 我们称出现 "命中". 编写一个模拟程序估计总 "命中" 数的期望和方差.

7. 假定在一个晚会上有 n 人参加, 令 $M(n)$ 为至少有两人生日相同的事件. 用随机模拟来确认结论: 如果 $n \geqslant 23$, 那么 $P(M(n)) \geqslant 0.5$. 进一步, 如果要求 $P(M(n)) \geqslant 0.99$, 找相应的 n 的下界.

8. 用逆变换法生成下列密度函数的随机变量, 并写出 R 或 Matlab 的程序:

(1) $f(x) = \frac{2x+1}{2}, 0 \leqslant x \leqslant 1$.

(2) $f(x) = e^{-2|x|}, -\infty < x < \infty$.

(3) $f(x) = \frac{5}{2} \exp\left[-\frac{5}{2}(x-2)\right], x \geqslant 2$.

(4) $f(x) = 4xe^{-2x^2}, x > 0$.

9. 分别用逆变换法和拒绝抽样法生成下面密度函数的随机变量, 并写出 R 或 Matlab 的程序:

$$f(x) = \begin{cases} \dfrac{x-2}{2}, & 2 \leqslant x \leqslant 3, \\ \dfrac{2-x/3}{2} & 3 \leqslant x \leqslant 6. \end{cases}$$

10. 用接受拒绝抽样法生成下列密度函数的随机变量, 并写出 R 或 Matlab 的程序:

(1) $f(x) = 20x(1-x)^3, 0 \leqslant x \leqslant 1$.

(2) $f(x) = \frac{1}{2}x^2e^{-x}, x > 0$.

(3) $f(x) = c\exp(-\frac{1}{2}x^2)/(1+x^2), -\infty < x < \infty, c$ 为归一化常数.

(4) $f(x) = 4xe^{-2x^2}, x > 0$.

11. 一个意外伤亡保险公司有 1000 个客户, 每个客户独立地在下个月以概率 0.05 索赔. 假设索赔量是独立的具有均值为 800 元的指数随机变量, 用随机模拟的方法估计下个月索赔量的总和超过 50000 元的概率.

第三章　方差减少技术

统计分析的目标之一是估计需要的统计量, 例如统计量的均值、方差, 或统计量函数的均值、方差等. 利用随机模拟可以达到这个目标. 传统统计学要求估计量是无偏的, 方差越小越好. 本章将简单介绍蒙特卡罗计算中常用来减少方差的几个抽样技术: 对偶变量法、条件期望法、分层抽样法、控制变量法和重要性抽样法. 关于这些技术的更详细的描述可参见 Sheldon M. Ross (2013) 以及 Rubinstein, Kroese (2013) 等书籍.

3.1 对偶变量法

对偶变量法: 这个方法是由 Hammersley, Morton (1956) 提出的, 利用产生同分布负相关样本的方法减少方差. 假设我们想估计 $\theta = E(X)$, X 是服从分布函数为 F 的随机变量. 如果从 F 中产生两个独立随机样本 X_1 和 X_2, 则估计 $\hat{\theta} = (X_1 + X_2)/2$ 是一个无偏估计且具有方差

$$\mathrm{Var}(\hat{\theta}) = \mathrm{Var}\left(\frac{X_1 + X_2}{2}\right) = \frac{1}{4}[\mathrm{Var}(X_1) + \mathrm{Var}(X_2)].$$

后面我们统称这种利用独立同分布抽样得到估计值的方法为简单蒙特卡罗模拟.

如果从 F 中产生的两个随机样本 X_1 和 X_2 不独立且负相关, 则 $\tilde{\theta} = (X_1 + X_2)/2$ 仍然是一个无偏估计且具有方差

$$\mathrm{Var}(\tilde{\theta}) = \mathrm{Var}\left(\frac{X_1 + X_2}{2}\right) = \frac{1}{4}[\mathrm{Var}(X_1) + \mathrm{Var}(X_2) + 2\mathrm{Cov}(X_1, X_2)],$$

其中 $\mathrm{Cov}(X_1, X_2) < 0$. 所以估计 $\tilde{\theta}$ 的方差比估计 $\hat{\theta}$ 的方差小, 这说明用两个不独立且负相关的随机样本估计 $E(X)$ 会比用两个独立随机样本估计 $E(X)$ 好. 下面的定理和引理将告诉我们如何生成一对同分布且负相关的随机变量 (称为对偶变量), 从而减少模拟的估计方差.

定理 3.1　如果 $X_1, X_2, \cdots, X_n$ 互相独立, 则对任何 n 元增函数 f 和 g,

$$E[f(\boldsymbol{x})g(\boldsymbol{x})] - E[f(\boldsymbol{x})]E[g(\boldsymbol{x})] \geqslant 0, \tag{3.1}$$

其中 $\boldsymbol{x} = (X_1, X_2, \cdots, X_n)$.

利用定理 3.1, 可以得到以下推论:

引理 3.1　如果 $h(X_1, X_2, \cdots, X_n)$ 是其每个自变量的单调函数, 则对独立同分布的随机变量集合 $\{U_1, U_2, \cdots, U_n, U_1 \sim U(0,1)\}$ 有

$$\mathrm{Cov}[h(U_1, U_2, \cdots, U_n), \ h(1 - U_1, 1 - U_2, \cdots, 1 - U_n)] \leqslant 0. \tag{3.2}$$

定理 3.1 和引理 3.1 的证明见 Sheldon M. Ross (2013) 的第九章附录.

如何生成负相关同分布的随机变量呢? 假设我们生成了 $U_i \sim U(0,1)$, $i = 1, \cdots, n$, 则 $1 - U_i \sim U(0,1)$ 且每一对 $\{U_i, 1 - U_i\}$ 是负相关的. 如果令 $X_1 = h(U_1, U_2, \cdots, U_n)$, $X_2 = h(1 - U_1, 1 - U_2, \cdots, 1 - U_n)$, 且 h 为单调函数, 则根据引理 3.1 可知 X_1 和 X_2 是同分布负相关的. 举个例子, 2.2.1 节中, 当我们用逆变换法产生 $X \sim F$ 的 n 个随机变量时, 首先产生独立同分布的随机数 $U_i \sim U(0,1), i = 1, \cdots, n$, 再令 $X_i = F^{-1}(U_i)$, 则 X_i 为独立同分布于 F 的随机变量. 因为 F 是单调函数, 所以 F^{-1} 也是单调函数. 如果令 $Y_i = F^{-1}(1 - U_i)$, 则 $Y_i \ (i = 1, \cdots, n)$ 为独立同分布于 F 的随机变量, 且 Y_i 与 X_i 负相关. 因此, 当估计 $\theta = E(X)$ 时, 在生成 $U_1, U_2, \cdots, U_m$ 之后, 我们可以直接利用集合 $(1 - U_1, 1 - U_2, \cdots, 1 - U_m)$ 计算估计值 $\tilde{\theta} = \frac{1}{m} \sum_{i=1}^{m} \frac{F^{-1}(U_i) + F^{-1}(1 - U_i)}{2}$. 这种方法显然优于另外再生成 m 个新的独立随机数 $U_i \ (i = m + 1, \cdots, 2m)$ 然后计算估计值 $\hat{\theta} = \frac{1}{2m} \sum_{i=1}^{2m} F^{-1}(U_i)$ 的方法. 由此可见利用对偶变量法我们不仅得到具有更小的方差的估计量, 而且还节省了生成第二组随机数的时间.

例 3.1　假设需要估计

$$\theta = \int_0^\infty x^{0.6} e^{-x} dx. \tag{3.3}$$

这个积分可以看作是一个指数型随机变量的函数的期望值 $E_X(g(x)) = E_X(x^{0.6})$, 其中 $X \sim Exp(1)$. 给定一组随机数 $U_i \sim U(0,1), i = 1, \cdots, n$, 令 $X_i = \ln(U_i)$,

则 $X_i \sim Exp(1)$. θ 的一个无偏估计为

$$\hat{\theta} = \frac{1}{n} \sum_{i=1}^{n} [-\ln(U_i)]^{0.6}. \tag{3.4}$$

因为 $-\ln(U)^{0.6}$ 为 U 的单调函数, 所以 $[-\ln(1-U)]^{0.6}$ 与 $[-\ln(U)]^{0.6}$ 同分布负相关. 利用对偶变量法的估计值为

$$\tilde{\theta} = \frac{1}{n} \sum_{i=1}^{n} \frac{[-\ln(1-U_i)]^{0.6} + [-\ln(U_i)]^{0.6}}{2}. \tag{3.5}$$

我们利用软件产生 $n = 10000$ 个随机数 $u_i \sim U(0,1), i = 1, \cdots, n$, 并根据式 (3.4) 和式 (3.5) 分别计算估计值 $\hat{\theta}$ 和 $\tilde{\theta}$, 大量模拟结果得到估计 $\tilde{\theta}$ 的方差与 $\hat{\theta}$ 的方差相比减少了 94%.

3.2 条件期望法

假设我们从目标分布 $f(x)$ 中抽得独立样本 $X_1, \cdots, X_n$, 并且我们的兴趣在于计算 $\theta = E_f[h(X)]$. θ 的简单蒙特卡罗估计量为:

$$\hat{\theta} = \frac{1}{n}[h(X_1) + h(X_2) + \cdots + h(X_n)].$$

此外, 假设可以找到一个易抽样的随机变量 Y, 且条件期望 $E[h(X)|Y]$ 有解析表达式, 则 θ 的另一估计量为

$$\tilde{\theta} = \frac{1}{n}(E[h(X_1)|Y] + E[h(X_2)|Y] + \cdots + E[h(X_3)|Y]).$$

显然, $\hat{\theta}$ 和 $\tilde{\theta}$ 均为无偏估计, 这是因为

$$E_f[h(X)] = E[E[h(X)|Y]],$$

且 $\tilde{\theta}$ 具有更小的方差, 因为

$$\mathrm{Var}(h(X)) = \mathrm{Var}(E[h(X)|Y]) + E[\mathrm{Var}(h(X)|Y)],$$

从而

$$\mathrm{Var}(\hat{\theta}) = \frac{\mathrm{Var}(h(X))}{n} \geqslant \frac{\mathrm{Var}(E[(h(X)|Y)])}{n} = \mathrm{Var}(\tilde{\theta}).$$

利用条件期望方差缩减法估计 $\theta = E(X)$ 的步骤如下:

步骤 1. 引入随机变量 Y, 并从 Y 的概率分布中抽取随机样本 $y_1, \cdots, y_n$.

步骤 2. 计算给定 Y 时的条件期望 $E(X|Y = y_i)(i = 1, \cdots, n)$ 的值.

步骤 3. 输出 θ 的一个无偏估计值 $\tilde{\theta} =: \frac{1}{n} \sum_{1}^{n} E[X|Y = y_i]$.

这个方法反映了蒙特卡罗计算的一个基本原理: 应该尽可能多地进行解析计算. 直观上说, 条件期望法在计算所需估计值中用到了 $E[h(X)|Y]$ 的解析结果, 即准确的信息, 所以减少了估计的方差.

例 3.2　π 值的估计.

利用蒙特卡罗模拟估计 π 的一种常见的做法是: 假设随机点 (X, Y) 均匀地分布在以原点为中心的面积为 4 的正方形上, 则随机点 (X, Y) 落在正方形包含的半径为 1 的内接圆内的概率为

$$P\{(X, Y) : X^2 + Y^2 \leqslant 1\} = \frac{\text{半径为 1 的内接圆面积}}{\text{正方形的面积}} = \frac{\pi}{4}. \tag{3.6}$$

因此, π 可以用 $4 \times P\{(X, Y) : X^2 + Y^2 \leqslant 1\}$ 来估计 (见示例图 3.1).

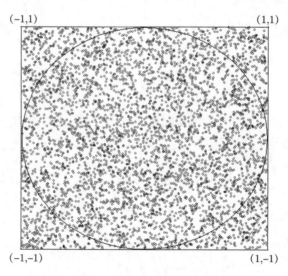

图 3.1　蒙特卡罗模拟估计 π 示意图

如何利用蒙特卡罗模拟估计落在圆内的概率呢? 首先, 我们需要生成在正方形内均匀分布的随机点 (X, Y), 显然, X 和 Y 独立并都服从 $(-1, 1)$ 上的均匀分布. 根据上一章的内容, 我们可先产生两个随机变量 $U_i \sim U(0, 1), i = 1, 2$, 令 $X = 2U_1 - 1$ 和 $Y = 2U_2 - 1$, 则 X, Y 分别为均匀分布在 $(-1, 1)$ 上的随机样本, (X, Y) 构成了正方形上均匀分布的随机点. 其次, 我们对满足 $(2U_1 - 1)^2 + (2U_2 - 1)^2 \leqslant 1$ 的点计数, 并计算它在所有随机点中所占的比例,

则 π 的估计值为这个比例的 4 倍. 然而, 在对 π 的估计精度要求比较高的时候, 并不推荐使用这种估计方法, 主要原因是这个估计不稳定、方差大. 下面我们就介绍如何利用条件期望法降低估计的方差.

均匀分布在正方形内的随机点落入圆内的概率还可以表达为期望的形式. 定义示性函数

$$I = \begin{cases} 1, & \text{如果 } X^2 + Y^2 \leqslant 1, \\ 0, & \text{其他.} \end{cases} \tag{3.7}$$

则 $E(I) = P\{X^2 + Y^2 \leqslant 1\} = \frac{\pi}{4}$. 所以 I 为 $\frac{\pi}{4}$ 的一个无偏估计. 当利用条件期望法时, 我们需找到一个易抽样的随机变量 V, 且可计算出条件期望 $E[I|V]$ 的理论值, 然后再利用 $E[E[I|V]]$ 去估计 $\frac{\pi}{4}$. 这里我们取 $V = X$, 则

$$\begin{aligned} E[I|X = x] &= P\{X^2 + Y^2 \leqslant 1|X = x\} \\ &= P\{x^2 + Y^2 \leqslant 1|X = x\} \\ &= P\{Y^2 \leqslant (1 - x^2)\} \\ &= P\{-\sqrt{1 - x^2} \leqslant Y \leqslant \sqrt{1 - x^2}\} \\ &= \int_{-\sqrt{1-x^2}}^{\sqrt{1-x^2}} \frac{1}{2} dx, \text{ 因为 } Y \text{ 在 } (-1, 1) \text{ 上均匀分布,} \\ &= \sqrt{1 - x^2}, \end{aligned} \tag{3.8}$$

所以

$$\begin{aligned} E[I|X] &= \sqrt{1 - X^2}, \\ E(I) &= E[E[I|X]] = E[\sqrt{1 - X^2}] = \frac{\pi}{4}. \end{aligned}$$

从而, $\sqrt{1 - X^2}$ 也为 $\frac{\pi}{4}$ 的一个无偏估计, 且比 I 的方差小.

利用条件期望方差缩减法估计 π 值的步骤如下:

步骤 1. 从均匀分布 $U(-1, 1)$ 中产生 n 个随机数 $x_i, i = 1, \cdots, n$.

步骤 2. 计算 $E(I|X = x_i) = \sqrt{1 - x_i^2} (i = 1, \cdots, n)$ 的值.

步骤 3. 输出 π 的一个无偏估计值 $\tilde{\pi} = 4 \times \frac{1}{n} \sum_1^n \sqrt{1 - x_i^2}$.

另外, 式 (3.7) 定义的 I 可以看作是成功概率为 $\frac{\pi}{4}$ 的伯努利随机变量, 所以

$$\text{Var}(I) = \left(\frac{\pi}{4}\right)\left(1 - \frac{\pi}{4}\right) \approx 0.1686.$$

且

$$\begin{aligned} \mathrm{Var}(E[I|X]) &= \mathrm{Var}(\sqrt{1-X^2}) \\ &= E(1-X^2) - (E(\sqrt{1-X^2}))^2 \\ &= \frac{2}{3} - \left(\frac{\pi}{4}\right)^2 \approx 0.0498. \end{aligned}$$

从上面的计算, 我们可以看出条件期望方差缩减法得到的估计比简单蒙特卡罗模拟法得到的估计方差减少了 70.4%.

3.3　分层抽样法

方差缩减技术中的分层抽样法借鉴了抽样调查设计中分层抽样的思想. 方差缩减技术中的分层抽样是通过改变概率分布, 将对整个区域的抽样变为分区域抽样, 整个区域上的概率分布改为子区域上的概率分布, 从而达到降低方差的目的. 假设需要估计 $\theta = E_X(h(x)) = \int_x h(x)f(x)dx$, 其中 X 的分布密度函数为 $f(x)$. 我们可以把 X 的定义域 Ω 分割成 k 个互补不相交的子区域 $D_1, D_2, \cdots, D_k$. 记总抽取的样本总数为 n, 第 j 个区域的样本数为 n_j, 则 $\sum_{j=1}^{k} n_j = n$. 第 j 个区域的随机变量 X_j 的定义域为 D_j, 其概率分布为 $f_j(\cdot)$, 则第 j 个区域 D_j 所占的概率及其满足的关系为

$$p_j = \int_{D_j} f(x)dx, \quad \sum_{j=1}^{k} p_j = 1.$$

第 j 个区域随机变量 X_j 的概率分布为

$$f_j(x) = p_j^{-1} f(x).$$

第 j 个区域统计量的期望值

$$E(h(X_j)) = \int_{D_j} h(x_j)f(x_j)dx_j,$$

且分层抽样法的总体统计量的期望值为

$$E(h(X)) = \sum_{j=1}^{k} p_j E(h(X_j)).$$

假设第 j 个区域抽取的随机样本值记为 $x_j^{(i)}, i = 1, \cdots, n_j$, 则第 j 个区域统计量的估计值和分层抽样法总体统计量的估计值分别为

$$\hat{\theta}_j = \frac{1}{n_j} \sum_{i=1}^{n_j} h(x_j^{(i)}), \ j = 1, \cdots, k,$$

$$\hat{\theta} = \sum_{j=1}^{k} p_j \hat{\theta}_j. \tag{3.9}$$

此外, 分层抽样法总体统计量的估计值的方差为

$$\mathrm{Var}(\hat{\theta}) = \mathrm{Var}\left(\sum_{j=1}^{k} p_j \widehat{\theta}_j\right) = \sum_{j=1}^{k} \frac{p_j^2}{n_j^2} \sum_{i=1}^{n_j} \mathrm{Var}(h(x_j))$$

$$= \sum_{j=1}^{k} p_j^2 \frac{\mathrm{Var}(h(x_j))}{n_j}. \tag{3.10}$$

蒙特卡罗分层抽样技术与抽样调查中的分层抽样一样, 分割整体区域的方式要使得待估的统计量在各子区域上有显著差异, 则分层抽样技术可以很大程度上减少估计值的方差. 下面我们用一个简单的例子说明如何用分层抽样法减少估计方差及确定各子区域中样本的个数.

例 3.3 利用蒙特卡罗模拟估计 $\theta = \int_0^1 e^x dx$.

假设 $U \sim U(0,1)$, 则上式可以表达为 $\theta = E(e^U)$. 若我们将抽样区间 $[0,1]$ 分割成两个区间 $[0, 0.5], [0.5, 1]$, 在 $[0, 0.5)$ 中抽取 n_1 个独立随机样本 $\{u_{1i}, i = 1, \cdots, n_1\}$, 在 $(0.5, 1]$ 中抽取 n_2 个独立随机样本 $\{u_{2i}, i = 1, \cdots, n_2\}$. 如果要求总共抽取样本的个数固定为 n, 如何分配这 n 个样本到各个区域? 即找到 n_1 和 n_2 的值, 使得当 $n_1 + n_2 = n$ 时分层抽样得到的估计值达到最优.

容易得到, 区间 $[0, 0.5)$ 所占概率为 $p_1 = 0.5$, 所以在这个区域抽样的概率分布为 $U(0, 0.5)$, 其随机变量记作 U_1; 同理, 区间 $[0.5, 1)$ 所占概率也为 $p_2 = 0.5$, 对应的抽样分布为 $U(0.5, 1)$, 其随机变量记作 U_2.

则根据式 (3.9), 分层抽样法得到的估计为

$$\hat{\theta}_j = \frac{1}{n_j} \sum_{i=1}^{n_j} e^{u_{ji}}, \ j = 1, \ 2,$$

$$\hat{\theta} = p_1 \hat{\theta}_1 + p_2 \hat{\theta}_2.$$

我们要选取 n_1 和 n_2, 使得 $\mathrm{Var}(\hat{\theta})$ 达到最小. 易知

$$E(e^{U_1}) = \int_0^{0.5} 2e^x dx = 2(\sqrt{e} - 1),$$

$$E(e^{U_2}) = \int_{0.5}^1 2e^x dx = 2(e - \sqrt{e}),$$

$$\mathrm{Var}(e^{U_1}) = \int_0^{0.5} 2e^{2x} dx - 4(\sqrt{e} - 1)^2 = e - 1 - 4(\sqrt{e} - 1)^2 = 0.03492,$$

$$\mathrm{Var}(e^{U_2}) = \int_{0.5}^1 2e^{2x} dx - 4(e - \sqrt{e})^2 = 0.09493.$$

令 $\sigma_i^2 = \mathrm{Var}(e^{U_i}), i = 1, 2$, 则根据式 (3.10) 我们有

$$\mathrm{Var}(\hat{\theta}) = \frac{0.5^2 \sigma_1^2}{n_1} + \frac{0.5^2 \sigma_2^2}{n_2}.$$

对上式求导, 得

$$\frac{n_1}{n} = \frac{\sigma_1}{\sigma_1 + \sigma_2} = 0.37753.$$

这时, $\mathrm{Var}(\hat{\theta})$ 达到最小值 $\frac{0.06125}{n}$. 此外, 如果利用 $U(0,1)$ 上独立同分布的随机样本 $u_1, u_2, \cdots, u_n$ 去估计 θ, 则易得 $\mathrm{Var}(\hat{\theta}) = \mathrm{Var}(\frac{1}{n}\sum_1^n e^{u_i}) = \frac{0.242}{n}$. 由此表明分层抽样法优于独立抽样法, 方差将近降低了 74.7%.

3.4　控制变量法

控制变量法是利用一个与随机变量 X 密切相关的控制变量 Y 来产生一个更好的估计量. 假设需要估计 $\theta = E(X)$ 并且已知 $\mu_y = E(Y)$, 则对任意的常数 c 可构造具有如下形式的估计量:

$$X_y = X + c(Y - \mu_y). \tag{3.11}$$

此估计仍然是 θ 的一个无偏估计量, 其方差为

$$\mathrm{Var}(X_y) = \mathrm{Var}(X) + 2c\mathrm{Cov}(X, Y) + c^2\mathrm{Var}(Y).$$

容易得到当

$$c^* = -\frac{\mathrm{Cov}(X, Y)}{\mathrm{Var}(Y)}$$

时, $\mathrm{Var}(X_y)$ 达到最小值且

$$\mathrm{Var}(X_y) = \mathrm{Var}(X) - \frac{[\mathrm{Cov}(X, Y)]^2}{\mathrm{Var}(Y)}.$$

上式也可表示为

$$\frac{\mathrm{Var}(X_y)}{\mathrm{Var}(X)} = 1 - [\mathrm{Corr}(X,Y)]^2, \tag{3.12}$$

其中 $\mathrm{Corr}(X,Y)$ 表示 X 和 Y 的相关系数. 所以 $\mathrm{Var}(X_y) \leqslant \mathrm{Var}(X)$, 且 X 和 Y 相关系数越高, 方差 $\mathrm{Var}(X_y)$ 越小.

在实际操作中, 往往无法得到 $c^* = -\mathrm{Cov}(X,Y)/\mathrm{Var}(Y)$ 的准确值, 因为我们的目的是利用蒙特卡罗模拟估计 $E(X)$, 意味着我们通常不知道 $E(X)$ 的准确值, 所以 $\mathrm{Cov}(X,Y)$ 的准确值也很难得到. 从而, 我们往往用模拟数据去估计 c^* 的值. 假设从 X 的分布和 Y 的分布中分别抽取随机样本 $\{x_1,\cdots,x_n\}$ 和 $\{y_1,\cdots,y_n\}$, 则 c^* 的估计值为

$$\hat{c}^* = -\frac{\sum_{i=1}^n (x_i - \bar{x})(y_i - \bar{y})}{\sum_{i=1}^n (y_i - \bar{y})^2}. \tag{3.13}$$

例 3.4 估计 $\theta = \int_0^1 e^{x^2} dx$ 的值.

令 $X = e^{U^2}$, 此积分可表示为

$$\theta = E(X) = E(e^{U^2}), \quad U \sim U(0,1).$$

当利用控制变量法减少估计方差时, 需要引进一个随机变量 Y, 其与 X 越相近越好. 这里我们选择 $Y = U^2$. 则 Y 的期望为

$$\mu_y = E(Y) = \int_0^1 x^2 dx = \frac{1}{3}.$$

所以利用控制变量法得到的 θ 的估计值为

$$\hat{\theta} = \frac{1}{n} \sum_{i=1}^n \left(e^{u_i^2} + c^* \times \left(u_i^2 - \frac{1}{3} \right) \right),$$

其中 u_i $(i = 1,\cdots,n)$ 为服从 $(0,1)$ 上的均匀分布的随机数, 且

$$c^* = \mathrm{Cov}(e^{U^2}, U^2)/\mathrm{Var}(U^2)$$

可用式 (3.13) 估计.

3.5 重要性抽样法

重要性抽样法是最基本的方差缩减技术之一. 假设目标在于求 R^p 中随机向量 $\boldsymbol{x} = (X_1, X_2, \cdots, X_p)$ 的函数 $h(\boldsymbol{x})$ 的期望值 θ. 如果 $\boldsymbol{x}$ 是连续的, 有分

布密度函数 $f(\boldsymbol{x})$, 那么

$$\theta = E_f[h(\boldsymbol{x})] = \int_{R^p} h(\boldsymbol{x})f(\boldsymbol{x})d\boldsymbol{x}. \tag{3.14}$$

θ 的简单蒙特卡罗估计量是:

$$\hat{\theta} = \frac{1}{n}\sum_{i=1}^{n} h(\boldsymbol{x}_i),$$

式中 $\boldsymbol{x}_1, \boldsymbol{x}_2, \cdots, \boldsymbol{x}_n$ 独立同分布于 f. 但如果随机向量密度函数 $f(\boldsymbol{x})$ 很难模拟或 $h(\boldsymbol{x})$ 的方差大, 则对 θ 的估计是低效的. 假设有一概率密度函数 $g(\boldsymbol{x})$, 使得 f 的支撑集包含在 g 的支撑集中, 即 $g(\boldsymbol{x}) = 0$ 导致 $f(\boldsymbol{x}) = 0$, 那么

$$\theta = \int_{\boldsymbol{x}} \frac{h(\boldsymbol{x})f(\boldsymbol{x})}{g(\boldsymbol{x})} g(\boldsymbol{x})d\boldsymbol{x} = E_g\left[\frac{h(\boldsymbol{x})f(\boldsymbol{x})}{g(\boldsymbol{x})}\right].$$

从而 θ 也可以用下式估计

$$\tilde{\theta} = \frac{1}{n}\sum_{i=1}^{n} \frac{h(\boldsymbol{x}_i)f(\boldsymbol{x}_i)}{g(\boldsymbol{x}_i)},$$

这里 $\boldsymbol{x}_i, \cdots, \boldsymbol{x}_n$ 是从密度函数 $g(\boldsymbol{x})$ 中产生的随机样本. 从而 $h(\boldsymbol{x}_i)f(\boldsymbol{x}_i)/g(\boldsymbol{x}_i)$ $(i = 1, \cdots, n)$ 的平均值即为估计值. 显然 $\tilde{\theta}$ 为无偏估计, 其方差为

$$\mathrm{Var}_g(\tilde{\theta}) = \frac{1}{n}\mathrm{Var}\left(\frac{h(\boldsymbol{x})f(\boldsymbol{x})}{g(\boldsymbol{x})}\right).$$

如果我们能够选择 $g(\boldsymbol{x})$ 使得 $g(\boldsymbol{x}) \propto h(\boldsymbol{x})f(\boldsymbol{x})$, 那么 $h(\boldsymbol{x})f(\boldsymbol{x})/g(\boldsymbol{x})$ 是常数, 从而 $\mathrm{Var}(\tilde{\theta}) = 0$. 当然在实际中很难获得这种理想情况. 但是这也引导我们如何选择分布 $g(\boldsymbol{x})$ 使估计误差尽可能地小, 即选取 $g(\boldsymbol{x})$ 在形状上尽可能地接近 $h(\boldsymbol{x})f(\boldsymbol{x})$, 并且 g 的尾部至少要和 f 的尾部一样长. 所以用来构造 $\tilde{\theta}$ 的 g 分布的随机样本, 在 $f(\boldsymbol{x})h(\boldsymbol{x})$ 取值大的区域应该样本多, 在 $f(\boldsymbol{x})h(\boldsymbol{x})$ 取值小的区域应该样本少, 这也是重要性抽样法名字的由来. 我们称 f 为原密度, 称 g 为重要采样密度. 下面的过程是重要性抽样算法的一个简单形式.

步骤 1. 选择合适的分布密度 g.

步骤 2. 从分布 g 中生成随机样本 $\boldsymbol{x}_1, \cdots, \boldsymbol{x}_n$.

步骤 3. 计算并输出 θ 的估计值 $\frac{1}{n}\sum_{i=1}^{n} \frac{h(\boldsymbol{x}_i)f(\boldsymbol{x}_i)}{g(\boldsymbol{x}_i)}$.

例 3.5   利用蒙特卡罗估计

$$\theta = \int_a^\infty x^{\alpha-1}e^{-x}dx, \ \alpha > 1, \ a > 0. \tag{3.15}$$

首先我们将这个积分表示成期望的形式, 定义示性函数

$$1(X > a) = \begin{cases} 1, & \text{如果} X > a, \\ 0, & \text{其他.} \end{cases}$$

则积分 (3.15) 可以表示为

$$\theta = E[X^{\alpha-1}1(X > a)], \quad X \sim Exp(1).$$

从而 θ 的简单蒙特卡罗模拟估计值为

$$\hat{\theta} = \frac{1}{n} \sum_{j=1}^{n} x_j^{\alpha-1} 1(x_j > a),$$

这里 $x_1, \cdots, x_n$ 是从标准指数分布 $Exp(1)$ 中抽取的随机样本. 但我们注意到当 a 值比较大时, 这个估计方法的效率比较低, 因为生成的大多数随机样本都没有落在区域 $[a, +\infty)$ 内, 与估计 θ 无关. 所以当选择重要采样密度 g 的时候, 考虑能在 $[a, +\infty)$ 内抽到较多样本的分布.

一个可能的选择为

$$g(x) = \lambda e^{-\lambda(x-a)}, \quad x > a, \tag{3.16}$$

这里的 $g(x)$ 是移位指数密度函数, λ 待定, 且支撑集为 $[a, +\infty)$. 则积分 (3.15) 也可以表示为

$$\theta = E_g\left[\frac{h(X)f(X)}{g(X)}\right] = E_g\left[\frac{X^{\alpha-1}e^{-X}}{\lambda e^{-\lambda(X-a)}}\right],$$

重要性抽样法的估计为

$$\tilde{\theta} = \frac{1}{n} \sum_{j=1}^{n} \frac{x_j^{\alpha-1}e^{-x_j}}{\lambda e^{-\lambda(x_j-a)}},$$

这里 $x_1, \cdots, x_n$ 是从分布 $g(x)$ 中抽取的 n 个随机样本. 此外, 我们有

$$\text{Var}\left(\frac{h(X)f(X)}{g(X)}\right) = \int_a^\infty \frac{X^{2\alpha-2}e^{-2X}}{\lambda e^{-\lambda(X-a)}} dx - \theta^2. \tag{3.17}$$

为找到使上式极小化的 λ, 我们需要计算一个与目标积分相似的积分值, 这是比较困难的. 所以为了控制方差, 我们尝试控制 $\frac{h(X)f(X)}{g(X)}$ 的最大值. 这里考虑找到 λ 使得 $\frac{h(X)f(X)}{g(X)}$ 的最大值达到最小

$$\min_{0<\lambda<1} \max_{x>a} \frac{x^{\alpha-1}e^{-x}}{\lambda e^{-\lambda(x-a)}}. \tag{3.18}$$

(λ 小于 1 是因为当 $\lambda > 1$ 时, max 内部的值会达到无限.) 令 (x^*, λ^*) 表示上式取得最值时 x, λ 的值. 对上式求偏导得

$$\frac{\alpha - 1}{1 - \lambda^*} = x^*,$$
$$-\frac{1}{\lambda^*} + x^* - a = 0,$$

解方程组得

$$\lambda^* = \frac{a - \alpha + \sqrt{(a - \alpha)^2 + 4a}}{2a},$$
$$x^* = a + \frac{1}{\lambda^*}.$$

例如, 当 $\alpha = 3$ 和 $a = 4$ 时

$$\lambda^* = \frac{1 + \sqrt{17}}{8}, x^* = 4 + \frac{\sqrt{17} - 1}{2}.$$

下面我们比较一下简单蒙特卡罗估计与重要性抽样法估计在这个问题上的方差. 当公式 (3.17) 中的 λ, 取值为 $\frac{1+\sqrt{17}}{8}$ 时, 利用数值积分计算可以得到:

$$\text{Var}\left(\frac{h(X)f(X)}{g(X)}\right) \approx 0.001847664.$$

如果直接利用简单蒙特卡罗模拟估计 $\theta = E[X^{\alpha-1}1(X > a)], X \sim Exp(1)$, 则

$$\text{Var}(X^{\alpha-1}1(X > a)) = \int_a^\infty X^{2\alpha-2}e^{-X}dx - \theta^2 \approx 14.86531.$$

从而, 我们可以看到重要抽样法非常有效, 和简单蒙特卡罗模拟相比, 它大大地减少了估计方差.

实际上, 利用原密度 f 找重要采样密度 g 的一种常用方法是利用 X 的矩母函数 (MGF) 和倾斜分布.

定义 3.1 (倾斜分布)   一个具有密度函数

$$f_t = \frac{e^{tx}f(x)}{M(t)}, \quad -\infty < t < \infty \tag{3.19}$$

的分布称为原密度分布 f 的倾斜分布, 其中 $M(t)$ 为 f 的矩母函数 $M(t) = E_f[e^{tx}] = \int e^{tx}f(x)dx$.

当我们将 f 的倾斜密度函数 f_t 作为重要采样密度函数 g 时, 需要选择 t 使得 $\mathrm{Var}(\frac{h(X)f(X)}{f_t(X)})$ 尽可能地小. 例如原分布 f 是参数为 λ 的指数分布时, 它的倾斜密度函数为

$$f_t = Ce^{tx}\lambda e^{-\lambda x} = C\lambda e^{-(\lambda-t)x},$$

其中 $C = 1/M(t)$ 不依赖于 x. 所以当 $t < \lambda$ 时, 指数分布的倾斜分布 f_t 是参数为 $\lambda - t$ 的指数分布, 如图 3.2 所示. 可以看出当 $t > 0$ 时, 如果对应同样的累积概率值, 倾斜密度 f_t 的随机变量值大于原密度 f 的随机变量值, 而当 $t < 0$ 时倾斜密度 f_t 的随机变量值小于原密度 f 的随机变量值. 这意味着, 对原分布为指数分布的情况, 如果我们想要从 X 取值比较大的区域重点抽样, 那么重要采样密度 g 应该为取 $t > 0$ 时的指数倾斜分布. 同样地, 如果我们想要重点对 X 值比较小的区域抽样, 那么需要使用一个 $t < 0$ 的指数倾斜分布.

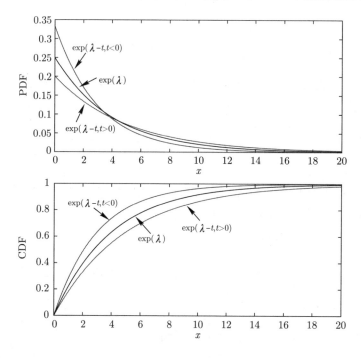

图 3.2　指数分布和它的倾斜分布的概率密度函数

重要抽样法对估计分布的尾部统计特征非常有用, 例如罕见事件的概率估计.

例 3.6　估计概率 $P(X \geqslant 20)$, 其中 $X \sim N(0,1)$.

如果原分布密度函数 $f \sim N(\mu, \sigma^2)$, 容易得到它的倾斜分布为 $f_t \sim N(\mu +$

$\sigma^2 t, \sigma^2)$，所以我们这里选择 $N(20,1)$ 为重要采样分布. 则重要性抽样法的估计为:

$$\theta = P(X \geqslant 20) = E_f[1(X \geqslant 20)]$$

$$= E_{f_t}\left[1(X \geqslant 20)\frac{\frac{1}{\sqrt{2\pi}}e^{\frac{-x^2}{2}}}{\frac{1}{\sqrt{2\pi}}e^{\frac{-(x-20)^2}{2}}}\right]$$

$$= E_{f_t}[1(X \geqslant 20)e^{-20x+20^2/2}],$$

这里 $1(X \geqslant 20)$ 为示性函数. 由此, 用重要性抽样法估计标准正态随机变量大于 20 的概率的步骤如下:

步骤 1. 从正态分布 $N(20,1)$ 中生成随机样本 $x_1, \cdots, x_n$.

步骤 2. 计算 $I_i = 1(x_i \geqslant 20)e^{-20x_i+20^2/2}, i = 1, \cdots, n$.

步骤 3. 计算均值 $I = \frac{1}{n}\sum_{i=1}^n I_i$, 输出 θ 的估计值 I.

例 3.7　假设 $X_1, \cdots, X_n$ 为独立地服从伯努利分布的随机变量 $X_i \sim Ber(p)$, 其中 $n = 30, p = 0.2$. 我们需要估计

$$\theta = P(S \geqslant 20),$$

其中 $S = \sum_{i=1}^n X_i$.

因为 20 远大于 S 的均值, 所以我们考虑用重要性抽样法提高估计的效率. 伯努利分布 $Ber(p)$ 的倾斜分布概率密度函数计算如下:

伯努利分布的矩母函数为

$$M(t) = E_f[e^{tx}] = pe^t + 1 - p,$$

从而其倾斜分布为

$$f_t = \frac{1}{M(t)}(pe^t)^x(1-p)^{1-x}$$

$$= \left(\frac{pe^t}{pe^t+1-p}\right)^x\left(\frac{1-p}{pe^t+1-p}\right)^{1-x}.$$

它仍然是伯努利分布, 且具有参数 $p_t = (pe^t)/(pe^t + 1 - p)$, 记为 $Ber(p_t)$.

令 $\mathbf{f} = \prod_{i=1}^n f_i$ 为 n 个独立的伯努利分布 $Ber(p)$ 的随机变量的联合概率密度, 且令 $\mathbf{f_t} = \prod_{i=1}^n f_{i,t}$ 为 n 个独立的伯努利分布 $Ber(p_t)$ 的随机变量的联合概

率密度, 则 θ 可以表示为:

$$\theta = P(S \geqslant 20) = E_{\mathbf{f}}[1(S \geqslant 20)]$$
$$= E_{\mathbf{f_t}} \left[\frac{1(S \geqslant 20)\mathbf{f}}{\mathbf{f_t}} \right],$$

其中 $1(S \geqslant 20)$ 为示性函数. 重要性抽样法的估计为

$$\hat{\theta} = 1(S \geqslant 20) \prod \frac{f_i(x_i)}{f_{i,t}(x_i)}$$
$$= 1(S \geqslant 20) \prod_{i=1}^{30} \frac{p^{x_i}(1-p)^{1-x_i}}{\left(\dfrac{pe^t}{pe^t + 1 - p} \right)^{x_i} \left(\dfrac{1-p}{pe^t + 1 - p} \right)^{1-x_i}}$$
$$= 1(S \geqslant 20)e^{-tS}(0.8 + 0.2e^t)^{30},$$

其中 $x_1, \cdots, x_n$ 是从参数为 p_t 的伯努利分布中抽取的 n 个随机样本. 因为 $t > 0$ 并且当 $S < 20$ 时, 示性函数 $1(S \geqslant 20) = 0$, 从而 $1(S \geqslant 20)e^{-tS} \leqslant e^{-20t}$. 所以

$$\hat{\theta} = 1(S \geqslant 20)e^{-tS}(0.8 + 0.2e^t)^{30} \leqslant e^{-20t}(0.8 + 0.2e^t)^{30}.$$

为了控制估计方差, 我们选择 t 使得估计量的上界 $e^{-20t}(0.8 + 0.2e^t)^{30}$ 尽可能小. 设置一阶微分为零, 可以发现当 $e^{t*} = 8$ 时这个上界达到最小值, 因此, 我们用来生成随机样本的倾斜分布是具有参数 $(0.2e^{t*})/(0.2e^{t*} + 0.8) = \frac{2}{3}$ 的伯努利分布. 从而

$$M(t^*) = (0.2e^{t^*} + 0.8)^{30} = (2.4)^{30},$$

以及

$$e^{-t^*S} = (1/8)^S.$$

所以重要性抽样法的估计为

$$\hat{\theta} = 1(S \geqslant 20)(1/8)^S(2.4)^{30}.$$

估计 $\theta = P(S \geqslant 20)$ 的重要性抽样法步骤如下:

步骤 1. 从伯努利分布 $Ber(2/3)$ 中生成随机样本 $x_1, \cdots, x_n$.
步骤 2. 计算 $S = \sum_{i=1}^{n} x_i$.
步骤 3. 计算 $\hat{\theta} = 1(S \geqslant 20)(1/8)^S(2.4)^{30}$.
步骤 4. 重复步骤 1—步骤 3 m 次, 计算 $\hat{\theta}$ 的样本平均值并输出.

习　题

1. 考虑积分

$$\theta = \int_0^1 5x^4 dx.$$

(1) 利用简单蒙特卡罗抽样法对 θ 进行估计.

(2) 利用对偶变量法对 θ 进行估计.

(3) 利用分层抽样法对 θ 进行估计.

(4) 利用控制变量法对 θ 进行估计.

(5) 比较这几种估计的表现.

(6) 是否可以结合以上几种方法来改善估计效果?

2. 若随机变量 X 服从正态分布 $N(2,1)$, 利用对偶变量法设计一个算法估计 $\theta = E[X^2]$.

3. 利用分层抽样法估计 $\theta = E[(W_1 + W_2)^{\frac{5}{4}}]$, 其中 W_1, W_2 独立同分布于韦布尔分布 $W(3/2, 1)$, 其密度函数为

$$f(x) = \frac{3}{2}x^{\frac{1}{2}}\exp(-x^{\frac{3}{2}}), \quad x > 0.$$

4. 假设一个建筑项目的工期为服从正态分布的随机变量 $X, X \sim N(\mu, \sigma^2)$, 且其参数 μ 和 σ 分别独立地服从正态分布 $N(100, 16)$ 和均值为 4 的指数分布. 合同规定进行项目的公司必须为项目期限超过 K 天的每一天支付 1000 元 (不足一天的, 按比例支付). 试用条件期望法估计延迟的预期成本 C.

5. 假设 Y 是均值为 1 的指数随机变量, 并且当给定 $Y = y$ 时,X 是均值为 y 且方差为 4 的正态分布随机变量. 我们想利用模拟有效地估算 $\theta = P\{X > 1\}$.

(1) 利用条件期望法给出改进的估计量.

(2) 利用对偶变量进一步改善 (1) 的估计量.

(3) 利用控制变量进一步改善 (1) 的估计量.

6. 令 X 和 Y 是独立的二项分布 $B(n, p)$ 随机变量, 令 $\theta = E(e^{XY})$.

(1) 利用简单蒙特卡罗抽样法估计 θ.

(2) 利用对偶变量法改进估计量.

(3) 利用条件期望法改进估计量.

7. 考虑积分

$$\theta = \int_3^\infty (x-3)e^{-x}dx.$$

(1) 给出估计 θ 的几种有效的方法.

(2) 比较这几种方法的效率.

8. 假设 R 是几何分布随机变量 $R \sim G(p)$ 且 $S_R = \sum_{i=1}^R X_i$, 其中 $X_1, X_2, \cdots$ 独立同分布于指数分布 $Exp(\lambda)$, 且与 R 互相独立.

(1) 证明 $S_R \sim Exp(\lambda p)$.

(2) 如果 $\lambda = 1$ 且 $p = 1/10$, 利用简单蒙特卡罗模拟估计 $P(S_R > 10)$.

(3) 如果 $\lambda = 1$ 且 $p = 1/10$, 利用条件期望法改善对 $P(S_R > 10)$ 的估计.

9. 假设随机变量 $X_i(i = 1, 2, \cdots, n)$ 服从正态分布 $N(\mu, \sigma^2)$.

(1) 证明其倾斜分布也是正态分布 $N(\mu + \sigma^2 t, \sigma^2)$.

(2) 利用重要性抽样法给出 $\theta = P\{\sum_{i=1}^n e^{x_i} > a\}$ 的估计量.

10. 假设 $X_1, \cdots, X_n$ 为独立同分布的指数随机变量 $X_i \sim Exp(1), i = 1, \cdots, n$, 并且 $S(X) = X_1 + \cdots + X_n$. 给出重要性抽样法估计 $P(S(X) \geqslant \gamma)$ 的过程, 这里 γ 为预先给定的常数.

第四章　重抽样技术

通常的抽样方法包括简单随机抽样、系统抽样或分层抽样等, 人们根据得到的样本对总体进行统计推断. 例如, 根据样本 $\{x_1, \cdots, x_n\}$ 对总体的某一未知参数 θ 做推断, 通常寻找一个合适的统计量 $\hat{\theta} = \hat{\theta}(x_1, \cdots, x_n)$ 用以估计 θ. 然而, 统计量 $\hat{\theta}(x_1, \cdots, x_n)$ 是样本的一个函数, 可能没有概括样本的所有信息. 一般地, 对样本 $\{x_1, \cdots, x_n\}$ 应用重抽样技术, 可以得到样本中关于总体的更多信息. 重抽样方法已成为统计学的重要方法之一. 本章介绍对于样本进行重抽样的两种常用方法: 刀切法 (jackknife) 和自助法 (bootstrap).

4.1　刀切法

刀切法是由 Quenouille (1949) 提出的一种重抽样方法, 其初始目的是降低估计的偏差. 这是近代重抽样方法的标志. Quenouille (1956) 给出刀切法的相应理论推断. Tukey (1958) 认为其可以作为一种通用的假设检验和置信区间计算的方法. Jackknife 原为一种容易携带的瑞士小折刀, 意喻着刀切法是一种易于操作的方法. 刀切法是利用样本做估计又进行预测的一种方法.

刀切法的主要思想是每次从样本集 $\{x_1, \cdots, x_n\}$ 中删除一个样本, 剩余的样本成为 "刀切" 样本, 即第 i 个刀切样本定义为

$$\boldsymbol{x}_{(-i)} = \{x_1, \cdots, x_{i-1}, x_{i+1}, \cdots, x_n\}, \quad i = 1, \cdots, n. \tag{4.1}$$

然后用这样的 n 个刀切样本计算统计量的估计值

$$\hat{\theta}_{(-i)} = \hat{\theta}(\boldsymbol{x}_{(-i)}), \tag{4.2}$$

称其为第 i 个刀切复制 (jackknife replicate), $i = 1, \cdots, n$. 从而得到 θ 的一批估计值; 并用这些估计值综合而成最终的刀切估计

$$\hat{\theta}_{(\cdot)} = \frac{1}{n} \sum_{i=1}^{n} \hat{\theta}_{(-i)}. \tag{4.3}$$

考虑对总体参数 θ 的估计. 用 $\theta(F)$ 表示总体分布 F 的一个函数. 设 $\boldsymbol{x} = \{x_1, \cdots, x_n\}$ 是来自于总体分布为 F 的 n 个随机样本. 由样本 $\boldsymbol{x}$ 可得其经验分布

$$\hat{F}: \text{在每个样本点 } x_i \text{ 处的概率为 } \frac{1}{n}. \tag{4.4}$$

应用替代原理, 我们可以用 $\hat{\theta} = \theta(\hat{F})$ 估计参数 θ. 此时, 其估计偏差为

$$Bias = E_F(\theta(\hat{F})) - \theta(F), \tag{4.5}$$

其中 E_F 表示在总体分布 F 意义下求期望. 除了特别说明以外, 我们忽略 E_F 中的下标 F. 无偏估计相应的估计偏差为零.

在一些情况下, 估计可能有偏, 即 (4.5) 式不等于 0. 例如设总体均值和方差分别为 μ 和 σ^2. 考虑对总体 X 的方差

$$\sigma^2 = E(X - EX)^2 = \int_R (x - \mu)^2 dF(x)$$

的估计, 根据替代原理,

$$\hat{\mu} = \mu(\hat{F}) = \int_R x d\hat{F}(x) = \frac{1}{n} \sum_{i=1}^{n} x_i \equiv \bar{x},$$

$$\hat{\sigma^2} = \int_R (x - \hat{\mu})^2 d\hat{F}(x) = \frac{1}{n} \sum_{i=1}^{n} (x_i - \bar{x})^2. \tag{4.6}$$

显然对于估计量 $\hat{\mu}$ 和 $\hat{\sigma^2}$, $E\hat{\mu} = \mu$ 而 $E\hat{\sigma^2} = \frac{n-1}{n}\sigma^2$, 即后者并不是无偏估计. 如果使用公式 (4.3) 的刀切估计统计量, 在例 4.2 中我们获得 σ^2 的无偏估计.

设

$$\hat{\theta}_{(\cdot)} = \frac{1}{n} \sum_{i=1}^{n} \hat{\theta}_{(-i)} \tag{4.7}$$

为这 n 个刀切复制的平均值. 根据这 n 个刀切复制及其平均值 $\hat{\theta}_{(\cdot)}$, 我们可以估计统计量 $\hat{\theta}$ 的偏差和方差.

4.1.1　偏差的刀切估计

Quenouille (1949) 定义刀切估计的偏差为

$$Bias_{jack} = (n-1)(\hat{\theta}_{(\cdot)} - \hat{\theta}). \tag{4.8}$$

由此可得参数 θ 的刀切估计的另一个表达为

$$\tilde{\theta} = \hat{\theta} - Bias_{jack} = n\hat{\theta} - (n-1)\hat{\theta}_{(\cdot)}. \tag{4.9}$$

通常, 刀切估计会带来好处. 在一些情形下, 还可以起到纠偏作用.

例 4.1　设 $x_1, \cdots, x_n$ 是来自于伯努利分布 $B(1,p)$ 的 n 个独立同分布样本, 记 $X = x_1 + \cdots + x_n$. 则 X 服从二项分布 $B(n,p)$, 且 $E(X) = np$, $\mathrm{Var}(X) = np(1-p)$. 现考虑对参数 $\theta = p^2$ 的估计. 易证, $\frac{X}{n}$ 是 p 的一致最小方差无偏估计. 则可采用 $\hat{\theta} = \left(\frac{X}{n}\right)^2$ 估计 p^2. 然而, 根据 $E(\hat{\theta}) = p^2 + (p - p^2)/n$, 则 $\hat{\theta}$ 是有偏估计, 且偏差为 $(p - p^2)/n$. 根据定义 $\hat{\theta}_{(-i)}$ 只取两个值 $\left(\frac{X}{n-1}\right)^2$ 和 $\left(\frac{X-1}{n-1}\right)^2$. 由 (4.9)式可知刀切估计

$$\tilde{\theta} = \frac{X(X-1)}{n(n-1)}.$$

易知

$$E(\tilde{\theta}) = \frac{1}{n(n-1)}(EX^2 - EX) = \frac{1}{n(n-1)}\left(np(1-p) + (np)^2 - np\right) = p^2,$$

即该刀切估计是无偏估计.

需要指出的是, 并不是所有的刀切估计都是无偏估计. 不过, 刀切估计往往减少偏差. 设 $E_n = E\hat{\theta}(x_1, \cdots, x_n)$ 表示对于 n 个样本的估计的期望. Schucany 等 (1971) 指出, 对于包括极大似然估计等在内的诸多估计, 其期望值可表示为

$$E_n = \theta + \frac{a_1(F)}{n} + \frac{a_2(F)}{n^2} + \cdots, \tag{4.10}$$

其中 $a_i(F)$ 只与分布有关而不依赖于样本数 n. 此时

$$E\hat{\theta}_{(\cdot)} = \frac{1}{n}\sum_{i=1}^{n} E\hat{\theta}_{(-i)} = E_{n-1} = \theta + \frac{a_1(F)}{n-1} + \frac{a_2(F)}{(n-1)^2} + \cdots.$$

则

$$E\tilde{\theta} = nE_n - (n-1)E_{n-1}$$
$$= \theta + \frac{a_2(F)}{n(n-1)} + a_3(F)\left(\frac{1}{n^2} - \frac{1}{(n-1)^2}\right) + \cdots. \tag{4.11}$$

比较 (4.10)和 (4.11)可知, 原估计 $\hat{\theta}$ 的偏差的阶数是 $O(n^{-1})$, 而刀切估计的偏差的阶数是 $O(n^{-2})$. 因此, 刀切估计的偏差往往更小.

在一些特殊情形下, (4.8)式中的 $Bias_{jack}$ 是估计量 $\hat{\theta}$ 的偏差 $E(\hat{\theta}) - \theta$ 的无偏估计. 如果估计量可以表示为

$$\hat{\theta} = \xi^{(n)} + \frac{1}{n}\sum_{i=1}^{n}\alpha^{(n)}(x_i) + \frac{1}{n^2}\sum_{1\leqslant i<j\leqslant n}\beta(x_i,x_j), \tag{4.12}$$

其中 $\xi^{(n)}$ 只和样本数 n 有关而与具体样本 x_i 无关, $\alpha^{(n)}(x_i)$ 与样本数 n 及单个样本有关, $\beta(x_i,x_j)$ 与两个样本有关而与样本数 n 无关, 我们称估计量 $\hat{\theta} = \theta(\hat{F})$ 为二次型函数.

定理 4.1　当估计量 $\hat{\theta} = \theta(\hat{F})$ 为二次型函数时, (4.8)式中的 $Bias_{jack}$ 是偏差 $E(\hat{\theta}) - \theta$ 的无偏估计. 此时, 刀切估计 $\tilde{\theta}$ 是参数 θ 的无偏估计.

定理 4.1 的证明见 Efron (1982) 第四章.

例 4.2　考虑对总体方差 $\theta = \sigma^2$ 的估计. 根据 (4.6), $\hat{\theta} = \sum_{i=1}^{n}(x_i-\bar{x})^2/n$ 是有偏估计. 易知, $\hat{\theta}$ 是二次型函数, 其中

$$\xi^{(n)} = \frac{n-1}{n}\sigma^2, \quad \alpha^{(n)}(x) = \frac{n-1}{n}((x-\mu)^2-\sigma^2),$$
$$\beta(x,y) = -2(x-\mu)(y-\mu),$$

其中 μ 为总体均值. 因此由定理 4.1 可知, 刀切估计是 σ^2 的无偏估计. 实际上, 由 (4.8)式, 偏差的估计

$$Bias_{jack} = -\frac{1}{n(n-1)}\sum_{i=1}^{n}(x_i-\bar{x})^2,$$

则

$$\tilde{\theta} = \frac{1}{n-1}\sum_{i=1}^{n}(x_i-\bar{x})^2$$

为无偏估计.

需要指出的是, (4.1)式中的刀切样本每次都去掉一个样本. 我们也可以考虑每次去掉 s 个样本. 若样本数 $n = st$, 其中 t 为正整数, 则每次去掉不同的 s 个样本, 例如第一次去掉 $x_1, \cdots, x_s$, 第二次去掉 $x_{s+1}, \cdots, x_{2s}$, 依次可得 t 组样本, 以及相应的估计量 $\hat{\theta}_{(-i)}, i = 1, \cdots, t$. 类似于 (4.9) 式, 可得

$$\tilde{\theta} = t\hat{\theta} - (t - 1)\hat{\theta}_{(\cdot)}, \tag{4.13}$$

其中 $\hat{\theta}_{(\cdot)} = \sum_{i=1}^{t} \hat{\theta}_{(-i)}/t$. 可以证明, 类似于 (4.11) 式, (4.13) 式也可以比原估计量 $\hat{\theta}$ 有更小的偏差, 即可以使偏差从 $O(n^{-1})$ 阶变为 $O(n^{-2})$ 阶. 不过, 当 $s > 1$ 时, 与 (4.11)式相比, (4.13)往往有更大的方差.

然而, 刀切估计在一些特殊情形下不适用. 例如, 当数据小的变化会带来统计量 $\hat{\theta}$ 的一个大的变化时, 如极值、中位数等, 对于这类统计量的均值和方差的刀切估计不一定会带来好处.

例 4.3 考虑对总体中位数 θ 的估计. 对于次序样本 $x_{(1)} \leqslant \cdots \leqslant x_{(n)}$, 当 $n = 2m - 1$ 时, 样本中位数 $\hat{\theta} = x_m$; 当 $n = 2m$ 时, 样本中位数 $\hat{\theta} = (x_m + x_{m+1})/2$. 例如, 对于样本 $X = (12, 23, 35, 40, 46, 50, 54, 106)$, 其样本中位数为 43, 其刀切复制 $\hat{\theta}_{(-i)}$ 分别为 46, 46, 46, 46, 40, 40, 40, 40. 则这 n 个刀切复制的平均值 $\hat{\theta}_{(\cdot)}$ 仍为 43, 其与样本中位数一样. 故 (4.8) 式中的 $Bias_{jack} = 0$. 这意味着, 此时的偏差的刀切估计并没有带来好处.

4.1.2 方差的刀切估计

给定独立同分布的样本 $x_1, \cdots, x_n$, 对于总体参数 θ 的估计量 $\hat{\theta}$, 我们需要计算其方差 $\mathrm{Var}(\hat{\theta})$, 记为 $\sigma^2(\hat{\theta})$. 若总体的分布 F 已知, 往往可以根据 $\hat{\theta}$ 的表达式推断出其方差. 然而, 当 F 未知时, 我们可以通过一些非参数的方法得到其方差的估计. Tukey (1958) 考虑估计量 $\hat{\theta}$ 的方差的刀切估计为

$$\hat{\sigma}_{jack}^2 = \frac{n-1}{n} \sum_{i=1}^{n} (\hat{\theta}_{(-i)} - \hat{\theta}_{(\cdot)})^2, \tag{4.14}$$

其中 $\hat{\theta}_{(\cdot)} = \sum_{i=1}^{n} \hat{\theta}_{(-i)}/n$. 选用 (4.14)式来估计方差的一个重要理由是当待估参数 θ 为总体均值时, 该估计是估计量的方差的无偏估计.

例 4.4 设 $x_1, \cdots, x_n$ 为服从均值为 μ, 方差为 σ^2 的一维独立同分布样本. 考虑估计总体均值 μ. 易知, 样本均值 $\hat{\theta} = \overline{x} = \sum_{i=1}^{n} x_i/n$ 是其一致最小方差无偏估计, 且 $\mathrm{Var}(\overline{x}) = \sigma^2/n$. 考虑其刀切样本, 则可知

$$\hat{\theta}_{(-i)} = \frac{n\overline{x} - x_i}{n-1}, \hat{\theta}_{(\cdot)} = \overline{x}, \hat{\theta}_{(-i)} - \hat{\theta}_{(\cdot)} = \frac{\overline{x} - x_i}{n-1},$$

则由 (4.14) 式可知,

$$\hat{\sigma}^2_{jack} = \frac{1}{n} \times \frac{1}{n-1} \sum_{i=1}^{n}(x_i - \overline{x})^2. \tag{4.15}$$

由于 $\sum_{i=1}^{n}(x_i - \overline{x})^2/(n-1)$ 是总体方差 σ^2 的无偏估计, 则 (4.15) 式是 $\mathrm{Var}(\overline{x})$ 的无偏估计.

由例 4.4 可知, (4.14) 式中系数 $(n-1)/n$ 可以保证样本均值的方差的刀切估计是其无偏估计. 然而, 该系数对于其他估计量而言, 并不能保证其方差的刀切估计为其无偏估计.

设 $\sigma^2_n = \mathrm{Var}(\hat{\theta}(x_1, \cdots, x_n))$, $\sigma^2_{n-1} = \mathrm{Var}(\hat{\theta}(x_1, \cdots, x_{n-1}))$, 并记

$$\tilde{\sigma}^2 = \sum_{i=1}^{n}(\hat{\theta}_{(-i)} - \hat{\theta}_{(\cdot)})^2. \tag{4.16}$$

即 σ^2_n 和 σ^2_{n-1} 分别是基于 n 和 $n-1$ 个样本的估计量的方差, 且 $\hat{\sigma}^2_{jack} = \frac{n-1}{n}\tilde{\sigma}^2$. 显然, 当 $\hat{\theta}$ 为样本均值 $\overline{x}$ 这一统计量时, $\sigma^2_n = \frac{n-1}{n}\sigma^2_{n-1}$. 然而, 对于很多其他统计量, 往往有

$$\sigma^2_n = \frac{n-1}{n}\sigma^2_{n-1} + O(n^{-3}).$$

我们的目的是用 $\hat{\sigma}^2_{jack}$ 估计 σ^2_n. 对于 $\tilde{\sigma}^2$ 和 σ^2_{n-1} 之间的关系, 我们有下面的结果.

定理 4.2　$\tilde{\sigma}^2$ 的期望值不小于 σ^2_{n-1}, 即 $E(\tilde{\sigma}^2) \geqslant \sigma^2_{n-1}$, 且 $E(\tilde{\sigma}^2) - \sigma^2_{n-1} = O(n^{-2})$.

定理 4.2 的证明见 Efron (1982). 该定理说明, $\tilde{\sigma}^2$ 往往会过高估计 σ^2_{n-1}. 而方差的刀切估计 $\hat{\sigma}^2_{jack}$ 对 $\tilde{\sigma}^2$ 做了一些修正. 即便如此, 也不能保证 $E(\hat{\sigma}^2_{jack}) \geqslant \sigma^2_n$. 不过对于一些特殊情形, 例如当统计量为 U 统计量时, 我们有 $E(\hat{\sigma}^2_{jack}) \geqslant \sigma^2_n$.

例 4.5　考虑参数为总体均值 μ 的函数, 即 $\theta = g(\mu)$, 其中 g 已知且其一阶导数连续. 则根据 Taylor 展开式, 可得

$$\hat{\theta}_{(-i)} = g\left(\frac{n\overline{x} - x_i}{n-1}\right) \approx g(\overline{x}) + g'(\overline{x})\frac{\overline{x} - x_i}{n-1},$$

代入 (4.14)式可得

$$\hat{\sigma}^2_{jack} \approx \frac{n-1}{n}(g(\overline{x}))^2 \frac{1}{(n-1)^2}\sum_{i=1}^{n}(x_i - \overline{x})^2 = (g(\overline{x}))^2\frac{\hat{\sigma}^2}{n},$$

其中 $\hat{\sigma}^2 = \sum_{i=1}^{n}(x_i - \bar{x})^2/(n-1)$ 是总体方差的无偏估计. 上式也可以由 delta 方法 (茆诗松等, 2006) 得到. 当样本量 $n \to \infty$ 时, 则上式的误差将趋于 0.

然而, 对于例 4.3 中的样本中位数, 其方差的刀切估计仍存在问题. 实际上, 当 $n = 2m$ 时, (4.14)式变为

$$\hat{\sigma}_{jack}^2 = \frac{n-1}{4}(x_{(m+1)} - x_{(m)})^2.$$

设总体密度函数为 $f(x)$, θ 为总体中位数且 $f(\theta) > 0$, Pyke (1965) 证明上式的极限分布为

$$n\hat{\sigma}_{jack}^2 \to \frac{1}{4f^2(\theta)}Y,$$

其中 Y 是均值为 2, 方差为 20 的随机变量. 而当 $n \to \infty$ 时, 样本中位数 $\hat{\theta}$ 的方差的极限为

$$n\mathrm{Var}(\hat{\theta}) = \frac{1}{4f^2(\theta)}.$$

因此, 样本中位数方差的刀切估计甚至不是 $\mathrm{Var}(\hat{\theta})$ 的一致估计. 此时, 方差的刀切估计失效. 结合例 4.3 中的结果, 对于中位数而言, 偏差和方差的刀切估计都失效了.

4.2 自助法

刀切法中每个刀切样本去掉一个样本, 该方法可以推广至每次去掉 k 个样本, 相应的刀切样本比较有限. Efron 于 1979 年提出另一重抽样方法, 称为自助法 (bootstrap), 利用计算机手段进行重抽样 (Efron (1979)). 该方法可以不对模型做任何假设, 且不管估计量 $\hat{\theta}$ 的数学形式的复杂程度, 便可用来计算任意估计量 $\hat{\theta}$ 的标准误差、置信区间和偏差及 $\hat{\theta}$ 的密度估计, 因此自助法是一个很强大、很通用的工具.

术语 "bootstrap" 来自短语 "to pull oneself up by one's bootstraps", 源自西方神话故事 *The Adventures of Baron Munchausen*, 其大概内容是一个男爵掉到了深湖底, 没有工具, 所以他想到了拎着鞋带将自己提起来. 该方法的意义在于不靠外界力量, 而靠自身提升自己的性能, 因此中文翻译为 "自助法".

自从 1979 年自助法提出以来, 随着计算机性能的提高, 自助法也越来越流行. 自助法有两种形式: 非参数自助法和参数化自助法.

4.2.1　非参数自助法

给定总体分布 F 和一个样本 $\{x_1, \cdots, x_n\}$, 表示相应的样本值 $\mathcal{X} = \{x_1, \cdots, x_n\}$ 及经验分布 $\hat{F}$. 假设 θ 是未知参数, $\hat{\theta} = \hat{\theta}(x_1, \cdots, x_n)$ 是 θ 的一个估计. 自助法通过重抽样可以获得更多的样本和相应 $\hat{\theta}$ 的样本值. 自助法的过程非常简单. 通过从 $\mathcal{X}$ 进行 n 次有放回的抽样, 得到一个新的样本 $\mathcal{X}^* = \{x_1^*, \cdots, x_n^*\}$, 称为 B 样本, 这个过程称为 B 抽样, B 抽样把 $\mathcal{X}$ 视为总体. 用 B 样本可以计算 $\hat{\theta}$ 的一个样本 $\hat{\theta}^* = \hat{\theta}(x_1^*, \cdots, x_n^*)$. 重复这个过程 N 次, 得统计量 $\hat{\theta}$ 的一个样本 $\hat{\theta}_1^*, \cdots, \hat{\theta}_N^*$ 称为 B 复制, 整个自助法过程如图 4.1 所示.

原样本: $F \Rightarrow \mathcal{X} = \{x_1, \cdots, x_n\} \Rightarrow \hat{\theta}(x_1, \cdots, x_n),$

B 样本: $\hat{F} \Rightarrow \mathcal{X}^* = \{x_1^*, \cdots, x_n^*\} \Rightarrow \hat{\theta}^* = \hat{\theta}(x_1^*, \cdots, x_n^*),$

B 复制: $\hat{\theta} \Rightarrow \hat{\theta}_1^*, \cdots, \hat{\theta}_N^* \Rightarrow$ 估计 $\hat{\theta}$ 分布和统计量.

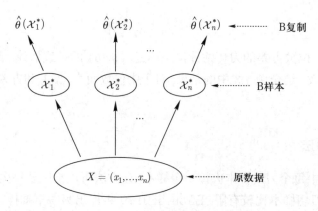

图 4.1　自助法过程

由此可见, 重复这种抽样 N 次, 则得到 N 个 B 样本. 通常, N 取较大的数, 例如 2000, 5000, 10000 或更大.

B 样本 $\{x_1^*, \cdots, x_n^*\}$ 是从经验分布函数 $\hat{F}$ 抽样, 即

$$x_1^*, \cdots, x_n^* \sim \hat{F} : \begin{pmatrix} x_1 & \cdots & x_n \\ 1/n & \cdots & 1/n \end{pmatrix},$$

每个 B 样本抽取的样本数目同原始样本数目一样. 在一次 B 抽样中, 某些原始样本可能没被抽到, 另外一些样本可能被抽中多次. 在一个 B 样本中不包含某个原始样本 x_i 的概率为

$$P(x_j^* \neq x_i, j = 1, \cdots, n) = \left(1 - \frac{1}{n}\right)^n \to e^{-1}, \text{当 } n \to \infty \text{ 时}.$$

因此, 一个 B 样本集包含了大约原始样本集的 $1 - e^{-1} \approx 63.2\%$, 而另外大约 36.8% 的样本没有包括在内.

下面我们分开讨论估计量 $\hat{\theta}$ 的均值、标准差、置信区间和分布函数的 B 估计.

(A) 均值的 B 估计

估计量 $\hat{\theta}$ 的均值的 B 估计量的步骤如下:

步骤 1. (抽样) 从总体分布 F 抽样得到样本 $\mathcal{X} = \{x_1, \cdots, x_n\}$.

步骤 2. (B 抽样) 从样本 $\mathcal{X}$ 的经验分布 $\hat{F}$ 抽样, $x_1^*, \cdots, x_n^* \sim \hat{F}$.

步骤 3. (B 复制) 计算 $\hat{\theta}(x_1^*, \cdots, x_n^*)$.

步骤 4. 重复步骤 2—3 共 N 次, 得到 N 个 B 复制 $\hat{\theta}_1^*, \cdots, \hat{\theta}_N^*$.

步骤 5. 估计量 $\hat{\theta}$ 均值的估计为 $\hat{\mu}_{boot} = \frac{1}{N} \sum_{b=1}^{N} \hat{\theta}_b^*$.

设统计量 $\hat{\theta}$ 的分布为 G_n, 则 $\hat{\theta}_1^*, \cdots, \hat{\theta}_N^*$ 可看为 G_n 的独立同分布样本. 根据大数定律, 易知

$$\hat{\mu}_{boot} = \frac{1}{N} \sum_{b=1}^{N} \hat{\theta}_b^* \xrightarrow{P} E(\hat{\theta}).$$

即当 N 很大时, $\hat{\mu}_{boot}$ 和 $E(\hat{\theta})$ 相差无几. 由此可得, 估计量 $\hat{\theta}$ 的偏差估计为

$$\widehat{Bias}_{boot} = \hat{\mu}_{boot} - \hat{\theta}. \tag{4.17}$$

则当 $n \to \infty$ 时, $\widehat{Bias}_{boot} \to 0$.

(B) $\hat{\theta}$ 的标准差的 B 估计

给定样本 $x_1, \cdots, x_n \sim F$, 对于估计量 $\hat{\theta}(x_1, \cdots, x_n)$, 人们更关心其方差或标准差. 记 $\hat{\theta}$ 的标准差为 $\hat{\sigma} = \sigma(F, n, \hat{\theta}) = \sigma(F)$, 其与总体分布 F 以及样本量 n 有关. 则 $\hat{\theta}$ 标准差的 B 估计为 $\hat{\sigma}_{boot} = \sigma(\hat{F})$, 其中 $\hat{F}$ 是经验分布函数. Kiefer, Wolfowitz (1956) 证明 $\hat{F}$ 是 F 的非参数极大似然估计, 则 $\hat{\sigma}_{boot}$ 也是 $\hat{\sigma}$ 的非参数极大似然估计.

先考虑样本均值这一简单估计量 $\hat{\theta}(x_1, \cdots, x_n) = \bar{x}$, 则其标准差为 $\sigma(F) = (\mu_2/n)^{1/2}$, 其中 $\mu_2 = E_F(X - E_F X)^2$ 为总体方差. 然而, 当总体分布 F 未知时, 不能确定 μ_2 的值. 一种自然的估计是用经验分布函数 $\hat{F}$ 估计 F, 则 μ_2 的估计为

$$\hat{\mu}_2 = E_{\hat{F}}(X - E_{\hat{F}} X)^2 = \frac{1}{n} \sum_{i=1}^{n} (x_i - \bar{X})^2.$$

相应地, $\sigma(F)$ 的估计为 $\sigma(\hat{F}) = (\hat{\mu}_2/n)^{1/2}$.

对于一般的估计量 $\hat{\theta}$, 我们通过下面的方法得到其标准差的估计 $\hat{\sigma}_{boot}$.

步骤 1. (抽样) 从 F 抽样得 $\mathcal{X} = \{x_1, \cdots, x_n\}$.

步骤 2. (B 抽样) 从样本 $\mathcal{X}$ 的经验分布 $\hat{F}$ 抽样, $x_1^*, \cdots, x_n^* \sim \hat{F}$.

步骤 3. (B 复制) 计算 $\hat{\theta}(x_1^*, \cdots, x_n^*)$, 这里 $x_1^*, \cdots, x_n^*$ 是 $x_1^*, \cdots, x_n^*$ 的样本值.

步骤 4. 重复步骤 2—3 共 N 次, 得到 N 个 B 复制 $\hat{\theta}_1^*, \cdots, \hat{\theta}_N^*$.

步骤 5. 估计量 $\hat{\theta}$ 标准差的估计为

$$\hat{\sigma}_{boot} = \left(\frac{1}{N-1} \sum_{b=1}^{N} (\hat{\theta}_b^* - \hat{\mu}_{boot})^2 \right)^{1/2}, \tag{4.18}$$

其中 $\hat{\mu}_{boot} = \frac{1}{N} \sum_{b=1}^{N} \hat{\theta}_b^*$ 是 N 个 B 复制的均值.

类似地, 估计量 $\hat{\theta}$ 的方差估计为 $(\hat{\sigma}_{boot})^2$. 由于每个 B 复制都可以看成 $\hat{\theta}$ 的分布 G_n 的独立同分布样本, 则当 $N \to \infty$ 时, $\hat{\sigma}_{boot} \to \sigma(\hat{F})$. 对于一般的估计量而言, 当 B 抽样次数 N 很大时, $\hat{\mu}_{boot}$ 可以很好地估计其标准差. 此外, 当样本数 $n \to \infty$ 时, $\hat{F} \to F$, 则若计算 $\hat{\sigma}_{boot}$ 的方差时, 有下面的近似过程

$$(\hat{\sigma}_{boot})^2 \overset{O(1/\sqrt{N})}{\approx} \sigma^2(\hat{F}) \overset{O(1/\sqrt{n})}{\approx} \sigma^2(F).$$

因此, 这里有两步近似过程.

B 抽样的重复次数 N 的选择取决于下面三点: (1) 计算机的可用性. 若计算机性能较好, 可以适当地选大一点. (2) 估计量的类型. 对于标准误差、偏差、置信区间等不同的估计量, N 的选择也有所不同, 例如计算置信区间时需要更大的 N 值. (3) 问题的复杂程度. 问题越复杂, N 值取越大. 经验的做法是, 先选稍小的 N 值, 然后逐渐增大, 例如, N 可以取 200, 500, 1000, 2000, 5000, 10000 等, 直到 B 估计值变化不大时停止. Efron (1992) 说明大部分情形下 N 需要大于 1000 才有效. Tibshirani (1992) 说明当 N 较小时, 结果往往不稳定.

例 4.6 设真实分布为混合正态分布 $F = 0.2N(2,2^2) + 0.8N(7,1)$, 则总体期望 $\mu = 6$, 总体方差 $\sigma^2 = 5.6$. 该混合正态分布的密度函数见图 4.2 (a), 其分布函数如图 4.2 (b) 所示. 随机产生 F 的一个样本量为 100 的样本如下:

```
 2.5180   3.9139   7.4335   7.9186   6.5295   7.0171   7.6004   7.7004
 1.3939   4.0282   7.4601   7.6929   7.0303   9.4835   5.9568   7.6131
 1.5522   4.5760   6.5726   7.9966   5.8401   6.9408   7.3251   7.5391
-0.6459   0.4134   7.1787   6.2805   7.7975   8.6767   6.2366   7.3194
```

3.3343	2.6801	3.7360	8.0011	5.6016	5.4847	8.1048	6.7646
−1.4479	3.3344	5.6835	7.1551	6.4368	8.4683	7.7596	7.2315
0.2657	0.5880	7.0969	6.5256	5.9494	5.7434	8.3407	6.4870
0.7101	5.8476	6.4832	7.6770	7.5980	6.1745	7.9288	6.9268
−1.8129	8.2716	7.6595	6.0524	6.5219	8.1323	5.4687	6.8838
5.0540	7.0549	6.0916	8.1054	7.2998	6.4447	8.8124	
0.0495	7.4774	6.8610	6.4857	7.2281	6.8381	7.7966	
4.6025	5.1729	7.7582	4.8207	7.2790	6.0328	7.5383	
2.9243	7.4656	5.2014	6.5338	5.8849	6.0713	7.5301	

这 100 个样本的样本均值为 5.9515, 样本标准差为 2.402, 其经验分布函数如图 4.2 (b) 所示, 其与真实分布比较接近. 现考虑不同的重复数 N, 即 $N = 5, 10, 100, 200, \cdots, 1000$, 相应的 (4.17) 式中估计量 $\hat{\theta}$ 偏差的 B 估计和 (4.18) 式中估计量 $\hat{\theta}$ 标准差的 B 估计分别如表 4.1 所示. 可见, 当 N 不小于 100 时, 偏差和标准差的 B 估计基本稳定在 0 和样本标准差为 2.402. 另抽 3 组各 100 个样本, 重复上述过程, 得到的结果如图 4.2(c) 和图 4.2(d) 所示, 显示很快就稳定在真值附近了. 不过, 不同的初始样本会对结果有一定的影响.

表 4.1　不同重复数下的偏差和标准差的 B 估计

N	5	10	100	200	300	400
$\widehat{Bias}_{boot}$	−0.0720	−0.0519	−0.0109	−0.0188	0.0201	−0.0204
$\hat{\sigma}_{boot}$	0.0852	0.2040	0.2459	0.2312	0.2257	0.2362
N	500	600	700	800	900	1000
$\widehat{Bias}_{boot}$	0.0011	0.0043	0.0202	0.0063	−0.0052	−0.0098
$\hat{\sigma}_{boot}$	0.2495	0.2303	0.2319	0.2386	0.2399	0.2372

对于 (4.12)式中的二次型函数, Efron (1982) 证明, 对估计量 $\hat{\theta}$ 的标准差的刀切估计和 B 估计之间几乎等价, 即

$$\hat{\sigma}_{jack} = \sqrt{\frac{n}{n-1}} \hat{\sigma}_{boot},$$

其中系数 $n/(n-1)$ 可使得偏差的刀切估计是真实偏差的无偏估计.

另外, Efron (1992) 提出把刀切估计和 B 估计相结合的混合估计方法, 并记为 JAB 法 (jackknife-after-booststrap). 该方法的思想很简单, 即首先由样

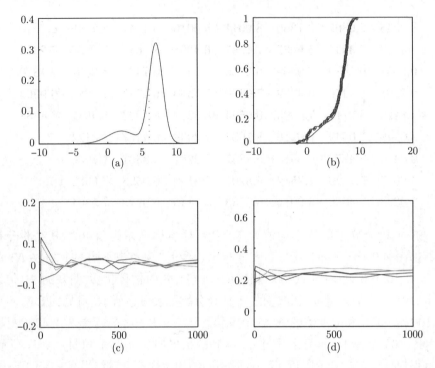

图 4.2　　混合正态分布的 B 估计. (a) 总体密度函数, (b) 总体分布函数和经验分布函数, (c) 不同 N 值的偏差的 B 估计, (d) 不同 N 值的标准差的 B 估计

本 $x_1, \cdots, x_n$ 得到刀切样本, 然后对每个刀切样本进行 B 抽样, 后续的方法类似. 该方法当 $N \geqslant 1000$ 时才稳定有效. 具体细节见 Efron (1992) 和 Tibshirani (1992).

(C) 置信区间和分布函数的估计

除了偏差和标准差之外, 置信区间是另一常用的统计量. 给定置信水平 $1 - \alpha$, 总体参数 θ 的置信区间最简单的 B 估计是

$$[\hat{\theta} + z_{\alpha/2}\hat{\sigma}_{boot}, \hat{\theta} + z_{1-\alpha/2}\hat{\sigma}_{boot}], \tag{4.19}$$

其中 $\hat{\theta}$ 是根据原始样本的估计量, $\hat{\sigma}_{boot}$ 为 (4.18) 式的标准差的 B 估计, z_t 为标准正态分布的 t 分位数. 使用 (4.19)式的置信区间的前提是假设 $\hat{\theta}$ 的分布服从正态分布, 即 $(\hat{\theta} - \theta)/\hat{\sigma}_{boot} \sim N(0,1)$. 然而当其不服从正态分布时, 可以考虑下面的方法.

重复 N 次重抽样的 B 样本并得到相应的 B 复制 $\hat{\theta}_1^*, \cdots, \hat{\theta}_N^*$, 对其从小到大进行排列得到次序统计量 $\hat{\theta}_{(1)}^* \leqslant \cdots \leqslant \hat{\theta}_{(N)}^*$, 则参数 θ 的置信区间的百分位

数 B 估计为

$$[\hat{\theta}^*_{(\frac{\alpha}{2}N)}, \hat{\theta}^*_{((1-\frac{\alpha}{2})N)}].$$

基于百分位数 B 估计, 一种改进方法是 t 百分位数 B 估计. 通常情况下, 该方法可以得到比百分位数 B 估计更准确的置信区间. 对于 N 个 B 样本 $\boldsymbol{x}^*_1, \cdots, \boldsymbol{x}^*_B$, 我们对每个 B 样本 $\boldsymbol{x}^*_i$ 计算下面的 t 统计量:

$$t^*_i = \frac{\hat{\theta}^*_i - \hat{\theta}}{\sigma^*_i},$$

其中 $\hat{\theta}^*_i$ 是第 i 个 B 复制, σ^*_i 是第 i 个 B 样本的样本标准差, 即对于每个 B 样本都需要计算其样本标准差. 对这 N 个 t 统计量从小到大进行排序, 得到 $t^*_{(1)} \leqslant \cdots \leqslant t^*_{(B)}$. 给定置信水平 α, 参数 θ 的置信区间的 t 百分位数 B 估计为

$$[\hat{\theta} - \hat{\sigma}_{boot} t^*_{((1-\frac{\alpha}{2})N)}, \hat{\theta} - \hat{\sigma}_{boot} t^*_{(\frac{\alpha}{2}N)}],$$

其中 $\hat{\sigma}_{boot}$ 是估计量 $\hat{\theta}$ 的标准差.

百分位数 B 估计和 t 百分位数 B 估计都没有对总体分布做任何限制. 除了这几种估计置信区间的自助法, 文献中还存在其他估计方法, 但那些方法对总体分布有一定的限制. 例如, 修正的百分位数 B 估计等, 参见 Efron, Tibshirani (1986).

此外, 对于 $\hat{\theta}$ 的分布函数 G_n, 可以通过下式

$$G^*_n(t) = \frac{1}{N} \sum_{b=1}^{N} I\left(\hat{\theta}^*_b < t\right)$$

得到其 B 估计, 其中 $I(\cdot)$ 为示性函数. 显然, 随着 N 的增大, 其逼近真实分布的程度越大.

对于重复数 N 的选取, Chernick (2007) 建议: 对于估计偏差, 取 $N \geqslant 100$; 对于估计标准差, 取 $N \geqslant 1000$; 对于估计置信区间, 取 $N \geqslant 10000$. 由于计算机计算速度日益提高, N 可以取更大的值.

4.2.2 参数化 B 估计

非参数 B 估计对总体分布没有限制. 然而在有些情形下, 非参数 B 估计效果不佳, 见下面的例子.

例 4.7 设 $x_1, \cdots, x_n$ 服从均匀分布 $U(0, \theta)$, 其中 θ 为待估参数. 充分统计量 $\hat{\theta} = x_{(n)} = \max\{x_1, \cdots, x_n\}$ 是总体参数 θ 合理的估计. 易知 $\hat{\theta}$ 的分布

函数和密度函数分别为

$$G(\hat{\theta}) = \left(\frac{\hat{\theta}}{\theta}\right)^n, \quad g(\hat{\theta}) = \frac{n}{\theta}\left(\frac{\hat{\theta}}{\theta}\right)^{n-1}. \tag{4.20}$$

密度函数见图 4.3 (a). 根据非参数 B 估计, 对于 B 样本 $x_1^*, \cdots, x_n^*$ 及相应的 B 复制 $\hat{\theta}^*$, 我们有

$$\begin{aligned}
P(\hat{\theta}^* = \hat{\theta}) &= P(\max\{x_1^*, \cdots, x_n^*\} = \max\{x_1, \cdots, x_n\}) \\
&= P(x_{(n)} \text{ 在 B 样本中}) \\
&= 1 - P(x_{(n)} \text{ 不在 B 样本中}) \\
&= 1 - \left(1 - \frac{1}{n}\right)^n.
\end{aligned}$$

因此, $P(\hat{\theta}^* = \hat{\theta}) \approx 0.632$, 这说明非参数 B 估计不能很好地模拟真正的分布.

设真实参数 $\theta = 1$, $n = 10$, 样本为 0.6939, 0.8069, 0.1412, 0.9245, 0.5227, 0.7899, 0.6966, 0.6325, 0.3847, 0.6208. 令 B 重复数 $N = 1000$. B 复制 $\hat{\theta}^*$ 的直方图见图 4.3 (b). 最大值 0.9245 出现的频率为 0.6710, 其接近 $1 - (1 - 1/n)^n = 0.6513$. 此时, B 估计并不能得到很理想的结果.

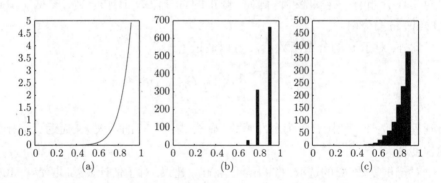

图 4.3　均匀分布的 B 估计. (a) $\hat{\theta}$ 的密度函数, (b) 非参数 B 估计 $\hat{\theta}^*$ 的直方图, (c) 参数化 B 估计的直方图

由例 4.7 可知, 在有些情形下, 非参数 B 估计效果不好, 其主要原因在于经验分布函数 $\hat{F}$ 并不能很好地估计总体分布 F. 为了得到更好的结果, 需要 F 的参数知识或者 $\hat{F}$ 的平滑性. 参数化自助法表现很好, 可模拟真正的分布.

参数化自助法假定总体分布 $F(x, \theta)$ 形式已知, 可以由样本估计出未知的总体参数 θ 得到 $\hat{\theta}$, 再从参数化的分布 $F(x, \hat{\theta})$ 中进行再采样, 得到参数化 B 样本. 具体过程如下所示.

真实世界:　　$F(x, \theta) \Rightarrow x_1, \cdots, x_n \Rightarrow \hat{\theta} = \hat{\theta}(x_1, \cdots, x_n)$

$\swarrow$

自助法世界:　$F(x, \hat{\theta}) \Rightarrow x_1^*, \cdots, x_n^* \Rightarrow \hat{\theta}^* = \hat{\theta}(x_1^*, \cdots, x_n^*)$

与非参数自助法相比, 参数化自助法有所区别. 第一, 参数化自助法中的 F 的先验用参数模型表示; 第二, 参数化自助法多了一个步骤: 根据样本 $x_1, \cdots, x_n$ 估计参数 (参数估计), 从而得到 $F(x, \hat{\theta})$; 第三, 重抽样的母体不同, 参数化自助法从估计的分布 $F(x, \hat{\theta})$ 中抽样, 其相当于产生随机数; 第四, 参数化自助法得到的 B 样本往往与初始给定的 $x_1, \cdots, x_n$ 不同.

例 4.7 续　在参数化 B 估计中, 已知总体分布为 $U(0, \theta)$, 其中 θ 未知. 根据这样本量为 10 的样本估计 F 中的参数 $\hat{\theta} = 0.9245$, 得到总体分布的估计 $U(0, 0.9245)$. 然后从该分布中抽样本量都为 n 的 N 个样本, 对每个样本取其最大值得到一个 B 复制, 从而得到 N 个 B 复制 $\hat{\theta}_1^*, \cdots, \hat{\theta}_N^*$, 其直方图见图 4.3 (c). 与图 4.3 (b) 比较, 参数化 B 估计的直方图有所改进, 其相应的密度函数与 (4.20) 式中的密度函数已非常接近.

同样地, 参数化自助法也可用于计算估计量 $\hat{\theta}$ 的方差、偏差、置信区间等.

步骤 1. 根据样本 $x_1, \cdots, x_n$ 估计总体参数 θ, 得到总体分布的估计 $F(x, \hat{\theta})$.

步骤 2. 抽取样本 $x_1^*, \cdots, x_n^* \sim F(x, \hat{\theta})$.

步骤 3. 计算 $\hat{\theta}^* = \hat{\theta}(x_1^*, \cdots, x_n^*)$.

步骤 4. 重复步骤 2—3 共 N 次, 得到 N 个 B 复制 $\hat{\theta}_1^*, \cdots, \hat{\theta}_N^*$.

步骤 5. 估计量 $\hat{\theta}$ 标准差的估计为

$$\hat{\sigma}_{boot}^* = \left(\frac{1}{N-1} \sum_{b=1}^{N} \left(\hat{\theta}_b^* - \frac{1}{N} \sum_{b=1}^{N} \hat{\theta}_b^* \right)^2 \right)^{1/2}.$$

类似地, 可以得到偏差和置信区间的估计. 当先验模型正确时, 参数化 B 估计能得到更好的结果.

4.2.3　自助法不适合的情形

对于非参数 B 估计, 存在下面的几种不适合情形.

(A) 样本量太小

对于样本量太小的情形, 即当 n 太小时, 原始样本不能很好地估计总体分布. 此时, 经验分布函数 $\hat{F}$ 和总体分布 F 的差别比较大, 如例 4.7 所示. 对于非参数自助法而言, 其 B 样本只能覆盖原始样本的一部分, 会带来更大的偏差.

实际上, 对于给定的 n 个样本, B 样本是对其有重复的抽样. Hall (1992) 给出所有不同的 B 样本的数量为

$$\binom{2n-1}{n} = \frac{(2n-1)!}{n!(n-1)!}.$$

即使 $n = 20$, 该数也非常大, 则对于给定的重复数 N, 相应的 B 样本一般不会相同. Hall (1992) 证明, 当 $n = 20, N = 2000$ 时, 没有任何两个 B 样本相同的概率也大于 0.95. 此时, $\hat{\theta}^*$ 的分布可看成为连续分布. 但当 $n = 10$ 时, $\binom{2n-1}{n} = 92378$, 则存在两个 B 样本相同的概率大大增加. 这从另一个角度说明例 4.7 中当 $n = 10$ 时自助法不佳, 若在该例中取 $n = 20$, 自助法的效果将变佳.

一般地, 当样本量 n 小于 10 时, 参数估计将不准确, 此时自助法在大多数情形下效果也不好. 若样本量不少于 30, 则自助法效果更好.

(B) 相关数据

自助法假设样本间相互独立, 然而对于相关数据, 该方法可能会失效. 下面给出一个例子.

称无穷序列 $\{x_j\}$, $i = 1, 2, \cdots, n, \cdots$ 是 m 相关的, 若对任意的 j, x_j 与 x_{j+m-1} 是相关的, 而 x_j 与 x_{j+m} 是不相关的. 常见的 m 相关序列如时间序列中的 m 阶移动平均序列 $\{x_j\}$, 即

$$x_j - \mu = \sum_{l=1}^{m} \alpha_l \varepsilon_l,$$

其中 μ 是平稳序列的均值, $\{\varepsilon_l\}$ 为白噪声序列, $\{\alpha_l\}$ 是序列系数. 对于平稳 m 相关序列 $\{x_j\}$, 设 $E(x_1) = \mu$ 且 $E(x_1^2) = \sigma^2 < \infty$,

$$\sigma_m^2 = \text{Var}(x_1) + \sum_{i=1}^{m-1} \text{Cov}(x_1, x_{1+i}), \quad \bar{X}_n = \frac{1}{n} \sum_{i=1}^{n} X_i.$$

根据相关序列的中心极限定理 (参见 Lahiri (2003), Theorem A.7), 可得

$$\sqrt{n}(\bar{X}_n - \mu) \xrightarrow{L} N(0, \sigma_m^2),$$

这里 $\xrightarrow{L}$ 表示依分布收敛.

给定 n 个 m 相关序列的样本 $x_1, \cdots, x_n$, 考虑用非参数自助法估计其中心化的样本均值 $\hat{\theta} = \sqrt{n}(\bar{X}_n - \mu)$ 的样本分布, 即对于每个 B 样本 $x_1^*, \cdots, x_n^*$, 考虑下面的样本分布

$$T_n^* = \hat{\theta}^* - \hat{\theta} = \sqrt{n}(\bar{X}_n^* - \bar{X}_n),$$

其中 $\bar{X}_n^* = \frac{1}{n}\sum_{i=1}^n X_i^*$. Lahiri (2003) 证明 T_n^* 依分布收敛到 $N(0, \sigma^2)$. 由于 $\sigma^2 \neq \sigma_m^2$, 则 $\bar{X}_n^*$ 和 $\bar{X}_n$ 的极限分布不同. 这说明 B 估计并不是一致估计, 其原因在于序列 $\{x_j\}$ 之间不独立.

(C) 其他失效情形

Bickel, Freedman (1981) 指出当总体矩不存在时, 自助法也会失效. 另外, 对于不平稳自回归序列、长相依序列、抽样调查数据、估计极值点、存在奇异点的数据等情形, 自助法也可能会失效. 这里不再详细展开, 相应的文献参见 Lahiri (2003).

习 题

1. 设 $X_1, \cdots, X_n$ 是分布函数为 $F(x, \theta)$ 的独立同分布样本, 其中 $\theta \in \Theta$ 为未知参数, 统计量 $\hat{g}(X)$ 为 $g(\theta)$ 的估计. 若其偏差为

$$B_n(\theta) = E(\hat{g}(X) - g(\theta)) = \sum_{k=1}^\infty \frac{b_k(\theta)}{n^k} = o\left(\frac{1}{n}\right),$$

证明 $g(\theta)$ 的刀切估计的偏差为 $B_J(\theta) = o\left(\frac{1}{n^2}\right)$.

2. 对于数据 $(x_i, y_i), i = 1, \cdots, n$, 考虑用线性回归模型

$$y_i = x_i\beta + \varepsilon_i, i = 1, \cdots, n,$$

来拟合. 求参数 β 的刀切估计, 并与其最小二乘估计比较.

3. 若估计量 $\hat{\theta} = \theta(\hat{F})$ 是一个二次函数, 证明

$$\widehat{Bias}_{boot} = \frac{n-1}{n}\widehat{Bias}_{jack},$$

其中 $\widehat{Bias}_{boot}$ 和 $\widehat{Bias}_{jack}$ 分别为 B 估计和刀切估计的估计偏差.

4. 设 $X_1, \cdots, X_n$ 是独立同分布样本, 试给出置信水平为 $1 - \alpha$ 的置信区间的 B 估计.

5. 设真实分布为混合正态分布 $F = 0.2N(2,4) + 0.8N(8,4)$. 分别随机产生 F 的 $n = 20, 50, 100, 200, 500$ 个样本. 基于产生的每 n 个样本, 得到 $m = 1000, 2000, 5000, 10000$ 个 B 样本, 计算其样本均值和样本方差, 并与真实值比较. 通过图表给出相应的比较结果.

6. 对于零均值时间序列 $X_1, \cdots, X_n$, 考虑用一个二阶自回归模型

$$X_t = a_1 X_{t-1} + a_2 X_{t-2} + \varepsilon_t$$

来拟合. 对于该模型, 给出自助法应用的具体过程.

7. 对于两个正态总体, $N(\mu_1, \sigma_1^2)$ 和 $N(\mu_2, \sigma_2^2)$, 各产生 20 个随机样本. 我们通常用 t 统计量来检验

$$H_0 : \mu_1 = \mu_2, H_1 : \mu_1 \neq \mu_2.$$

对于下面的情形的样本, 都产生 $m = 1000, 2000, 5000, 10000$ 个 B 样本, 并计算检验统计量的 P 值.

(1) $\mu_1 = \mu_2 = 1, \sigma_1 = \sigma_2 = 1$;

(2) $\mu_1 = 0, \mu_2 = 1, \sigma_1 = \sigma_2 = 1$;

(3) $\mu_1 = 0, \mu_2 = 1, \sigma_1 = 1, \sigma_2 = 2$.

8. 来自某厂某种灯泡的寿命, 已知服从正态分布, 现从一批灯泡中随机抽取 16 个, 测得其寿命如下:

1510	1450	1480	1460	1520	1480	1490	1460
1480	1510	1530	1470	1500	1520	1510	1470

分别使用和不使用自助法对灯泡的寿命进行区间估计.

第五章 马尔可夫链蒙特卡罗法

20 世纪 50 年代早期, 也即常规蒙特卡罗方法在位于美国新墨西哥州 Los Alamos 实验室被 Stanislaw Ulam, von Neumann, Nicholas Metropolis, Enrico Fermi 等科学家提出后不久, 统计物理学家 Metropolis 和他的合作者们提出了一类基于马尔可夫链的动态蒙特卡罗 (MCMC) 算法, 用来模拟液体的气相平衡态. 在他们的核弹研究中, 需要计算一个复杂的高维积分, 其中牵涉复杂的玻尔兹曼 (Boltzmann) 分布. 由于积分维度高和玻尔兹曼分布的稀疏特性, 通常的数值积分方法和蒙特卡罗抽样技术都失效. Metropolis 等 (1953) 提出构造一个遍历的, 以玻尔兹曼分布为平稳分布的马尔可夫过程实现抽样和蒙特卡罗计算. 这一算法被后来的文献称为 Metropolis 算法. Hastings (1970) 进一步将 Metropolis 算法推广, 得到了更为一般的 MCMC 算法, 即 Metropolis-Hastings 算法 (MH 算法). Gibbs 抽样算法是另一种重要的 MCMC 算法, 由 Geman, Geman (1984) 首次提出, 虽然 Gibbs 抽样算法在理论上可以视为 MH 算法的特殊形式, 但 Geman, Geman (1984) 是为了寻找后验分布的众数而提出 Gibbs 抽样算法的, 他们可能并没有受到 Hastings 工作的影响和启发, 因此也没有得到重视, 直到 Gelfand, Smith (1990) 的工作出来后, 才让 Gibbs 抽样算法在贝叶斯统计中被广为理解和应用. MCMC 方法包含 MH 算法, Gibbs 抽样法, 切片抽样算法等众多算法. 经过几十年的发展, 已经被广泛地应用于各行各业.

本章主要介绍 Metropolis-Hastings 算法、Gibbs 抽样算法、切片抽样算法.

5.1　简单的案例

相较于前述章节介绍的古典的随机样本生成方法, MCMC 方法的理论更为复杂, 理解起来也更困难一些. 这里从一个形象、生动、简单的案例出发.

例 5.1 (候选人的造势路线)　Kruschke (2015) 构造了一个候选人为选举造势在不同岛屿间访问的路线选择问题. 假设该候选人生活在一个包含多个岛屿的环形岛链上 (为方便讨论, 把它们记为 $Is_1, Is_2, \cdots, Is_n$). 为了选举造势, 他需要不停地造访各个不同的岛屿. 每次结束一个岛屿 Is_i 的造势活动后, 他需要决定下一个造访的岛屿: (i) 继续留在岛屿 Is_i, (ii) 访问邻岛 Is_{i-1}, 或者 (iii) 访问邻岛 Is_{i+1}. 候选人希望他访问任何一个岛屿的概率与该岛屿上的相对人口数成正比, 也即人口多的岛屿访问次数多, 人口少的岛屿访问次数少, 以最大化他的造势效果. 但困难的是对于候选人来说, 他并不知道总共有多少个岛屿 (n 未知), 也不知道各个岛屿上的人口数量, 或所有岛屿上的总人口数. 他唯一可以知道的信息是当他访问某个岛屿时, 可以通过岛屿上的行政官了解他所在的岛屿和他即将有可能访问的相邻岛屿上的人口数量.

为在前述三个选择中做出下一步访问岛屿的决定, 候选人采用了简单的启发式方法: 首先, 他随机选择一个岛屿 (设为 Is_i) 开始他的造势活动, 活动结束后, 他用丢硬币的方式从相邻的两个岛屿 Is_{i-1}, Is_{i+1} 随机选择一个岛屿 (当 $i=1$ 时, 则等概率选择 Is_2 或 Is_n; 当 $i=n$ 时, 则等概率选择 Is_{n-1} 或 Is_1). 接着, 他考察所选岛屿人口和他当前所在岛屿 Is_i 上的人口数量, 如果所选岛屿上的人口数量大于或等于当前所在岛屿的人口数量, 则访问该岛屿. 若所选岛屿上的人口数量小于当前所在岛屿的人口数量, 则以一定的概率访问该岛屿, 且访问概率等于所选岛屿人口数量与当前所在岛屿人口数量的比值. 每次结束一个岛屿的造势活动后, 候选人重复采用这种办法决定下一个造势岛屿, 不断重复直至造势活动结束.

显然候选人采用的这种启发式算法异常简单, 极易操作和实施; 另外非常重要的是这种方法所需要的关于总体的信息少, 不需要知道岛屿的总数量和人口总量, 只需要知道所处岛屿和相邻岛屿人口比值这类局部信息. 当然这样一种简单的启发式方法是否能达到候选人的目的呢? 这里我们采用电脑模拟的方式进行验证, 将理论上的说明留到后续章节. 为方便模拟, 我们假设 $n=9$, 岛上人口数量分别为 100, 700, 400, 200, 350, 450, 800, 500, 200 (值得注意的是这里对 n 的假设只是为了方便模拟, 候选人本身采用的方法并未使用该信息). 重复循环候选人方法 1000 次, 然后统计每个岛屿被访问的频率. 图 5.1

显示了岛屿人口占比和模拟访问频率柱形图. 从图 5.1 可以直观地看出岛屿被访问的频率非常接近岛屿人口在总人口中的占比. 这说明候选人采用的这种简单的启发式方法是有效的.

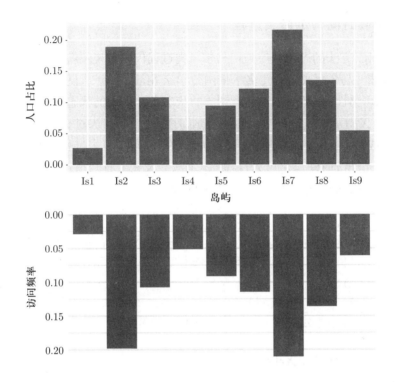

图 5.1 岛屿访问、人口对比直方图

此问题中候选人的目的是使得访问每个岛屿的频率正比于岛上人口占比, 这在本质上是一个多项分布的抽样问题, 但不同于一般多项分布抽样之处在于: 抽样者不掌握具体的概率分布, 为此候选人采用了一种简单的启发式方法. 该方法在分布状态空间 (本例中为各个岛屿) 中不断游走, 在游走的过程中: 首先, 以一定的概率模型产生一个 "提议状态" (备选岛屿); 然后, 基于 "当前状态" 概率 (当前所在岛屿人口) 和 "提议状态" 概率的比值构造是否接受该 "提议状态" 为新状态的接受函数, 由该函数决定下一个游走状态; 最后将游走过程中所经历的状态收集为抽样样本. 这种状态间的转换事实上就是下一节介绍的马尔可夫过程或马尔可夫链. 而基于马尔可夫链的蒙特卡罗方法也被称为马尔可夫链蒙特卡罗方法 (MCMC). 当目标分布异常复杂, 或目标分布不是完全已知时, MCMC 方法是一种可选的抽样方式. 从候选人例子可以看出, MCMC 方法的关键步骤是如何选取提议状态, 及如何构造接受函数, 从而构造出合适的马尔可夫链以保证得到的样本符合需求. 为在理论上阐述清楚 MCMC 方法, 需要掌握一些基本的马尔可夫过程知识.

5.2　离散时间马尔可夫过程

MCMC 方法的思想本质是用马尔可夫过程代替常规蒙特卡罗方法中的独立随机抽样, 马尔可夫过程得名于俄国数学家 Markov, 一个随机变量序列如果满足马尔可夫性, 也即给定当前时刻 t 的状态 X_t, 未来的状态 X_s $(s > t)$ 不受过去状态 X_u $(u < t)$ 的影响, 就称该随机序列为马尔可夫过程. 当只考虑可数指标集, 或 $t \in \{1, 2, \cdots\}$ 时, 过程称为离散时间马尔可夫过程, 而当 t 是连续时间时就是连续时间马尔可夫过程. 本书只涉及离散时间马尔可夫过程, 所有未明确说明的马尔可夫过程均为离散时间的.

定义 5.1　若定义在状态空间 $\mathcal{X}$ 上的随机变量序列 $\{X_t : t = 1, 2, \cdots\}$ 满足马尔可夫条件: 在给定当前状态 X_t 的条件下, 未来状态 X_{t+s} $(s > 0)$ 和过去状态 X_{t-s} $(s > 0)$ 独立. 也即, 对任意可测集 $\forall A \in \sigma(\mathcal{X})$ $(\sigma(\mathcal{X})$ 为包含空间 $\mathcal{X}$ 的最小 σ 域),

$$P(X_{t+1} \in A | X_1, \cdots, X_t) = P(X_{t+1} \in A | X_t),\ t = 1, 2, \cdots . \tag{5.1}$$

则称该随机变量序列 $\{X_t\}$ 为马尔可夫过程.

称概率测度

$$P_t(x, A) = P(X_{t+1} \in A | X_t = x) \tag{5.2}$$

为转移概率. 若转移概率与时间无关, 也即 $P_t(x, A) = P(X_2 \in A | X_1 = x)$, 则称马尔可夫过程 $\{X_t\}$ 为时齐的.

定义 5.2　若离散时间马尔可夫过程的状态空间 $\mathcal{X}$ 为可数集, 或可记为 $\mathcal{X} = \{0, 1, \cdots\}$ 时, 称过程为马尔可夫链, 简称为马氏链.

定义 5.3　定义时齐马氏链的转移概率 $p_{ij} = P(X_{t+1} = j | X_t = i)$, 相应的转移概率矩阵为

$$\boldsymbol{P} = \begin{pmatrix} p_{00} & p_{01} & \cdots \\ p_{10} & p_{11} & \cdots \\ \vdots & \vdots & \end{pmatrix}. \tag{5.3}$$

n 步转移概率 $p_{ij}^{(n)} = P(X_{t+n} = j | X_t = i)$, n 步转移概率矩阵可记为

$$\boldsymbol{P}^{(n)} = \begin{pmatrix} p_{00}^{(n)} & p_{01}^{(n)} & \cdots \\ p_{10}^{(n)} & p_{11}^{(n)} & \cdots \\ \vdots & \vdots & \end{pmatrix}. \tag{5.4}$$

例 5.2 (候选人造势路线续 I) 继续考虑候选人造势路线案例, 9 个岛屿 $Is_1, Is_2, \cdots, Is_9$ 人口分别为 $(100, 700, 400, 200, 350, 450, 800, 500, 200)$, 则候选人路径可视为以 $\mathcal{X} = \{Is_1, Is_2, \cdots, Is_9\}$ 为状态空间, 初始分布 $\pi^{(0)} = (\frac{1}{9}, \cdots, \frac{1}{9})$ 的马氏链, 其转移概率矩阵

$$\boldsymbol{P} = \begin{pmatrix} 0 & \frac{1}{2} & 0 & 0 & 0 & 0 & 0 & 0 & \frac{1}{2} \\ \frac{1}{14} & \frac{9}{14} & \frac{2}{7} & 0 & 0 & 0 & 0 & 0 & 0 \\ 0 & \frac{1}{2} & \frac{1}{4} & \frac{1}{4} & 0 & 0 & 0 & 0 & 0 \\ 0 & 0 & \frac{1}{2} & 0 & \frac{1}{2} & 0 & 0 & 0 & 0 \\ 0 & 0 & 0 & \frac{2}{7} & \frac{3}{14} & \frac{1}{2} & 0 & 0 & 0 \\ 0 & 0 & 0 & 0 & \frac{7}{18} & \frac{2}{18} & \frac{1}{2} & 0 & 0 \\ 0 & 0 & 0 & 0 & 0 & \frac{9}{32} & \frac{13}{32} & \frac{5}{16} & 0 \\ 0 & 0 & 0 & 0 & 0 & 0 & \frac{1}{2} & \frac{3}{10} & \frac{1}{5} \\ \frac{1}{4} & 0 & 0 & 0 & 0 & 0 & 0 & \frac{1}{2} & \frac{1}{4} \end{pmatrix}. \tag{5.5}$$

证明: 略.

定理 5.1 记马氏链 $\{X_t : t = 1, 2, \cdots\}$ 的状态空间为 $\mathcal{X} = \{0, 1, \cdots\}$, 初始分布为 $\pi^{(0)}$, 转移概率阵为 $\boldsymbol{P}$. 则时刻 n 时, 随机变量 $X_n \sim \pi^{(n)}$, 其中

$$\pi^{(n)} = \pi^{(0)} \boldsymbol{P}^{(n)},$$

这里离散分布 $\pi^{(0)}, \pi^{(n)}$ 用行向量表示.

为了更好地研究马尔可夫过程的收敛性和遍历性, 需要对马尔可夫过程的状态进行分类, 这将牵涉下述定义.

定义 5.4 (不可约)　给定概率测度 π, $\forall A \in \sigma(\mathcal{X})$ 且 $\pi(A) > 0$, 若总存在 n 使得

$$P^{(n)}(x, A) > 0, \quad \forall x \in \mathcal{X}, \tag{5.6}$$

则称以 $P(x, A)$ 为转移核的马尔可夫过程是 π 不可约的.

若只考虑离散状态空间, (5.6) 等价于: 存在整数 n 使得

$$p_{ij}^{(n)} > 0, \quad \forall i, j \in \mathcal{X}.$$

例 5.3　考虑状态空间为 $\mathcal{X} = \{1, 2, 3, 4, 5\}$ 的马氏链, 转移概率矩阵

$$\boldsymbol{P} = \begin{pmatrix} \frac{1}{4} & \frac{3}{4} & 0 & 0 & 0 \\ \frac{1}{2} & \frac{1}{2} & 0 & 0 & 0 \\ 0 & 0 & 0 & 1 & 0 \\ 0 & 0 & \frac{1}{2} & 0 & \frac{1}{2} \\ 0 & 0 & 0 & 1 & 0 \end{pmatrix}. \tag{5.7}$$

图 5.2 展示了该过程各状态间的转移概率. 显而易见状态可以分为 $\mathcal{X}_1 = \{1, 2\}$ 和 $\mathcal{X}_2 = \{3, 4, 5\}$ 两个类别, 且两个类别间状态互相不可达, 即 $P^{(n)}(t_i | t_j) = 0$, $t_i \in \mathcal{X}_1$, $t_j \in \mathcal{X}_2$, 对所有 $n > 0$. 因此这个马尔可夫过程是可约的.

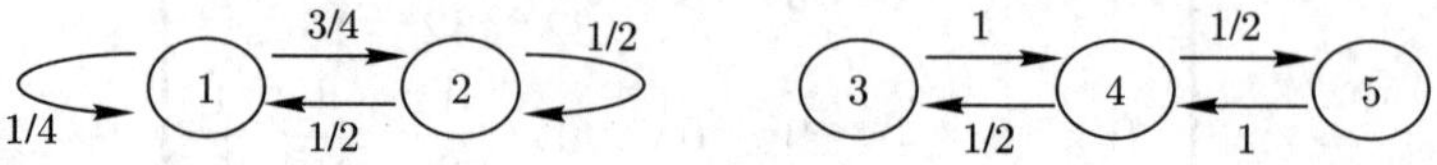

图 5.2　转移概率图

定义 5.5 (周期)　如果马尔可夫过程的某些状态只能以某个时间的倍数返回, 则称该状态为周期的 (严格的数学定义需要用到小集的概念, 详见 (Robert, Casella, 2004, chap 6.3.3)).

离散状态空间下, 状态 $i \in \mathcal{X}$ 的周期可严格定义为

$$d(i) = \text{g.c.d.}\{m \geqslant 1: P^{(m)}(i, i) > 0\}, \tag{5.8}$$

其中 g.c.d. 表示最大公约数. 易知不可约马尔可夫链所有状态的周期相同.

定义 5.6 (非周期)　周期为 1 的不可约马尔可夫过程称为非周期的.

例 5.4　　马尔可夫链有状态空间 $\{0, 1, 2, 3\}$ 和转移概率阵

$$\boldsymbol{P} = \begin{pmatrix} 0 & 1 & 0 & 0 \\ 0 & 0 & 1 & 0 \\ 0 & 0 & 0 & 1 \\ \frac{1}{2} & 0 & \frac{1}{2} & 0 \end{pmatrix}, \tag{5.9}$$

试求该过程的周期, 参看图 5.3 .

解: 显然过程的所有状态之间都是相互可达的, 即对 $\forall i, j \in \{0, 1, 2, 3, 4\}$, 总存在 n 使得 $P^{(n)}(i, j) > 0$. 所以该马尔可夫过程是不可约的. 另一方面由转移概率矩阵 (5.9) 可直接计算出 $p_{00} = 0$, $p_{00}^{(2)} = p_{00}^{(3)} = p_{00}^{(5)} = p_{00}^{(2k+1)} = 0$, $p_{00}^{(4)} = \frac{1}{2}$, $p_{00}^{(6)} = \frac{1}{4}$, $p_{00}^{(8)} = \frac{3}{8}$. 从而 $d(0) = \text{g.c.d.}\{4, 6, 8, \cdots\} = 2$. 同理可验证其他状态的周期也都为 2, 或直接根据不可约类中所有状态周期相同直接可知 $d(i) = 2, i = 0, 1, 2, 3$. 因此该马尔可夫过程周期为 2.

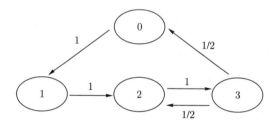

图 5.3　转移概率图

例 5.5 (候选人造势路线续 II)　　候选人造势路线马氏链为不可约和非周期的.

证明: 略.

马尔可夫过程的不可约性质可以保证状态空间中的所有点都有机会被访问到. 但是从算法的角度看, 这一保证还是太弱, 我们希望马尔可夫过程以一种更为稳定的概率扫描状态空间中的所有点. 这就需要下述常返的概念. 在给出常返概念前, 需要先定义停时.

定义 5.7 (停时, 逗留时)　　任意 $A \in \sigma(\mathcal{X})$. 马尔可夫过程第一次进入集合 A 的时间可定义为

$$\tau_A = \inf\{t \geqslant 0 : X_t \in A\}, \tag{5.10}$$

也称 τ_A 为 A 的停时, 为方便记 $\inf\{\emptyset\} = +\infty$. 马尔可夫过程进入 A 的次数可定义为

$$\eta_A = \sum_{t=1}^{\infty} 1_A(X_t),$$

也称为 A 的逗留时, 其中 $1_A(\cdot)$ 为示性函数.

注 5.1　显然 π 不可约的马尔可夫过程等价于

$$P_x(\tau_A \leqslant \infty) > 0, \ \forall x \in A, \ \forall A \in \sigma(\mathcal{X})$$

或

$$E_x[\eta_A] > 0, \ \ \forall x \in A, \ \forall A \in \sigma(\mathcal{X}),$$

其中 $E_x(\cdot)$, $P_x(\cdot)$ 表示从 x 出发的过程的期望和概率.

定义 5.8 (常返)　若对于 $\forall x \in A$,

$$E_x[\eta_A] = +\infty, \tag{5.11}$$

则称可测集 A 是常返的. 常返集 A 称为零常返的当且仅当 $E_x(\tau_A) = \infty$, 称为正常返的当且仅当 $E_x(\tau_A) < \infty$.

若 π 不可约马尔可夫过程 $\{X_t\}$ 状态空间中的所有非零概率可测集都是常返的, 则称马尔可夫过程 $\{X_t\}$ 是常返的; 否则称为瞬过的.

在有限状态空间下, $i \in \mathcal{X}$, 若 $E_i[\eta_i] = \infty$, 则称状态 i 常返. 若 $\{X_t\}$ 还是 π 不可约的, 则马尔可夫过程为常返的.

常返要求马尔可夫过程稳定地访问状态空间的每一部分, 其实这种稳定态可以继续加强, 把无穷次访问进一步提升为要求马尔可夫过程的每条轨道都能无穷次访问状态空间的所有状态.

定义 5.9 (Harris 常返)　状态集 A 满足条件

$$P_x(\eta_A = \infty) = 1, \ \ \forall x \in A, \tag{5.12}$$

则称 A 是 Harris 常返的. 若马尔可夫过程 $\{X_t\}$ 是 π 不可约的, 且任意非零测集 $A(\pi(A) > 0)$ 都是 Harris 常返的, 则称 $\{X_t\}$ 是 Harris 常返的.

常返概念刻画的是马尔可夫过程以稳定的概率访问状态空间的所有状态. 而下述不变测度的概念则刻画了 X_t 的边际分布的稳定性.

定义 5.10 (不变测度) 若 σ 有限测度 π 满足平衡条件:

$$\forall A \in \sigma(\mathcal{X}), \quad \pi(A) = \int_{\mathcal{X}} P(x, A)\pi(dx), \tag{5.13}$$

其中 $P(x, A)$ 为马尔可夫过程 $\{X_t : t = 1, 2, \cdots\}$ 的转移测度. 则称 $\pi(\cdot)$ 为马尔可夫过程 $\{X_t\}$ 的不变测度.

不变测度在决定马尔可夫过程的平稳分布中扮演了非常重要的角色, 可以说平衡条件 (5.13) 是不变测度的充要条件, 但在实际使用中直接验证平衡条件往往过于麻烦. 因此文献中提出不变测度的一个充分条件, 也被称为细致平衡条件:

$$\forall A, B \in \sigma(\mathcal{X}), \quad \int_B \int_A \pi(dx)P(x, dy) = \int_A \int_B \pi(dy)P(dx, y). \tag{5.14}$$

若只考虑绝对连续分布的情形, 即分布 π 存在密度函数 $f(x)$, 同时转移概率存在密度函数 $p(y|x)$ 和 $p(x|y)$, 则平衡条件 (5.13) 可简化为

$$f(y) = \int_{\mathcal{X}} f(x)p(y|x)dx, \tag{5.15}$$

同时细致平衡条件 (5.14) 可简化为

$$f(y)p(x|y) = f(x)p(y|x). \tag{5.16}$$

若只考虑离散状态空间情形, 则可进一步简化平衡和细致平衡条件为

$$\pi_j = \sum_{i=0}^{\infty} \pi_i P_{ij} \tag{5.17}$$

和

$$\pi_j P_{ji} = \pi_i P_{ij}, \tag{5.18}$$

其中 $\pi_i = P(X = i)$.

从上述定义不难看出: 当马尔可夫过程进入不变测度后, X_t 的边际分布将一直服从该不变测度 (分布). 若马尔可夫过程无论从什么初始分布出发, 最终都将进入唯一存在的不变测度, 则称这种过程是平稳的, 相应的极限分布 (也是不变分布) 称为马尔可夫过程的平稳分布.

例 5.6 (候选人造势路线续 III) 候选人造势路线马氏链为 π 不变的, π 为多项分布, 且与岛屿上人口成正比.

证: 直接验证平衡条件 5.17 成立, 具体过程略.

定义 5.11 (平稳分布)　若对于 $\forall A \in \sigma(\mathcal{X})$, 条件

$$\lim_{t \to \infty} P(X_t \in A) = \pi(A) \quad a.s. \ \pi \tag{5.19}$$

成立, 记号 $a.s.$ 表示几乎处处, 则称 π 为马尔可夫过程 $\{X_t\}$ 的平稳分布.

例 5.7　考虑只有 0 和 1 两个可能状态的马尔可夫过程 $\{X_t\}$, 其转移概率矩阵为

$$\boldsymbol{P} = \begin{pmatrix} 1-\alpha & \alpha \\ \beta & 1-\beta \end{pmatrix}, \quad 0 < \alpha, \beta < 1. \tag{5.20}$$

试求该过程的极限分布和不变分布.

证: 由 n 步转移概率定义可知

$$
\begin{aligned}
p_{ij}^{(n)} &= P(X_n = j | X_0 = i) \\
&= \sum_{k=0}^{\infty} P(X_n = j, X_1 = k | X_0 = i) \\
&= \sum_{k=0}^{\infty} P(X_1 = k | X_0 = i) P(X_n = j | X_1 = k) \\
&= \sum_{k=0}^{\infty} p_{ik} p_{kj}^{(n-1)},
\end{aligned}
$$

所以 n 步转移概率矩阵 $\boldsymbol{P}^{(n)} = \boldsymbol{P}^n$. 而由 (5.20) 出发可证

$$\boldsymbol{P}^n = \frac{1}{\alpha+\beta} \begin{pmatrix} \beta & \alpha \\ \beta & \alpha \end{pmatrix} + \frac{(1-\alpha-\beta)^n}{\alpha+\beta} \begin{pmatrix} \alpha & -\alpha \\ -\beta & \beta \end{pmatrix},$$

因此

$$\lim_{n \to \infty} \boldsymbol{P}^{(n)} = \lim_{n \to \infty} \boldsymbol{P}^n = \begin{pmatrix} \frac{\beta}{\alpha+\beta} & \frac{\alpha}{\alpha+\beta} \\ \frac{\beta}{\alpha+\beta} & \frac{\alpha}{\alpha+\beta} \end{pmatrix},$$

也即

$$\pi(0) = \lim_{n \to \infty} p_{00}^{(n)} = \lim_{n \to \infty} p_{10}^{(n)} = \frac{\beta}{\alpha+\beta},$$

$$\pi(1) = \lim_{n \to \infty} p_{01}^{(n)} = \lim_{n \to \infty} p_{11}^{(n)} = \frac{\alpha}{\alpha+\beta},$$

马尔可夫过程的极限分布为 $\pi = (\pi(0), \pi(1))$.

另一方面, 显然 π 为概率分布, 且 $\pi = \pi \cdot \boldsymbol{P}$ 满足平衡条件. 因此 π 同时也是 $\{X_t\}$ 的不变分布.

例 5.7 不变分布和极限分布相同的情形并不是巧合. 事实上, 若马尔可夫过程是遍历的, 则其不变分布有且唯一, 也同时为极限分布. 即遍历性可以保证马尔可夫过程在长期的运行中不论初始状态, 或初始分布是什么, 经过一段时间的运行后过程将进入一个稳定的分布中运行, 也即该过程一条轨道上的任何一个时间状态上的边际分布均服从不变分布. 直观上说明对于遍历的过程我们可以沿着一条轨道进行抽样来获得服从平稳分布非独立样本. 这正是 MCMC 算法抽样的基本原理. 为更好地定义遍历的概念, 需要用到不变测度 λ 的全变差范数

$$\|\lambda\|_{TV} = \sup_{A \in \sigma(\mathcal{X})} |\lambda(A)|, \tag{5.21}$$

其中 $|\cdot|$ 表示绝对值.

定义 5.12 (遍历) 几种不同形式的遍历可以定义如下:

(a) 正 Harris 常返, 非周期的马尔可夫过程, 称为遍历的.

(b) 一个以 $\pi(\cdot)$ 为不变分布的遍历马尔可夫过程, 若同时还满足条件: 对于 $\forall A \in \sigma(\mathcal{X})$ 且 $\pi(A) > 0$,

$$\int_A E_x(\tau_A^2)\pi(dx) < \infty \tag{5.22}$$

都成立, 则称其为二阶遍历的.

(c) 一个以 $\pi(x)$ 为不变分布的遍历马尔可夫过程, 若同时满足条件: 存在定义在 $\mathcal{X}$ 上的非负实值函数 $h(\cdot)$, 且 $E[|h(X)|] < \infty$, 使得

$$\|P^{(n)}(x,\cdot) - \pi\|_{TV} \leqslant h(x)\epsilon^n, \quad \forall x \in \mathcal{X}, \tag{5.23}$$

其中 $0 < \epsilon < 1$ 为给定常数. 则称其为几何遍历的.

(d) 在定义 (c) 中, 若存在常值函数, $h(x) \equiv M$, 使得条件 (5.23) 仍然成立; 或等价的

$$\lim_{n \to \infty} \sup_{x \in \mathcal{X}} \|P^{(n)}(x,\cdot) - \pi\|_{TV} = 0. \tag{5.24}$$

则称马尔可夫过程为一致遍历的.

Athreya 等 (1992) 证明了下述收敛定理[1].

----

[1] 本章节的定理证明过程通常都较为复杂, 涉及复杂的随机过程理论, 超出本书的讨论范围. 故证明过程都被略去, 只列出相关文献. 有兴趣的读者可自行查阅.

定理 5.2   假设马尔可夫过程 $\{X_t\}$, $t = 1, 2, \cdots$, 是 π 不可约的, 且满足平衡条件 (5.13). 则 $\{X_t\}$ 是正常返的, 且 π 为其唯一不变分布. 若马尔可夫过程还是非周期的, 则

$$\left\| P^{(n)}(x, \cdot) - \pi \right\|_{TV} \to 0, \quad a.s. \ \pi. \tag{5.25}$$

若马尔可夫过程还是 Harris 常返的, 则上述收敛对于所有 $x \in \mathcal{X}$ 都成立.

事实上, Nummelin (1984) 中的引理 6.3 间接给出了定理 5.2 的逆命题, 即若

$$\left\| P^{(n)}(x, \cdot) - \pi \right\|_{TV} \to 0, \quad \forall x \in \mathcal{X}, \tag{5.26}$$

则马尔可夫过程是 π 不可约的、正 Harris 常返的、非周期的, 且以 π 为唯一不变分布.

Tierney (1994) 给出了下述定理以验证马尔可夫过程的 Harris 常返性.

定理 5.3   若马尔可夫过程 $\{X_t\}$, $t = 1, 2, \cdots$, 是常返的, 则过程为 Harris 常返的充分必要条件: 满足

$$h(x) = \int h(y) P(x, dy), \quad \forall x \in \mathcal{X}, \tag{5.27}$$

等式的任意非负实值有界函数 $h(\cdot)$ 必是常值函数.

Tierney (1994) 给出了在后续 Gibbs 抽样中非常有用的推论.

推论 5.1   假设 $\{X_t\}$, $t = 1, 2, \cdots$, 是 π 不可约的, 且满足细致平衡条件 (5.14). 若其转移概率 $P(x, \cdot)$ 对任意 x 都关于测度 π 绝对连续, 则 $\{X_t\}$ 是 Harris 常返的.

定理 5.2 给出了马尔可夫过程轨道样本收敛到平稳分布的性质. 下述定理将回答轨道样本是否具有和简单随机样本类似的大样本性质, 以保证基于轨道样本的统计推断具有好的统计性质. 下述大数定理 5.4 摘选自 Revuz (1984) 第四章定理 3.6.

定理 5.4   假设马尔可夫过程 $\{X_t\}$ 是遍历的, $\pi(x)$ 为其平稳分布, 另 $h(x)$ 为满足 $E_f[\|h(X)\|] < \infty$ 条件的实值函数. 则对于任何初始分布都有

$$\bar{h}_n \doteq \frac{1}{n} \sum_{t=1}^{n} h(X_t) \to E_\pi[h(X)] \ a.s. \pi. \tag{5.28}$$

基于马尔可夫过程样本的中心极限定理需要更严格的条件, Tierney (1994) 给出了下述中心极限定理.

定理 5.5 假设马尔可夫过程 $\{X_t\}$ 是二阶遍历的, $\pi(x)$ 为其平稳分布, 另 $h(x)$ 为实值有界函数. 则对于任意初始分布, 都存在实数 σ_h, 使得

$$\sqrt{n}\left(\bar{h}_n - E_\pi[h(X)]\right) \to N(0,\ \sigma_h^2). \tag{5.29}$$

定理 5.6 假设马尔可夫过程 $\{X_t\}$ 是一致遍历的, $\pi(x)$ 为其平稳分布, 另 $h(x)$ 为满足 $E_\pi[h(X)^2] < \infty$ 条件的实值函数. 则对于任意初始分布, 都存在实数 σ_h, 使得

$$\sqrt{n}\left(\bar{h}_n - E_\pi[h(X)]\right) \to N(0,\ \sigma_h^2). \tag{5.30}$$

5.3 Metropolis-Hastings 算法

从 5.1 节和 5.2 节的论述可以看出: 当目标分布无法直接抽样时, 可以转变为构造以目标分布支撑[①] 为状态空间、以目标分布为平稳分布、遍历的马尔可夫过程; 当马尔可夫过程平稳后, 沿着该过程的一条或多条轨道进行抽样, 可获得满足大数定律和中心极限定理 (如定理 5.4—定理 5.6 所述) 的样本. 另一方面, 定理 5.2 告诉我们为使得构造的马尔可夫过程遍历, 必须满足: 1) 不可约的; 2) 非周期的; 3) 平衡条件 (5.13) 三个条件. 考虑到平衡条件 3) 实际操作性不强, 而细致平衡条件 (5.14) 更易实施, 可以将条件 3) 换为细致平衡条件 (5.14). 仔细分析候选人造势路线选择问题可以看出, 虽然它是从一个直观的启发式思想构造的随机游走过程, 但它恰好满足了不可约、非周期和平衡条件三个条件, 所以它的样本能非常好地逼近目标多项分布 (如图 5.1 所示). 当然这样得到的样品间互相不独立, 但大数定律和中心极限定理 5.4—定理 5.6 能保证基于这类样本的蒙特卡罗方法的有效性. 候选人路线选择算法可以看作是 Metropolis-Hastings 算法的一个雏形, 它起源于 Metropolis 算法, 因此我们先介绍 Metropolis 算法.

5.3.1 Metropolis 算法

我们知道当目标分布维度过高或目标分布不完全已知时, 如: 贝叶斯推断中的后验分布涉及求解边际分布, 需要求积分, 当该积分维度较高或被积函数过于复杂时, 积分无解析解, 一般的数值解也难以得到. 此时, 传统的样本生成

[①] 分布 π 的支撑集为所有非零概率点的合集或 $\{x:\ \pi(x)>0\}$.

方法都可能失效. 这也正是 20 世纪 50 年代初, Nicolas Metropolis 和他的合作者们在位于新墨西哥州 Los Alamos 的美国国家实验室为研制世界上第一颗氢弹时所面对的困境. 他们需要计算复杂的高维积分, 该积分形式可以描述为

$$\mathbf{I} = \int_{R^{2N}} g(\boldsymbol{x}) \exp\{-U(\boldsymbol{x})/cT\}\, d\boldsymbol{x} \Big/ \int_{R^{2N}} \exp\{-U(\boldsymbol{x})/cT\}\, d\boldsymbol{x}, \qquad (5.31)$$

$\boldsymbol{x}$ 为 $2N$ 维向量, 代表 R^2 空间中 N 个粒子 (如: 热气分子), 拥有能量函数

$$U(\boldsymbol{x}) = \frac{1}{2} \sum_{j \neq i} V(d_{ij}), \qquad (5.32)$$

其中 V 为潜在函数, d_{ij} 为粒子 i 和 j 之间欧几里得距离. 显然积分 (5.31) 式可视为函数 $g(\boldsymbol{x})$ 基于玻尔兹曼分布

$$\pi(\boldsymbol{x}) = \frac{1}{\int_{R^{2N}} \exp\{-U(\boldsymbol{x})/cT\}\, d\boldsymbol{x}} \exp\{-U(\theta)/cT\} \qquad (5.33)$$

的期望, 其中 T (通常为温度) 和 c (玻尔兹曼常数) 为分布参数. 归一化常数

$$Z(\boldsymbol{x}) = \int_{R^{2N}} \exp\{-U(\boldsymbol{x})/cT\}\, d\boldsymbol{x} \qquad (5.34)$$

涉及高维积分, 没有显式表达式. 由于积分的超高维和能量分散在大量的离散粒子群上, 通常的数值积分方法无法实施. 而标准的蒙特卡罗方法显然受困于如何对玻尔兹曼分布随机抽样. 在只有 4 页纸的超短文章 Metropolis 等 (1953) 中, Metropolis 和他的合作者们提出在玻尔兹曼分布 $\pi(\boldsymbol{x})$ 的支撑集 R^{2N} 内构造马氏链的办法模拟产生非独立的样本, 这一方法也即所谓的 Metropolis 算法. 类似于候选人造势案例, 首先需要提出一个被称为 "提案分布" 的条件分布 $T(\boldsymbol{y}|\boldsymbol{x})$, 在给定状态 $\boldsymbol{x}$ 时, 条件分布的随机样本 $\boldsymbol{y}$ 易获得, 且这里要求满足对称性, 也即 $T(\boldsymbol{y}|\boldsymbol{x}) = T(\boldsymbol{x}|\boldsymbol{y})$. Metropolis 算法的随机游走开始于一个随机选择点, 该点也称为马氏链的初始状态 $\boldsymbol{x}_0$; 若马氏链在时刻 t 时游走到状态 $\boldsymbol{x}_t$, 此时从 "提案分布"$T(\boldsymbol{y}|\boldsymbol{x}_t)$ 中生成一个随机样品 $\boldsymbol{x}_a$, 称 $\boldsymbol{x}_a$ 为备选状态, 接着以下述 Metropolis 准则决定是否接受备选状态为时刻 $t+1$ 时的状态:

1. 计算目标分布在备选状态和当前状态上的玻尔兹曼分布密度函数比值 (为方便阐述简记玻尔兹曼分布 $\pi(x) \propto f(x) = \exp(-H(x))$)

$$\alpha(\boldsymbol{x}_t, \boldsymbol{x}_a) = \frac{\exp\{-U(\boldsymbol{x}_a)/cT\}}{\exp\{-U(\boldsymbol{x}_t)/cT\}} = \exp\{-[H(\boldsymbol{x}_a) - H(\boldsymbol{x}_t)]\}.$$

2. 若比值 $\alpha(\boldsymbol{x}_t, \boldsymbol{x}_a) \geqslant 1$, 则无条件接受备选状态为新状态, 也即 $\boldsymbol{x}_{t+1} = \boldsymbol{x}_a$; 若 $\alpha(\boldsymbol{x}_t, \boldsymbol{x}_a) < 1$, 则以概率 $\alpha(\boldsymbol{x}_t, \boldsymbol{x}_a)$ 接受备选状态为新状态, 以概率 $1 - \alpha(\boldsymbol{x}_t, \boldsymbol{x}_a)$ 继续停留在当前状态, 也即 $\boldsymbol{x}_{t+1} = \boldsymbol{x}_t$.

Metropolis 算法的具体实现见算法 5.1. 注意到和前面章节中介绍的抽样算法不同, 本章介绍的所有算法包括 Metropolis 算法 5.1, 通过构造马氏链来实现抽样, 算法需要通过所谓的 "预热 (burn-in)" 过程甩掉初始值的影响, 使得抽样过程运行进入平稳分布, 也即抽样过程收敛. 因此, 所有的 MCMC 算法都需要设定 "预热步长" n_0, 关于 n_0 设定的讨论, 也即如何判断抽样过程是否收敛, 这是所有 MCMC 算法的共性问题, 我们统一放到 5.6 节中讨论.

算法 5.1 Metropolis 算法

输入: 目标分布 $\pi(\boldsymbol{x}) \propto f(x) = \exp(-H(x))$, 提案分布 $T(\cdot|\cdot)$, 预热步长 n_0 及样本容量 n.

输出: 样本 $\{\boldsymbol{x}_{n_0+1}, \cdots, \boldsymbol{x}_{n_0+n}\}$.

1. 随机产生初始状态 $\boldsymbol{x}_0$, 并令 $t := 0$.
2. **while** $t \leqslant n_0 + n$ **do**
3.   随机生成备选状态 $\boldsymbol{x}_a \sim T(\boldsymbol{x}|\boldsymbol{x}_t)$.
4.   计算 $\Delta H = H(\boldsymbol{x}_a) - H(\boldsymbol{x}_t)$.
5.   随机生成随机数 $u \sim U[0, 1]$.
6.   选定新状态

$$\boldsymbol{x}_{t+1} := \begin{cases} \boldsymbol{x}_a, & u \leqslant \exp(-\Delta H), \\ \boldsymbol{x}_t, & \text{其他}. \end{cases}$$

7. $t := t + 1$.
8. **end while**

注 5.2 为保证 Metropolis 算法最终能进入平稳分布玻尔兹曼分布中, 需验证其满足前述不可约、非周期、细致平衡条件:

- 因为玻尔兹曼分布为连续空间 R^{2N}, 因此只要在选取提案分布时, 对其稍微限制就能达到要求. 比如以当前状态为中心的正态分布或有界的均匀分布.

- 由于 Metropolis 准则保证了新状态留在原状态的可能性, 也即周期为 1.

- 下面验证细致平衡条件 (5.16) 成立: 有算法论述可知, 转移概率 $P(\boldsymbol{y}|\boldsymbol{x}) = T(\boldsymbol{y}|\boldsymbol{x}) \cdot \min\{\alpha(\boldsymbol{x}, \boldsymbol{y}), 1\}$, 所以

$$
\begin{aligned}
\pi(\boldsymbol{x})P(\boldsymbol{y}|\boldsymbol{x}) &= \pi(\boldsymbol{x})T(\boldsymbol{y}|\boldsymbol{x}) \cdot \min\{\alpha(\boldsymbol{x}, \boldsymbol{y}), 1\} \\
&= T(\boldsymbol{y}|\boldsymbol{x})\pi(\boldsymbol{x}) \cdot \min\left\{\frac{\pi(\boldsymbol{y})}{\pi(\boldsymbol{x})}, 1\right\},
\end{aligned}
$$

同理,

$$
\begin{aligned}
\pi(\boldsymbol{y})P(\boldsymbol{x}|\boldsymbol{y}) &= \pi(\boldsymbol{y})T(\boldsymbol{x}|\boldsymbol{y}) \cdot \min\{\alpha(\boldsymbol{y}, \boldsymbol{x}), 1\} \\
&= T(\boldsymbol{x}|\boldsymbol{y})\pi(\boldsymbol{y}) \cdot \min\left\{\frac{\pi(\boldsymbol{x})}{\pi(\boldsymbol{y})}, 1\right\},
\end{aligned}
$$

显然, 无论 $\pi(\boldsymbol{x}) > \pi(\boldsymbol{y})$, 还是 $\pi(\boldsymbol{x}) \leqslant \pi(\boldsymbol{y})$ 都有 $\pi(\boldsymbol{x}) \cdot \min\{\frac{\pi(\boldsymbol{y})}{\pi(\boldsymbol{x})}, 1\} = \pi(\boldsymbol{y}) \cdot \min\{\frac{\pi(\boldsymbol{x})}{\pi(\boldsymbol{y})}, 1\}$. 又提案分布 $T(\boldsymbol{y}|\boldsymbol{x})$ 是对称的, 因此可知细致平衡条件 $\pi(\boldsymbol{x})P(\boldsymbol{y}|\boldsymbol{x}) = \pi(\boldsymbol{y})P(\boldsymbol{x}|\boldsymbol{y})$.

下例展示了 Metropolis 算法在 Ising 模型中的具体应用.

例 5.8 (Ising 模型) 德国物理学家 Ernst Ising 在 1925 年提出了一个描述铁磁体的简单模型, 模型虽然十分简单, 但内涵丰富, 已经被广泛地应用于自然、社会、工业等不同领域. 磁铁在加热到一定临界温度 (居里点) 以上时会出现磁性消失的现象, 而降温到临界温度以下又会表现出磁性. 这种有磁性、无磁性两相之间的转变, 是一种连续相变 (也叫二级相变). 这种磁化率与温度的关系服从居里—外斯定律. Ising 模型的提出即为了解释铁磁物质的相变. 将铁磁体视为 N 个格点组成的 n 维晶格, 则二维晶格可记为 $N \times N$ 网格空间 $\mathcal{L} = \{(i, j) : i = 1, 2, \cdots, N; j = 1, 2, \cdots, N\}$. 每个格点均载有一个自旋粒子 (记为 $\sigma \in \mathcal{L}$, 粒子的自旋记为 x_σ, 且它只取 $+1$ 或 -1 两个值, 分别表示自旋向上与向下. 只考虑最近邻自旋相互作用, 其作用的取值原则是: 当两个相邻自旋相互平行 (沿相同方向) 时, 取 $-$, 反平行时, 取 $+$; 大于 0 对应铁磁性, 小于 0 为反铁磁性. 因此, 整个铁磁粒子分布可以抽象为随机变量场 $\boldsymbol{x} = \{x_\sigma \in \{-1, 1\} : \sigma \in \mathcal{L}\}$. 铁磁能量函数可被定义为

$$
U(\boldsymbol{x}) = -J \sum_{\sigma \sim \sigma'} x_\sigma x_{\sigma'} + \sum_{\sigma \in \mathcal{L}} h_\sigma x_\sigma, \tag{5.35}
$$

其中记号 $\sigma \sim \sigma'$ 表示相邻的两个粒子, J 称为相互作用力, h_σ 为外部磁场强度. 系统平均能量 (internal energy)

$$
E_\pi[U(X)] = \int_{\{-1, 1\}^d} U(x)\pi(x)dx. \tag{5.36}
$$

这里分布 π 为离散空间上的玻尔兹曼分布, 即

$$\pi(\boldsymbol{x}) \propto \exp\left[\frac{-U(\boldsymbol{x})}{kT}\right], \quad \boldsymbol{x} \in \{-1, 1\}^d. \tag{5.37}$$

尽管 Ising 模型是一个简单的物理模型, 目前仅有一维和二维的精确解. 三维及以上的 Ising 模型现在还没有找到解析解, 因此人们提出了不少数值方法来进行模拟. 一种典型的方法就是蒙特卡罗方法. 蒙特卡罗方法求解的关键在于玻尔兹曼分布抽样. 为方便描述, 这里只给出一维情形下, 且当 $\frac{J}{kT} = 1$, $h_\sigma = 0$(无外磁场) 时, Ising 模型 Metropolis 抽样过程. Ising 模型中只有相邻粒子才能产生能量, 因此在一维情形下, 目标分布函数可简化为

$$\pi(\boldsymbol{x}) \propto \exp\left[\sum_{i=1}^{N-1} x_i x_{i+1}\right], \ x_i \in \{-1, 1\}, \ i = 1, \cdots, N. \tag{5.38}$$

从概率分布公式 (5.38) 可以看出, 分布 π 是离散的, 本质上是多项分布, 概率分布在 2^N 个点上. 因此传统的抽样方法需要将每个可能点上的概率值算出, 然后进行抽样. 当 N 稍微大时, 传统的抽样方法效率将会非常低. 另一方面, 这个目标分布和例 5.1 中的候选人造势路线问题在本质上具有相似性, 因此使用 Metropolis 算法是个不错的选择. 这里采用邻域的概念构造提案分布, 定义所有与状态 $\boldsymbol{x}$ 只在一个位置上不同的状态组成的集合称为 $\boldsymbol{x}$ 的邻域 $\mathcal{N}(\boldsymbol{x})$; 提案分布为邻域 $\mathcal{N}(\boldsymbol{x})$ 上的均匀分布, 也即 $T(\boldsymbol{y}|\boldsymbol{x}) = a_0, \ \boldsymbol{y} \in \mathcal{N}(\boldsymbol{x})$. 具体抽样过程见算法 5.2.

算法 5.2 在 R 语言中容易实现, 图 5.4 展示了 Metropolis 抽样的前 2000 和 50000 次抽样中状态和 $M^{(t)} = \sum_{i=1}^{N} x_i^{(t)}$ 的轨迹.

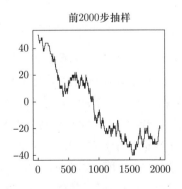
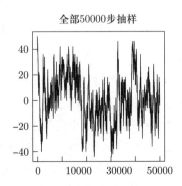

图 5.4 一维 Ising 模型抽样轨迹图

同时作为参照我们也采用了另一种精确抽样方法 (具体参见 (Liu, 2001, 2.4 节)). 对于目标分布 (5.38), 易证边际分布 $P(x_N = 1) = P(x_N = -1) = $

算法 5.2 玻尔兹曼分布 (5.38) 的 Metropolis 抽样

输入: 玻尔兹曼分布 $\pi(\boldsymbol{x})$, 预热步长 n_0 及样本容量 n.

输出: 样本 $\{\boldsymbol{x}_{n_0+1}, \cdots, \boldsymbol{x}_{n_0+n}\}$.

1. 给定初始状态 $\boldsymbol{x} = \{1, 1, \cdots, 1\}$ 并令 $t := 0$.

2. **while** $t \leqslant n_0 + n$ **do**

3. 　　随机挑选位置 i, 令 $x_i = -x_i^{(t)}$, $x_j = x_j^{(t)}$, $j \neq i$, 得到备选状态 $\boldsymbol{x} = (x_1, \cdots, x_N)$. 显然提案分布具有对称性.

4. 　　计算 Metropolis 比率

$$r = \frac{\pi(\boldsymbol{x})}{\pi(\boldsymbol{x}^{(t)})} = \begin{cases} \exp\left[-2x_i^{(t)} \left[(x_{i-1}^{(t)} + x_{i+1}^{(t)})\right]\right], & j \neq 1 \text{ 或 } N, \\ \exp\left[-2x_1^{(t)} x_2^{(t)}\right], & i = 1, \\ \exp\left[-2x_N^{(t)} x_{N-1}^{(t)}\right], & i = N. \end{cases}$$

5. 　　随机生成随机数 $u \sim U[0,1]$. 若 $u \leqslant r$, 则 $\boldsymbol{x}^{(t+1)} := \boldsymbol{x}$; 否则 $\boldsymbol{x}^{(t+1)} := \boldsymbol{x}^{(t)}$.

6. 　　$t := t + 1$.

7. **end while**

1/2 及条件分布

$$P(x_j = x_{j+1}|x_{j+1}) = e/(e + e^{-1}), \quad P(x_j = -x_{j+1}|x_{j+1}) = e^{-1}/(e + e^{-1}).$$

因此, 目标分布可以通过从 x_N 出发, $x_{N-1}, \cdots, x_1$ 逐步递归抽样实现.

观察图 5.4 可以发现. 轨迹在 2000 步后已经明显脱离了初始值的影响, 但即使在 50000 步的总抽样中仍能看到, 抽样有明显的强自相关性. 为此, 在 Metropolis 抽样中, 通常建议去掉一定数量的前期样本, 也就是所谓的预热样本, 显然这里可以将预热步设为 2000. 另外, 若发现样本间有较强的自相关性, 可以采取跳跃式抽取样本方法, 如每隔 50 步选一个样本. 由于 Metropolis 每次抽样的计算明显比精确抽样少, 因此在使用 50 步间隔抽样时, Metropolis 抽样和精确抽样计算耗时相当. 而两种方法得到的样本显示的直方图 (见图 5.5) 也基本差不多.

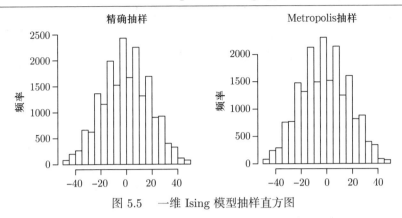

图 5.5 一维 Ising 模型抽样直方图

5.3.2 Metropolis-Hastings 算法

Metropolis 算法在构造马尔可夫过程时, 使用了对称的条件分布作为提案分布. 这给它的使用带来一定的限制. Hastings (1970) 将算法进行了推广, 将提案分布的条件弱化为: "任何满足 $T(x|y) > 0 \Leftrightarrow T(y|x) > 0$ 的条件分布均可以用作提案分布." 具体见算法 5.3. 文献中也称其为 Metropolis-Hastings (MH) 算法.

算法 5.3 Hastings 算法

输入: 目标分布 $\pi(\boldsymbol{x})$, 提案分布 $T(\cdot|\cdot)$, 预热步长 n_0 及样本容量 n.

输出: 样本 $\{\boldsymbol{x}_{n_0+1}, \cdots, \boldsymbol{x}_{n_0+n}\}$.

1. 随机产生初始状态 $\boldsymbol{x}_0$, 并令 $t := 0$.

2. **while** $t \leqslant n_0 + n$ **do**

3.   随机生成备选状态 $x' \sim T(x|x^{(t)})$.

4.   计算接受函数

$$r(x^{(t)}, x') = \min\left\{1, \ \frac{\pi(x')T(x^{(t)}|x')}{\pi(x^{(t)})T(x'|x^{(t)})}\right\}. \tag{5.39}$$

5.   随机生成随机数 $u \sim U[0,1]$.

6.   选定新状态

$$x^{(t+1)} := \begin{cases} x', & \text{当 } u \leqslant r(x^{(t)}, x') \text{ 时}, \\ x^{(t)}, & \text{其他}. \end{cases}$$

7. $t := t + 1$.

8. **end while**

注 5.3　　如注 5.2 中所述, Metropolis 算法中提案分布的对称性保证了细致平衡条件的成立, 而 MH 算法中对对称性没做要求. 因此这里我们重新验证 MH 算法是否满足细致平衡条件.

转移概率 $P(\boldsymbol{y}|\boldsymbol{x}) = T(\boldsymbol{y}|\boldsymbol{x}) \cdot r(\boldsymbol{x}, \boldsymbol{y})$, 所以

$$
\begin{aligned}
\pi(\boldsymbol{x})P(\boldsymbol{y}|\boldsymbol{x}) &= \pi(\boldsymbol{x})T(\boldsymbol{y}|\boldsymbol{x}) \cdot r(\boldsymbol{x}, \boldsymbol{y}) \\
&= T(\boldsymbol{y}|\boldsymbol{x})\pi(\boldsymbol{x}) \cdot \min\left\{1, \frac{\pi(\boldsymbol{y})T(\boldsymbol{x}|\boldsymbol{y})}{\pi(\boldsymbol{x})T(\boldsymbol{y}|\boldsymbol{x})}\right\},
\end{aligned}
$$

同理,

$$
\begin{aligned}
\pi(\boldsymbol{y})P(\boldsymbol{x}|\boldsymbol{y}) &= \pi(\boldsymbol{y})T(\boldsymbol{x}|\boldsymbol{y}) \cdot r(\boldsymbol{y}, \boldsymbol{x}) \\
&= T(\boldsymbol{x}|\boldsymbol{y})\pi(\boldsymbol{y}) \cdot \min\left\{1, \frac{\pi(\boldsymbol{x})T(\boldsymbol{y}|\boldsymbol{x})}{\pi(\boldsymbol{y})T(\boldsymbol{x}|\boldsymbol{y})}\right\},
\end{aligned}
$$

显然, 无论 $\pi(\boldsymbol{x})T(\boldsymbol{y}|\boldsymbol{x}) > \pi(\boldsymbol{y})T(\boldsymbol{x}|\boldsymbol{y})$ 还是 $\pi(\boldsymbol{x})T(\boldsymbol{y}|\boldsymbol{x}) \leqslant \pi(\boldsymbol{y})T(\boldsymbol{x}|\boldsymbol{y})$ 都有 $\pi(\boldsymbol{x})P(\boldsymbol{y}|\boldsymbol{x}) = \pi(\boldsymbol{y})P(\boldsymbol{x}|\boldsymbol{y})$. 也即细致平衡条件 $\pi(\boldsymbol{x})P(\boldsymbol{y}|\boldsymbol{x}) = \pi(\boldsymbol{y})P(\boldsymbol{x}|\boldsymbol{y})$ 成立.

表 5.1　分组频数数据

区间	频数
< 66	14
$66 \leqslant \cdot < 68$	30
$68 \leqslant \cdot < 70$	49
$70 \leqslant \cdot < 72$	70
$72 \leqslant \cdot < 74$	33
$\geqslant 74$	15

数据摘自 Albert (2009).

例 5.9 (分组正态数据贝叶斯推断)　　在很多社会调查中只能获得截断的频数数据, 如某个族群的升高或体重频数数据. 本例一个正态分布 $N(\mu, \sigma^2)$ 样本被随机产生, 但只有截断的频数数据 (分组数据) 被记录下来, 见表 5.1.

基于表 5.1 的分组数据, 易得关于参数 $\theta = (\mu, \sigma)$ 的似然函数

$$
\begin{aligned}
L(\mu, \sigma) = {}& \Phi(66, \mu, \sigma)^{14} \times (\Phi(68, \mu, \sigma) - \Phi(66, \mu, \sigma))^{30} \\
& \times (\Phi(70, \mu, \sigma) - \Phi(68, \mu, \sigma))^{49} \times (\Phi(72, \mu, \sigma) - \Phi(70, \mu, \sigma))^{70} \\
& \times (\Phi(74, \mu, \sigma) - \Phi(72, \mu, \sigma))^{33} \times (1 - \Phi(74, \mu, \sigma))^{15}. \tag{5.40}
\end{aligned}
$$

假设无信息先验分布 $f(\mu, \sigma) \propto 1/\sigma$, 则可得后验分布函数

$$f(\theta | data) \propto \frac{1}{\sigma} L(\mu, \sigma). \tag{5.41}$$

做变换 $\lambda = \log(\sigma)$, 可得 (μ, λ) 的密度函数

$$f(\mu, \sigma | data) \propto L(\mu, \exp(\lambda)). \tag{5.42}$$

为估计 $E(\mu, \sigma | data)$, 需对分布 $f(\mu, \sigma | data)$ 进行抽样. 为使用 MH 算法 5.3 抽样, 采用 $N(\theta^{(t)}, \Sigma_0)$, $\Sigma_0 = \begin{pmatrix} 1 & 0 \\ 0 & 1 \end{pmatrix}$ 作为提案分布, 具体见算法 5.4.

将算法 5.4 在 R 语言中实现, 去掉前 500 次作为预热后抽取 5000 个点作为样本, 并计算其样本均值可得 $\hat{\mu} = 70.1659$, $\hat{\sigma} = 0.9504$ (Albert, 2009, 6.7 节). 使用数值方法直接优化对数似然函数获得极值点结果为 $\hat{\mu} = 70.1699$, $\hat{\sigma} = 0.9736$. 两者相差不多.

算法 5.4 分组正态数据的 MH 算法

输入: 目标分布 $L(\mu, \exp(\lambda))$, 预热步长 n_0 及样本容量 n.

输出: 样本 $\{\theta_{n_0+1}, \cdots, \theta_{n_0+n}\}$.

1. 初始值 $\theta^{(0)} = (70, 1)$, 并令 $t := 0$.
2. **while** $t \leqslant n_0 + n$ **do**
3.   随机生成备选状态 $\theta' \sim N(\theta^{(t)}, \Sigma_0)$.
4.   计算接受函数

$$r(\theta^{(t)}, \theta') = \min \left\{ 1, \frac{f(\theta' | data) \phi(\theta^{(t)} | \theta', I)}{f(\theta^{(t)} | data) \phi(\theta' | \theta^{(t)}, I)} \right\}, \tag{5.43}$$

    其中 $\phi(\cdot | \theta, I)$ 表示期望为 θ, 方差为 I 的正态分布密度函数.

5.   随机生成随机数 $u \sim U[0, 1]$.
6.   选定新状态

$$\theta^{(t+1)} := \begin{cases} \theta', & \text{当 } u \leqslant r(\theta^{(t)}, \theta') \text{ 时.} \\ \theta^{(t)}, & \text{否则.} \end{cases}$$

7. $t := t + 1$.
8. **end while**

不难看出, 当提案分布 $T(x|y)$ 满足对称性时, Metropolis-Hastings 算法即退化为 Metropolis 算法. 事实上, 文献中还有其他接受函数的定义方式, 具体参见 Liu (2001) (或中译本 —— 唐年胜, 周勇, 徐亮 (2009)). 事实上, 提案分布的选择在很大程度上决定了算法抽样的效率. 下面我们给出两种使用不同提案分布形式的 MH 算法特例.

当备选状态 x' 的抽取与当前状态 $x^{(t)}$ 无关, 即 $T(x|x^{(t)}) = g(x)$. 这种提案分布与当前状态独立的 MH 算法被称为独立 MH 算法. 事实上, 独立抽样算法 5.5 也被视为广义的接受拒绝算法. 因此, 只要满足条件:

$$supp\{\pi(x)\} \subseteq supp\{g(x)\},$$

则容易验证独立算法生成的马尔可夫过程是不可约和非周期的.

算法 5.5 独立算法

输入: 目标分布 $\pi(\boldsymbol{x})$, 提案分布 $g(\cdot)$, 预热步长 n_0 及样本容量 n.

输出: 样本 $\{\boldsymbol{x}_{n_0+1}, \cdots, \boldsymbol{x}_{n_0+n}\}$.

1. 随机产生初始状态 $\boldsymbol{x}_0$, 并令 $t := 0$.
2. **while** $t \leqslant n_0 + n$ **do**
3. 　　随机生成备选状态 $x' \sim g(x)$.
4. 　　随机生成随机数 $u \sim U[0,1]$, 选定新状态

$$x^{(t+1)} := \begin{cases} x', & \text{如果 } u \leqslant \min\left\{\dfrac{\pi(x')g(x^t)}{\pi(x^t)g(x')}\right\}, \\ x^{(t)}, & \text{否则.} \end{cases}$$

5. 　　$t := t + 1$.
6. **end while**

若提案分布可以表示为 $T(x|x^{(t)}) = g(|x - x^{(t)}|)$, 此时备选状态的被选取概率依赖于其与当前状态的距离, 距离相同的状态有同等概率被选中. 这类 MH 算法被称为随机游走 MH 算法. 常见的球面等高分布, 如刻度化标准正态分布和 t 分布, 常被用作提案分布 $g(\cdot)$. 具体过程见算法 5.6. 注意到算法 5.6 中球面等高分布中刻度化参数 σ 起到控制游走步长的作用, 也称为步长参数; 当然也可采用两步法实现该步骤: 独立于当前状态分别独立抽取方向向量和步长变量. 显然影响算法 5.6 的关键参数为步长变量的选取, 或等高球面分布的刻度参数的选择. 通常小步长参数导致游走链高接受率和高自相关

性, 大步长参数对应了小的接受概率. Roberts, Rosenthal (2001); Gelman 等 (1996) 建议使用一个合适的步长将接受概率控制在 20%—40% 的范围内较合适. 更多的讨论参见 Sherlock 等 (2010, 2014); Haario (2001); Andrieu, Thoms (2008) 以及 Liang 等 (2010, 8.1 节).

算法 5.6 随机游走算法

输入: 目标分布 $\pi(\boldsymbol{x})$, 球面等高分布 g_σ, 预热步长 n_0 及样本容量 n.

输出: 样本 $\{\boldsymbol{x}_{n_0+1}, \cdots, \boldsymbol{x}_{n_0+n}\}$.

1. 随机产生初始状态 $\boldsymbol{x}_0$, 并令 $t := 0$.
2. **while** $t \leqslant n_0 + n$ **do**
3.   随机生成球面等高分布随机数 $\epsilon \sim g_\sigma$, 备选状态 $x' = x^{(t)} + \epsilon$.
4.   随机生成随机数 $u \sim U[0, 1]$, 选定新状态

$$
x^{(t+1)} := \begin{cases} x', & \text{如果 } u \leqslant \dfrac{\pi(x')}{\pi(x^t)}, \\ x^{(t)}, & \text{否则}. \end{cases}
$$

5. $t := t + 1$.
6. **end while**

例 5.10 考虑使用随机游走算法抽取混合正态分布 $f(x) = 0.4 \cdot \phi(3,1) + 0.6 \cdot \phi(8, 1.2^2)$. 由于目标分布为一维分布. 我们选取一维正态分布作为提案分布. 因此在给定当前状态 $x^{(t)}$ 时, 随机游走算法迭代过程可描述为:

- 随机生成 $\epsilon \sim N(0, \sigma^2)$, 备选状态 $x' = x^{(t)} + \epsilon$.

- 随机生成随机数 $u \sim U[0, 1]$, 选定新状态

$$
x^{(t+1)} = \begin{cases} x', & \text{如果 } u \leqslant \dfrac{\pi(x')}{\pi(x^t)}, \\ x^{(t)}, & \text{否则}. \end{cases}
$$

若取 $\sigma = \sqrt{6}$, 预热 500 步后抽取 5000 个样本. 样本轨迹如图 5.6 左侧所示. 图 5.6 右侧为样本点直方图, 核密度估计曲线也能较好地吻合混合分布理论密度曲线 (图中虚线).

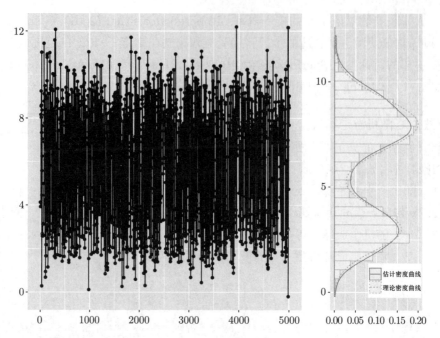

图 5.6　一维混合正态随机游走抽样轨迹和直方图 (直方图中虚线为理论密度函数曲线, 实线为估计密度曲线)

　　为了演示步长参数 σ 对马氏链接受率和自相关的影响, 我们分别采用 $\sigma = \sqrt{0.5}$ 和 $\sigma = \sqrt{15}$ 再次运行随机游走 MH 算法. 并计算接受率

$$ACR = \frac{1}{N} \sum_{t=1}^{N} 1\left\{ u \leqslant \frac{\pi(x')}{\pi(x^t)} \right\},$$

其中 N 为算法迭代次数. 具体 ACR 结果见表 5.2, 自相关图见图 5.7.

表 5.2　不同步长参数下随机游走 MH 算法的接受率

σ^2	0.5	6	15
ACR	0.867	0.295	0.175

　　从自相关图 5.7 可以明显看出在小步长时, 样本间有强烈的自相关性. 而在大步长时, 自相关性只存在于时间间隔 15 阶以内.

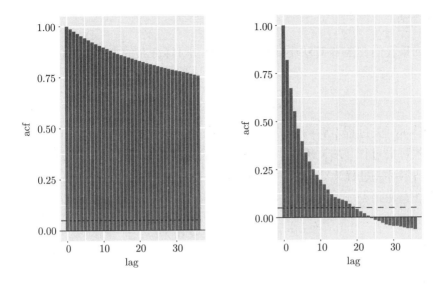

图 5.7   一维混合正态随机游走抽样自相关图

5.3.3   Metropolis-Hastings 算法的收敛理论

5.2 节中的马尔可夫过程理论保证了遍历马尔可夫过程轨道样本最终会收敛至不变分布. 这一节我们简单说明 MH 算法的抽样过程产生的马尔可夫链是遍历的. 进而说明 MH 抽样的合理性.

定理 5.7   记 $\{X_t\}, t = 1, 2, \cdots$, 由 MH 算法 5.3 产生的马尔可夫过程, 若对任意 $x \in \mathcal{X} = supp(\pi)$, 满足条件 $supp(T(\cdot|x)) \supseteq \mathcal{X}$, 则该马尔可夫过程的转移核和目标分布 π 满足细致平衡条件, 即 π 为该马尔可夫过程的不变分布.

证明: 由算法算法 5.3 可知马尔可夫过程 $\{X_t\}$ 的转移核

$$p(x, y) = T(y|x) \cdot r(x, y) + \delta_x(y) Z(x \to y), \tag{5.44}$$

其中 $Z(x \to y) = \left(1 - \int T(y|x) \cdot r(x, y) dy\right)$, $\delta_x(y)$ 为 Drichlet 测度核, 即当 $x = y$ 时, $\delta_x(y) = 1$; 否则 $\delta_x(y) = 0$.

另一方面, 不难验证

$$\begin{cases} T(y|x) \cdot r(x, y)\pi(x) = T(x|y) \cdot r(y, x)\pi(y), \\ \delta_x(y) \cdot Z(x \to y) \cdot \pi(x) = \delta_y(x) \cdot Z(y \to x) \cdot \pi(y). \end{cases} \tag{5.45}$$

也即细致平衡条件成立, 所以目标分布 π 为 MH 抽样过程 $\{X_t\}$ 的不变概率测度. 证毕.

如果我们在 MH 算法中要求提案分布和目标分布的支撑满足包含关系, 即

$$\bigcup_{x \in \mathcal{X}} supp(T(\cdot|x)) \supseteq \mathcal{X},$$

显然马尔可夫过程 $\{X_t\}$ 是 π 不可约的. 另外, 只需假定 $P(X^{(t+1)} = X^{(t)}) > 0$, 则马尔可夫过程 $\{X_t\}$ 还是非周期的. 结合定理 5.2, 我们不难知道, 目标分布 π 为马尔可夫过程 $\{X_t\}$ 的唯一平稳分布. 因此 MH 抽样过程 $\{X_t\}$ 是遍历的, 且对任意初始点 $x \in \mathcal{X}$,

$$\left\| P^{(n)}(x, \cdot) - \pi \right\|_{TV} \to 0, \quad a.s. \ \pi \tag{5.46}$$

皆成立.

同理根据定理 5.4 不难验证 MH 马尔可夫过程 $\{X_t\}$ 的大数定律也成立, 即对任意实值函数 $h \in L^1(\pi)$ (或 $E_\pi [|h(x)|] < \infty$),

$$\frac{1}{n} \sum_{t=1}^n h(X_t) \to E_f[h(X)] \quad a.s. \pi. \tag{5.47}$$

关于 $\{X_t\}$ 的中心极限定理需要更严格的条件, 具体可参见 Tierney (1994).

例 5.11 (例 5.10 续 I)　仍然考虑步长 $t = 6$ 随机游走抽样, 在去掉 1000 个预热抽样后. 抽取了 10000 个样本点. 沿着抽样时间, 我们计算了在不同样本容量下样本均值的变化趋势. 并将变化趋势展示在图 5.8 中. 同时作为参考, 我们也使用了一般的混合正态抽样方法抽取样本容量为 10000 的独立同

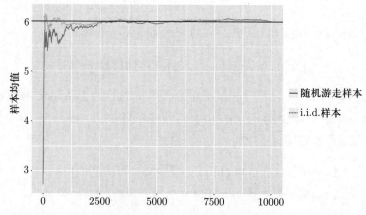

图 5.8　一维混合正态样本均值走势图 (i.i.d. 样本为两个正态样本依混合概率混合得到)

分布 (i.i.d.) 随机样本, 并计算出随样本容量变化的样本均值走势. 从走势图可以看到, 随着样本容量的增大, 随机游走样本的收敛速度较 i.i.d. 样本慢, 但最终也收敛至理论均值 6. 这也印证了定理 5.47 的大数收敛性质.

5.3.4 Metropolis-Hastings 算法的缺陷

作为重要的 MCMC 算法之一, MH 算法无论在应用还是统计理论研究中都有重要的意义. 然而如许多学者指出的, 它也有许多缺陷, 其中最受人关注的便是 MH 算法容易陷入多峰目标函数的局部极值中无法逃脱, 从而造成抽样的有偏性. 下述 2 维混合正态分布例题展示了 MH 算法的这种局限性.

例 5.12 (2 维混合正态分布)　考虑混合正态分布

$$0.5N(\mu_1, \Sigma_1) + 0.5N(\mu_2, \Sigma_2),$$

其中 $\mu_1 = \begin{pmatrix} 6 \\ 6 \end{pmatrix}$, $\Sigma_1 = \begin{pmatrix} 2 & 0.6 \\ 0.6 & 2 \end{pmatrix}$, $\mu_2 = \begin{pmatrix} 0 \\ 0 \end{pmatrix}$, $\Sigma_2 = \begin{pmatrix} 1 & 0.4 \\ 0.4 & 1 \end{pmatrix}$. 采用 MH 算法对混合正态分布进行抽样, 每次从区域 $[-2, 8] \times [-2, 8]$ 中随机产生一个点作为抽样算法的初始点, 提案分布设为 $N(\boldsymbol{x}^{(t)}, I)$. 图 5.9 展示了 4 次随机抽样 500 个样本点轨迹变化图. 可以看出 4 次抽样中, 有两次完全陷入单峰内抽样图, 另一峰内完全无抽样. 图 5.9 (b) 陷入右上角的单峰内, 而图 5.9 (d) 则陷入左下角单峰内. 另两次抽样如 (a) 和 (c) 虽然没有完全陷入单峰内抽样, 但在两个峰间的转换次数非常少, 事实上只有一次转换. 这种抽样方式得到的结果显然会造成极大的偏差. 表 5.3 展示了基于 2000 次重复抽取样本容量为 500 的样本对混合正态分布进行统计推断的结果. 该结果也显示出这种有偏抽

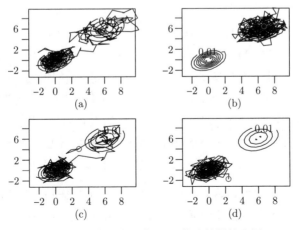

图 5.9　混合正态分布 MH 算法抽样轨迹图

样导致的推断结果与真实值之间的较大偏差. 为方便比较表 5.3 也列出了先使用正态分布分别抽样, 然后按比例混合的样本进行推断的结果.

　　MH 算法的另一大困境是提案分布的选取, 当目标分布为非常见分布, 且分布形式复杂时, 如何选取提案分布可能在很大程度上影响到马尔可夫过程的收敛速度 (也称为混合速度). 为克服 MH 算法易陷入某些峰值附近抽样的缺陷, 提高算法的混合速度, 一些新的算法思想被相继提出以改进 MH 算法 (Liang 等, 2010; Liu, 2001).

表 5.3　两种抽样下特征估计偏差及标准误

	正态混合方法		MH 算法	
	x_1	x_2	x_1	x_2
均值	$-0.006(0.146)$	$-0.003(0.147)$	$-1.552(2.044)$	$-1.55(2.045)$
方差	$0.005\ (0.346)$	$-0.002(0.344)$	$-6.888(3.546)$	$-6.897(3.542)$
协方差	$0.003\ (0.279)$	$0.003\ (0.279)$	$-6.677(3.378)$	$-6.677(3.378)$
0.25% 分位数	$-0.001(0.096)$	$0.004\ (0.098)$	$0.236\ (1.803)$	$0.238\ (1.805)$
中位数	$0.088\ (0.846)$	$0.09\ (0.844)$	$-1.111(2.244)$	$-1.108(2.25)$
0.75% 分位数	$-0.011(0.138)$	$-0.009(0.139)$	$-3.395(2.624)$	$-3.389(2.624)$

注: 偏差和标准误是基于 2000 次重复模拟计算所得.

5.3.5　推广算法

这小节将介绍几种常见的 MH 推广抽样算法.

1. 击跑算法 (hit and run)

　　MH 算法以马尔可夫链的形式解决了复杂目标分布函数形式随机数抽样的问题, 另有一类 MCMC 算法被提出用来解决复杂区域 (任意凸面体 D) 上随机数的抽样问题. 其中击跑算法 (Smith, 1984) 是一种 100% 接受率的 MCMC 抽样器. Lovász (1999) 和 Lovász, Vempala (2004) 证明了击跑算法在复杂凸多面体内点的抽样较其他 MCMC 算法有更快的混合效率. Tervonen 等 (2013) 和 Montiel, Bickel (2013) 用击跑算法抽取单纯形和任意多面体交集区域内的随机数. Tervonen 等 (2013) 开发了相关的 R 语言包用以实现击跑算法.

　　例 5.13 (最优投资组合)　投资组合风险和回报是金融领域异常重要的问题. 某组织或个人考虑将其资产分成 p 份分别投向金融市场上的 p 种投资方式, 其中每份投资占比 $x_1, \cdots, x_p$, 称 $\boldsymbol{x}' = (x_1, \cdots, x_p)$ 为投资组合, 因为 x_i

算法 5.7 击跑算法

输入: 目标分布 $\pi(\boldsymbol{x})$, 预热步长 n_0 及样本容量 n.

输出: 样本 $\{x_{n_0+1}, \cdots, x_{n_0+n}\}$.

1. 随机产生初始状态 $\boldsymbol{x}_0$, 并令 $t := 0$.
2. **while** $t \leqslant n_0 + n$ **do**
3.   生成随机数 u, u 服从单位球面上的均匀分布, u 即为抽取备选点的方向.
4.   以 $x^{(t)}$ 为初始点, u 为方向, 构造射线. 并计算该射线与目标区域边界的交点 ξ, 得到线段 $[x^{(t)}, \xi]$.
5.   在线段 $[x^{(t)}, \xi]$ 随机抽取新的点 x, 并更新状态为 $x^{(t+1)} := x$.
6. $t := t + 1$.
7. **end while**

为第 i 种投资方式所占资产比, 因此 $\sum_{1 \leqslant i \leqslant p} x_i = 1$. 若可以使用高风险的 "做空" 投资方式, 则 x_i 可以小于 0. 由于 "做空" 的巨大潜在风险, 很多资产管理公司都不允许使用 "做空". 则 $\sum_{1 \leqslant i \leqslant p} x_i = 1, x_i \geqslant 0$. 假设第 i 种投资方式的回报率为 r_i, 则该投资组合的总回报率 $r = \sum_{1 \leqslant i \leqslant p} x_i r_i$. 如何找到最优的投资组合是许多金融学家、统计学家研究的重要问题. 如著名的 Markowitz 均值方差组合模型最优投资组合为下述二次优化问题的解 (Markowitz, 1959):

$$\min \{\boldsymbol{x}' \Sigma \boldsymbol{x}\} \quad \text{st} \quad \boldsymbol{\mu}' \boldsymbol{x} \geqslant \mu_0, \sum_{1 \leqslant i \leqslant p} x_i = 1,$$

其中 $\Sigma, \boldsymbol{\mu}$ 为随机向量回报率的协差阵和期望, μ_0 为常数. 更多的关于最优投资组合的讨论可参考 Li, Ng (2000) 及其中的相关文献. 另外, 投资组合考虑的是在不同金融产品或市场上的投资比例, 实际应用中很多投资公司或主体考虑到一些先验的信息, 会对各种金融产品或某一行业内的不同金融产品的投资比例做出一些额外的限制, 如单个产品的上下界限制 $a \leqslant x_i \leqslant b$, 或线性限制 $A \cdot \boldsymbol{x} \leqslant c$. 因此要找最优投资组合往往都涉及复杂的高维优化. 蒙特卡罗方法是其中使用最广泛的方法之一. 蒙特卡罗方法需要在特定区域 $D = \{\boldsymbol{x}\} \subset R^p$ 上产生大量的随机数 (代表不同的投资组合). 为方便演示这里只考虑一个 $p = 3$ 的简单案例, 具体区域为

$$D = \left\{\boldsymbol{x} = (x_1, x_2, x_3)^T \middle| 0.3 \leqslant x_1 \leqslant 0.8, 0.15 \leqslant x_2, 0.7 \leqslant x_1 + 2x_2, \sum_{i=1}^{3} x_i = 1\right\},$$

如图 5.10 所示, 由于目标区域实际为二维的, 故需要先将区域变换到二维空间中才能进行抽样, Tervonen (2013) 给出了具体的变化方法. 这里我们采用 Xiong 等 (n.d.) 的方法, 直接在将区域投影至 (x_1, x_2) 空间中 (具体见图 5.11), 并在此区域内进行击跑算法抽样. 具体实现方法可使用 R 包 "hitandrun" (Gert, Tommi, 2019). 图 5.12 展示了去除 200 次预热后的 300 个样本散点图.

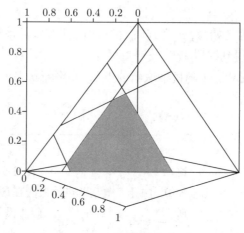

图 5.10　限制条件单纯形

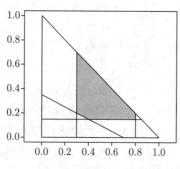

图 5.11　限制条件单纯形投影图

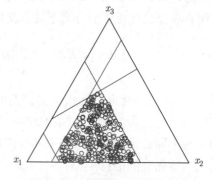

图 5.12　击跑算法抽样散点图

2. 多点测试 MH 算法

虽然从理论原理上来说, Metropolis 算法 5.1 可以对几乎任何目标分布进行抽样. 但在实际使用中, 要找到一个好的提案分布往往比较困难. 虽然 MH 算法 5.3 将 Metropolis 中提案分布的对称性要求去掉了. 但实际中仍然有很多情况, 由于无法找到好的提案分布而致使抽样的马氏链收敛缓慢, 导致抽样

方法失效. 这也是不需要选取提案分布的随机游走算法在实际中被普遍使用的重要原因. 但如例 5.10 所示, 随机游走算法中步长参数的选择是个两难的困境. 过小的步长会让马尔可夫过程在目标分布支撑区域内移动过慢, 反之一个大的步长会大大降低新备选状态的接受概率, 从而导致马尔可夫过程长时间停滞在某一状态. 这两种情形最后都会导致超级缓慢的收敛过程. 为降低提案分布对 MH 算法的不利影响, Liu 等 (2000) 提出了从提案分布中一次抽样 k 个独立备选状态, 再依据重要性抽样原理和 Metropolis 准则选取最好备选状态, 并称这种方法为多点测试 Metropolis 算法 (multiple-try Metropolis, MTM). MTM 算法需要提案分布满足 $T(y|x) > 0 \Leftrightarrow T(x|y) > 0$. 又令 $\lambda(x,y)$ 为关于 (x,y) 的非负对称函数, 且当 $T(y|x) > 0$ 时, 一定有 $\lambda(x,y) > 0$. 同时定义

$$w(x,y) = f(x)T(y|x)\lambda(x,y). \tag{5.48}$$

则 MTM 算法的具体步骤见算法 5.8.

算法 5.8 MTM 算法

输入: 目标分布 $\pi(\boldsymbol{x})$, 提案分布 $T(\cdot|\cdot)$, 预热步长 n_0 及样本容量 n.

输出: 样本 $\{x_{n_0+1}, \cdots, x_{n_0+n}\}$.

1. 随机产生初始状态 $\boldsymbol{x}_0$, 并令 $t := 0$.

2. **while** $t \leqslant n_0 + n$ **do**

3. 从提案分布 $T(y|x)$ 中独立抽取 k 个点, 记为 $y_1, y_2, \cdots, y_k$, 并计算 $w_i = w(y_i, x)$, $i = 1, \cdots, k$.

4. 从多项分布 $\begin{pmatrix} y_1 & y_2 & \cdots & y_k \\ w_1' & w_2' & \cdots & w_k' \end{pmatrix}$, 其中 $w_i' = w_i / \sum_1^k w_i$, 中抽取点 y.

5. 从分布 $T(\cdot|y)$ 中抽取 $x_1^*, \cdots, x_{k-1}^*$, 同时令 $x_k^* = x$. 并计算 $w_i^* = w(x_i^*, y)$, $i =, 1, 2, \cdots, k$.

6. 依概率

$$a = \min\left\{1, \frac{w_1 + w_2 + \cdots + w_k}{w_1^* + w_2^* + \cdots + w_k^*}\right\}$$

接受 $x^{(t+1)} := y$, 否则 $x^{(t+1)} := x$.

7. $t := t + 1$.

8. **end while**

Liu 等 (2000) 给出了一些简单的选取 $\lambda(x,y)$ 的方法, 如: $\lambda(x,y)=1$, $\lambda(x,y)=(T(y|x)+T(x|y))^{-1}$ 或 $\lambda(x,y)=(T(y|x)T(x|y))^{-\alpha}$. 当提案分布 $T(x|y)$ 是对称分布时, 也可以选择 $\lambda(x,y)=1/T(y|x), w(x,y)=f(x)$.

3. 可逆跳跃马尔可夫过程蒙特卡罗 (RJMCMC) 方法

标准的 MH 算法通过时间可逆性 (细致平衡条件) 保证了马尔可夫过程对目标分布的不变性. 但是在实际应用 (如: 图像分析 Grenander, Miller (1994) 和贝叶斯模型选择 Green (1995)) 中往往需要抽样器能在不同维度的空间中跳跃. Green (1995) 设计了一种能在不同维度空间跳跃, 且仍能保证时间可逆的 MCMC 方法. Stephens (2000) 介绍了如何使用 RJMCMC 方法进行混合模型的贝叶斯推断. 考虑样本 $\boldsymbol{X}=\{X_1,\cdots,X_n\}$ 独立采自混合模型

$$P(X|k,\Theta^{(k)},\Pi^{(k)})=\pi_1 f(X|\theta_1)+\cdots+\pi_k f(X|\theta_k), \tag{5.49}$$

其中 $K_l\leqslant k\leqslant K_u$ 未知, $\sum_{i=1}^k \pi_i=1$, $\Theta^{(k)}=\{\theta_1,\theta_2,\cdots,\theta_k\}$, $\Pi^{(k)}=\{\pi_1,\cdots,\pi_k\}$. 由模型可知似然函数

$$L(k,\Theta^{(k)},\Pi^{(k)}|X)=\prod_{i=1}^n\left(\pi_1 f(X|\theta_1)+\cdots+\pi_k f(X|\theta_k)\right). \tag{5.50}$$

考虑恰当的先验分布后, 可得后验分布

$$P(k,\Theta^{(k)},\Pi^{(k)}|X)\propto\prod_{i=1}^n\left(\pi_1 f(X|\theta_1)+\cdots+\pi_k f(X|\theta_k)\right)\cdot$$
$$P(k,\Theta^{(k)},\Pi^{(k)}). \tag{5.51}$$

为从后验分布 (5.51) 中抽样, Stephens (2000) 对 RJMCMC 设计了 "生长", "灭减" 和 "参数更新" 三种类型的移动, 以实现在不同维度的 $(k,\Theta^{(k)},\Pi^{(k)})$ 间移动. 在此情形下 RJMCMC 算法具体描述如算法 5.9.

事实上许多研究者 (如: Richardson, Green (1997); Brooks 等 (2003)) 发现 RJMCMC 算法最大的麻烦在于其备选状态被接受的概率太低, 造成算法运行效率低. Liang 等 (2007) 提出新的算法通过加入自我调节机制在一定程度上可以提高接受效率.

4. 基于群体的 MCMC 算法 (population based MCMC)

当目标复杂且为多峰时, 传统的 MH 算法易陷入局部最优区域, 而导致算法的收敛和混合速度过慢, 导致抽样失效. 为了克服这类缺陷, 许多新的想法被提出以帮助 MCMC 算法提高逃脱局部峰值区域的能力, 其中一类基于群体多

算法 5.9 混合模型贝叶斯推断的 RJMCMC 算法

输入: 目标分布 $P(k, \Theta^{(k)}, \Pi^{(k)}|X)$ 为后验分布 5.51, 一维随机游走转移阵 P(如可以设定: 当 $K_l < i < K_u$ 时, $P_{i,i+1} = P_{i,i-1} = P_{i,i} = \frac{1}{3}$; $P_{K_l,K_l+1} = P_{K_u,K_u-1} = \frac{1}{3}$ 而 $P_{K_l,K_l} = P_{K_u,K_u} = \frac{2}{3}$, 其他状态之间的转移概率为 0), 预热步长 n_0 及样本容量 n.

输出: 样本 $\{x_{n_0+1}, \cdots, x_{n_0+n}\}$.

1. 随机产生初始状态 $\Omega_0 = (k, \Theta^{(k)}, \Pi^{(k)})$, 并令 $t := 0$.

2. **while** $t \leqslant n_0 + n$ **do**

3. 由随机转移矩阵 P 产生整数 k', 依据 k 的关系从下述步骤中选择相应步骤进行操作.

    a. 若 $k' = k + 1$, 即生长移动: 随机生成 $\pi \sim U[0,1]$ 和 $\theta \sim g(\cdot|\Pi^{(k)}, \Theta^{(k)})$, 其中 $g(\cdot|\Pi^{(k)}, \Theta^{(k)})$ 为提案分布. 并令 $\Pi^{(k+1)} = \{\pi_1(1-\pi), \cdots, \pi_k(1-\pi), \pi\}$; $\Theta^{(k+1)} = \{\theta_1, \theta_2, \cdots, \theta_k, \theta\}$. 以概率

    $$\min\left\{1, \frac{P(k+1, \Theta^{(k+1)}, \Pi^{(k+1)}|X) \cdot P_{k+1,k}}{P(k, \Theta^{(k)}, \Pi^{(k)}|X) \cdot P_{k,k+1} \cdot (k+1) \cdot g(\theta|\Pi^{(k)}, \Theta^{(k)})}\right\}$$

    将当前状态更新为状态 $\Omega_t = (k+1, \Pi^{(k+1)}, \Theta^{(k)})$.

    b. 若 $k' = k - 1$, 即灭减移动: 随机生成 $i \in \{1, 2, \cdots, k\}$, 令 $\Pi^{(k-1)} = \{\frac{\pi_1}{1-\pi_i}, \cdots, \frac{\pi_{i-1}}{1-\pi_i}, \frac{\pi_{i+1}}{1-\pi_i}, \cdots, \frac{\pi_k}{1-\pi_i}\}$; $\Theta^{(k-1)} = \{\theta_1, \cdots, \theta_{i-1}, \theta_{i+1}, \theta_k\}$. 以概率

    $$\min\left\{1, \frac{P(k-1, \Theta^{(k-1)}, \Pi^{(k-1)}|X) \cdot P_{k-1,k} \cdot k \cdot g(\theta|\Pi^{(k-1)}, \Theta^{(k-1)})}{P(k, \Theta^{(k)}, \Pi^{(k)}|X) \cdot P_{k,k-1}}\right\}$$

    将当前状态更新为状态 $\Omega_t = (k+1, \Pi^{(k+1)}, \Theta^{(k)})$.

    c. 若 $k' = k$, 即参数更新移动: 因为没有维度的变化, 所以为常规的 MH 更新, 随机生成 $(\Pi, \Theta) \sim T(\Pi, \Theta|\Pi^{(k)}, \Theta^{(k)})$, 其中 $T(\Pi, \Theta|\Pi^{(k)}, \Theta^{(k)})$ 为事先给定的提案分布. 以概率

    $$\min\left\{1, \frac{P(k, \Theta, \Pi|X) \cdot T(\Pi^{(k)}, \Theta^{(k)}|\Pi, \Theta)}{P(k, \Pi^{(k)}, \Theta^{(k)}|X) \cdot T(\Pi, \Theta|\Pi^{(k)}, \Theta^{(k)})}\right\}$$

    将当前状态更新为状态 $\Omega_t = (k, \Pi, \Theta)$.

4. $t := t + 1$.

5. **end while**

线程, 并行运行思想的改进方法在研究中受到的关注较多, 这类方法被称为基于群体的 MCMC 算法 (具体介绍可参考 Liang 等 (2010)). 这类方法同时并行多条马氏链, 每条马氏链有其自身的平稳分布, 这些平稳分布虽不相同但相互有很强的关系. 如: 并行回火算法 (Geyer, 1991; Hukushima, Nemoto, 1996) 的并行马氏链中第 i 条马氏链以

$$f_i(\boldsymbol{x}) \propto \exp\left\{-\frac{H(\boldsymbol{x})}{T_i}\right\}$$

为不变分布, 这里 T_i 称为温度, 且 $T_1 > T_2 > \cdots > T_m \equiv 1$, 所以 $f_m(\boldsymbol{x})$ 等于目标分布 $f(\boldsymbol{x}) \propto \exp(-H(\boldsymbol{x}))$. 并行多条马氏链, 这些马氏链各自独立运行, 但可以相互交换信息. 这种信息交换能使得算法不断地从不同的状态和历史样本中学习, 从而改善算法向目标分布收敛的效果. 同时也能更好地利用现代多核并行的计算能力. 还有其他方法, 如方向可调整算法 (adaptive direction sampling 或 ADS, Gilks 等 (1994)); 共轭梯度蒙特卡罗方法 (conjugate gradient Monte Carlo 或 CGMC, Liu 等 (2000)) 和进化蒙特卡罗方法 (evolutionary Monte Carlo 或 EMC, Liang, Wong (2000, 2001); Goswami, Liu (2007)). 这些方法都是起源于 Geyer (1991) 的同时运行多线程的 MCMC 过程, 这些不同的马尔可夫过程有不同的但紧密相关的平稳分布, 在算法进行过程中各马氏链信息交换以帮助算法逼近全局最优.

5.4　Gibbs 抽样

自 Gelfand, Smith (1990) 论述了 Gibbs 抽样算法在贝叶斯分析中的巨大应用潜力后, Gibbs 抽样算法已经在许多领域内被广泛应用. Gibbs 抽样算法可以看成是 MH 算法的一类特殊形式, 但其具有其他 MH 算法所不具备的特点. Gibbs 抽样算法利用条件分布信息, 将高维的目标分布分解为一维或低维抽样问题, 以时间换取空间, 一定程度上能避免了维数灾难问题.

5.4.1　Gibbs 抽样原理

记 s 维目标分布为 $\pi(\boldsymbol{x})$, 其中 $\boldsymbol{x} = \{x_1, \cdots, x_s\} \in \mathcal{X} \subseteq R^s$. 又记 $\pi_j(x_j | x_1, \cdots, x_{j-1}, x_{j+1}, \cdots, x_s)$, $j = 1, \cdots, s$, 为目标分布 π 的所有条件分布. 统计学家 Hammersley 和 Clifford 在 20 世纪 70 年代末发表的文章中提出可以通过上述条件分布完全复原联合分布 $\pi(\boldsymbol{x})$, 这一结果后来被称为 Hammersley-Clifford 定理 (Besag, 1974; Gelman, Speed, 1993). Hammersley-Clifford 定理的建立需要用到正定条件 (positivity condition, 参见 Besag, 1974; Robert, Casella,

2004):

定义 5.13 随机向量 $(Y_1, \cdots, Y_s) \sim g(y_1, \cdots, y_s)$, 另记 $g^{(i)}$ 为 Y_i 的边际分布. 若能由 $g^{(i)}(y_i) > 0$, $i = 1, \cdots, s$, 导出 $g(y_1, \cdots, y_s) > 0$, 则称分布 g 满足正定条件.

注 5.4 显然满足正定条件的分布的支撑也同时是其所有边际分布支撑的笛卡儿积, 也即, 若分布 g 满足正定条件, 则对任意 Borel 集 $B^{(i)} \subseteq supp(g^{(i)})$ 都有 $\bigotimes B^{(i)} \subseteq supp(g)$.

定理 5.8 (Hammersley-Clifford) 若分布 $\pi(\boldsymbol{x})$ 满足正定条件, 则对于 $(1, \cdots, s)$ 的随机置换 $(j_1, \cdots, j_s)$ 和 $\boldsymbol{x}' = (x_1', \cdots, x_s') \in \mathcal{X}$, 都有

$$\pi(\boldsymbol{x}) = \pi(\boldsymbol{x}') \prod_{t=1}^{s} \frac{\pi_{j_t}(\boldsymbol{x}_{j_t} | \boldsymbol{x}_{j_1}, \cdots, \boldsymbol{x}_{j_{t-1}}, \boldsymbol{x}_{j_{t+1}}', \cdots, \boldsymbol{x}_{j_s}')}{\pi_{j_t}(\boldsymbol{x}_{j_t}' | \boldsymbol{x}_{j_1}, \cdots, \boldsymbol{x}_{j_{t-1}}, \boldsymbol{x}_{j_{t+1}}', \cdots, \boldsymbol{x}_{j_s}')} \tag{5.52}$$

成立.

证明: 由贝叶斯公式可知

$$\begin{aligned}
\pi(\boldsymbol{x}) &= \pi_{j_s}(x_{j_s} | x_{j_1}, \cdots, x_{j_{s-1}}) \pi_{-j_s}(x_{j_1}, \cdots, x_{j_{s-1}}) \\
&= \frac{\pi_{j_s}(x_{j_s} | x_{j_1}, \cdots, x_{j_{s-1}})}{\pi_{j_s}(x_{j_s}' | x_{j_1}, \cdots, x_{j_{s-1}})} \pi(x_{j_1}, x_{j_2}, \cdots, x_{j_s}') \\
&= \frac{\pi_{j_s}(x_{j_s} | x_{j_1}, \cdots, x_{j_{s-1}})}{\pi_{j_s}(x_{j_s}' | x_{j_1}, \cdots, x_{j_{s-1}})} \frac{\pi_{j_{s-1}}(x_{j_{s-1}} | x_{j_1}, \cdots, x_{j_{s-2}}, x_{j_s}')}{\pi_{j_{s-1}}(x_{j_{s-1}}' | x_{j_1}, \cdots, x_{j_{s-2}}, x_{j_s}')} \\
&\quad \times \pi(x_{j_1}, x_{j_2}, \cdots, x_{j_{s-1}}', x_{j_s}') \\
&\vdots \\
&= \pi(\boldsymbol{x}') \prod_{t=1}^{s} \frac{\pi_{j_t}(x_{j_t} | x_{j_1}, \cdots, x_{j_{t-1}}, x_{j_{t+1}}', \cdots, x_{j_s}')}{\pi_{j_t}(x_{j_t}' | x_{j_1}, \cdots, x_{j_{t-1}}, x_{j_{t+1}}', \cdots, x_{j_s}')}.
\end{aligned}$$

Hammersley-Clifford 定理告诉我们: 当目标分布的所有条件分布, 也即 $\pi_j(x_j | x_1, \cdots, x_{j-1}, x_{j+1}, \cdots, x_s)$, $j = 1, 2, \cdots, s$, 易于直接或间接抽样时, 可以通过反复迭代和对条件分布进行抽样的方式实现对联合目标分布 $\pi(\boldsymbol{x})$ 的抽样. 这一抽样方式将高维分布抽样分解为 1 维分布抽样, 一定程度上避免了 MH 算法或接受拒绝算法的维数灾难问题. 具体的 Gibbs 抽样算法如算法 5.10 所示.

例 5.14 (二维正态) 考虑二维正态分布 $X \sim N(\boldsymbol{\mu}, \Sigma)$, 其中 $\boldsymbol{\mu} = (0, 0, 0)^T$, $\Sigma = \begin{pmatrix} 1.0 & 0.9 \\ 0.9 & 1 \end{pmatrix}$. 作为最常见的正态分布有很多有效的抽样方法, 这里我们采

算法 5.10 Gibbs 抽样算法

输入: 目标分布 $\pi(\boldsymbol{x})$, 条件分布 $\pi_j(x_j|x_1,\cdots,x_{j-1},x_{j+1},\cdots,x_s)$, $j=1,\cdots,s$, 预热步长 n_0 及样本容量 n.

输出: 样本 $\{x_{n_0+1},\cdots,x_{n_0+n}\}$.

1. 随机产生初始状态 $\boldsymbol{x}_0$, 并令 $t:=0$.
2. **while** $t \leqslant n_0 + n$ **do**
3.

    1) 抽取一维样本 $x_1^{(t+1)} \sim \pi_1(x_1|x_2^{(t)},\cdots,x_s^{(t)})$.

    2) 抽取一维样本 $x_2^{(t+1)} \sim \pi_2(x_2|x_1^{(t+1)},x_3^{(t)},\cdots,x_s^{(t)})$.

    $\vdots$

    j) 抽取一维样本 $x_j^{(t+1)} \sim \pi_j(x_j|x_1^{(t+1)},\cdots,x_{j-1}^{(t+1)},x_{j+1}^{(t)},\cdots,x_s^{(t)})$.

    $\vdots$

    s) 抽取一维样本 $x_s^{(t+1)} \sim \pi_s(x_s|x_1^{(t+1)},\cdots,x_{s-1}^{(t+1)})$.

4. $t := t+1$.
5. **end while**

用 Gibbs 抽样方法. 首先由多维正态分布的性质可知, 条件分布

$$P(x_2|x_1) = N(0.9x_1, 0.8^2),$$
$$P(x_1|x_2) = N(0.9x_2, 0.8^2).$$

因此, 二维正态分布 $N(\boldsymbol{\mu}, \Sigma)$ 的 Gibbs 抽样过程可具体表述为:

(1) 随机生成实数 a_0, 并设置为初始点, 即 $x_2^{(0)} = a_0$.

(2) 循环迭代下述步骤 (a) 和 (b) n 次得到马氏链轨迹点 $\boldsymbol{x}^{(1)}, \boldsymbol{x}^{(2)}, \cdots, \boldsymbol{x}^{(n)}$.

  (a) 抽取 $x_1^{(t)} \sim N(0.9x_2^{(t-1)}, 0.8^2)$,

  (b) 抽取 $x_2^{(t)} \sim N(0.9x_1^{(t)}, 0.8^2)$.

抽样结果马氏链轨迹图见图 5.13. 图中前 50 个样本轨迹可以看出 Gibbs 抽样是分别沿着 x_1 和 x_2 依次更新. 样本投影到 x_1 和 x_2 能较好地估计边际分

布. 值得注意的是和其他 MCMC 算法一样, 在开始正式的 Gibbs 抽样前, 也需要舍弃一些马氏链轨迹点, 也称这些舍弃的点为预热点. 预热过程的长短依赖于抽样过程收敛速度的快慢, 详细的讨论见 5.5 节.

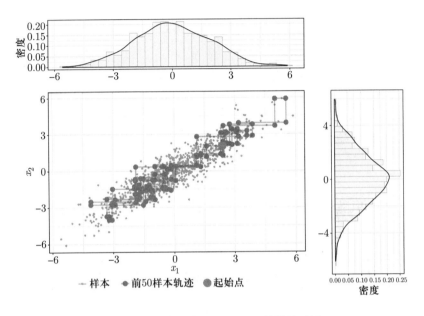

图 5.13　二维正态分布 Gibbs 抽样演示图

算法 5.10 所定义的 Gibbs 抽样方法是以事先固定的维度抽样顺序进行抽样, 也被称为系统扫描 Gibbs 抽样. 遗憾的是这种事先固定抽样顺序的方式可能导致马尔可夫序列不可逆. 事实上, 一些学者提出了一些不同的抽样顺序来得到可逆的 Gibbs 抽样算法 (产生的序列为可逆马尔可夫序列). Liu (1995) 提出了随机扫描 Gibbs 抽样算法 (见算法 5.11). Roberts 和 Sahu (1997) 证明了随机扫描 Gibbs 抽样比系统扫描 Gibbs 抽样有更快的收敛速度.

5.4.2　分块 Gibbs 抽样

在实际应用中, 很多情况下对目标分布 $\pi(\boldsymbol{x})$ 的每一维度进行抽样可能会使得抽样过程过于烦琐, 或者有时候很难对每一个维度求出易于抽样的条件分布, 此时可以考虑对目标分布各维度进行分块. 如可以将 s 维向量 $\boldsymbol{x}$ 分割为 K 个组块 $\boldsymbol{x} = (\boldsymbol{x}_1, \cdots, \boldsymbol{x}_K)$, $\dim(\boldsymbol{x}_1) + \cdots + \dim(\boldsymbol{x}_K) = s$; 记 $\pi_j(\boldsymbol{x}_j | \boldsymbol{x}_1, \cdots, \boldsymbol{x}_{j-1}, \boldsymbol{x}_{j+1}, \cdots, \boldsymbol{x}_K), j = 1, \cdots, K$, 为目标分布的所有分块条件分布. 显然前一节中所述的 Hammersley-Clifford 定理可描述为:

算法 5.11 随机扫描 Gibbs 算法

输入: 目标分布 $\pi(\boldsymbol{x})$, 条件分布 $\pi_j(x_j|x_1,\cdots,x_{j-1},x_{j+1},\cdots,x_s)$, $j=1,\cdots,s$, 预热步长 n_0 及样本容量 n.

输出: 样本 $\{\boldsymbol{x}^{n_0+1},\cdots,\boldsymbol{x}^{n_0+n}\}$.

1. 随机产生初始状态 $\boldsymbol{x}_0$, 并令 $t:=0$.

2. **while** $t \leqslant n_0 + n$ **do**

3. 　　　生成 $(1,\cdots,s)$ 的随机置换 $(a_1,\cdots,a_s)$

　　1) 抽取随机数 $\boldsymbol{x}_{a_1}^{(t+1)} \sim \pi_{a_1}(\boldsymbol{x}_{a_1}|\boldsymbol{x}_{a_2}^{(t)},\cdots,\boldsymbol{x}_{a_s}^{(t)})$.

　　2) 抽取随机数 $\boldsymbol{x}_{a_2}^{(t+1)} \sim \pi_{a_2}(\boldsymbol{x}_{a_2}|\boldsymbol{x}_{a_1}^{(t+1)},\boldsymbol{x}_{a_3}^{(t)},\cdots,\boldsymbol{x}_{a_s}^{(t)})$.

　　$\vdots$

　　j) 抽取随机数 $\boldsymbol{x}_{a_j}^{(t+1)} \sim \pi_{a_j}(\boldsymbol{x}_{a_j}|\boldsymbol{x}_{a_1}^{(t+1)},\cdots,\boldsymbol{x}_{a_{j-1}}^{(t+1)},\boldsymbol{x}_{a_{j+1}}^{(t)},\cdots,\boldsymbol{x}_{a_s}^{(t)})$.

　　$\vdots$

　　s) 抽取随机数 $\boldsymbol{x}_{a_s}^{(t+1)} \sim \pi_{a_s}(\boldsymbol{x}_{a_K}|\boldsymbol{x}_{a_1}^{(t+1)},\cdots,\boldsymbol{x}_{a_{s-1}}^{(t+1)})$.

4. 　　　$t:=t+1$.

5. **end while**

定理 5.9 (Hammersley-Clifford) 若分布 $\pi(\boldsymbol{x})$ 满足正定条件, 则对于 $(1,\cdots,K)$ 的随机置换 $(j_1,\cdots,j_K)$ 和 $\boldsymbol{x}'=(\boldsymbol{x}_1',\cdots,\boldsymbol{x}_K') \in \mathcal{X}$, 都有

$$\pi(\boldsymbol{x}) = \pi(\boldsymbol{x}')\prod_{t=1}^{K}\frac{\pi_{j_t}(\boldsymbol{x}_{j_t}|\boldsymbol{x}_{j_1},\cdots,\boldsymbol{x}_{j_{t-1}},\boldsymbol{x}_{j_{t+1}}',\cdots,\boldsymbol{x}_{j_K}')}{\pi_{j_t}(\boldsymbol{x}_{j_t}'|\boldsymbol{x}_{j_1},\cdots,\boldsymbol{x}_{j_{t-1}},\boldsymbol{x}_{j_{t+1}}',\cdots,\boldsymbol{x}_{j_K}')} \tag{5.53}$$

成立.

因此, 若所有的分块条件分布 $\pi_j(\boldsymbol{x}_j|\boldsymbol{x}_1,\cdots,\boldsymbol{x}_{j-1},\boldsymbol{x}_{j+1},\cdots,\boldsymbol{x}_K)$ 易于直接或间接抽样, 则可以通过反复迭代和对条件分布进行抽样的方式实现对联合目标分布 $\pi(\boldsymbol{x})$ 的抽样. 具体的分块 Gibbs 抽样算法如算法 5.12.

5.4.3　Gibbs 算法的收敛定理

这一小节我们给出 Gibbs 抽样算法的收敛定理. Gibbs 抽样算法在大部分情形下都满足遍历条件, 能快速收敛到目标分布. 我们首先说明 Gibbs 算法的

算法 5.12 分块 Gibbs 算法

输入:目标分布 $\pi(\boldsymbol{x})$, 分块条件分布 $\pi_j(\boldsymbol{x}_j|\boldsymbol{x}_1,\cdots,\boldsymbol{x}_{j-1},\boldsymbol{x}_{j+1},\cdots,\boldsymbol{x}_K)$, $j = 1,\cdots,K$, 预热步长 n_0 及样本容量 n.

输出:样本 $\{\boldsymbol{x}^{n_0+1},\cdots,\boldsymbol{x}^{n_0+n}\}$.

1. 随机产生初始状态 $\boldsymbol{x}_0$, 并令 $t := 0$.
2. **while** $t \leqslant n_0 + n$ **do**
3.

     1) 抽取随机数 $\boldsymbol{x}_1^{(t+1)} \sim \pi_1(\boldsymbol{x}_1|\boldsymbol{x}_2^{(t)},\cdots,\boldsymbol{x}_K^{(t)})$.

     2) 抽取随机数 $\boldsymbol{x}_2^{(t+1)} \sim \pi_2(\boldsymbol{x}_2|\boldsymbol{x}_1^{(t+1)},\boldsymbol{x}_3^{(t)},\cdots,\boldsymbol{x}_K^{(t)})$.

     $\vdots$

     j) 抽取随机数 $\boldsymbol{x}_j^{(t+1)} \sim \pi_j(\boldsymbol{x}_j|\boldsymbol{x}_1^{(t+1)},\cdots,\boldsymbol{x}_{j-1}^{(t+1)},\boldsymbol{x}_{j+1}^{(t)},\cdots,\boldsymbol{x}_K^{(t)})$.

     $\vdots$

     K) 抽取随机数 $\boldsymbol{x}_K^{(t+1)} \sim \pi_K(\boldsymbol{x}_K|\boldsymbol{x}_1^{(t+1)},\cdots,\boldsymbol{x}_{K-1}^{(t+1)})$.

4. $t := t + 1$.
5. **end while**

马尔可夫性和平稳性.

定理 5.10 由 Gibbs 算法 5.10 产生的随机序列 $\boldsymbol{x}^{(t)}, t = 0, 1, \cdots$, 满足马尔可夫条件, 且对目标分布 $\pi(\boldsymbol{x})$ 满足平衡条件 (5.13), 即 $\pi(\boldsymbol{x})$ 为序列 $\boldsymbol{x}^{(t)}$ 的不变概率测度.

证明: 显然 $\boldsymbol{x}^{(t)}$ 满足马尔可夫条件, 且转移概率密度

$$P(\boldsymbol{x}, A) = \int_A \prod_{i=1}^{K} \pi_i(\boldsymbol{x}_i'|\boldsymbol{x}_1',\cdots,\boldsymbol{x}_{i-1}',\boldsymbol{x}_{i+1},\cdots,\boldsymbol{x}_K)d\boldsymbol{x}', \quad (5.54)$$

其中 A 为任意可测集. 另一方面, 对 $\forall \boldsymbol{x} \in \mathcal{X} = supp(\pi)$,

$$\int P(\boldsymbol{x}, A)\pi(\boldsymbol{x})d\boldsymbol{x} = \int\int_A \prod_{i=1}^{K} \pi_i(\boldsymbol{x}_i'|\boldsymbol{x}_1',\cdots,\boldsymbol{x}_{i-1}',\boldsymbol{x}_{i+1},\cdots,\boldsymbol{x}_K)\pi(\boldsymbol{x})d\boldsymbol{x}'d\boldsymbol{x}$$

$$= \int\int_A \pi_1(\boldsymbol{x}_1'|\boldsymbol{x}_2,\cdots,\boldsymbol{x}_K)\pi(\boldsymbol{x}_1|\boldsymbol{x}_2,\cdots,\boldsymbol{x}_K)\pi^{(-1)}(\boldsymbol{x}_2,\cdots,\boldsymbol{x}_K)$$

$$\times \prod_{i=2}^{K} \pi_i(\boldsymbol{x}'_i | \boldsymbol{x}'_1, \cdots, \boldsymbol{x}'_{i-1}, \boldsymbol{x}_{i+1}, \cdots, \boldsymbol{x}_K) d\boldsymbol{x}_1 \cdots d\boldsymbol{x}_K d\boldsymbol{x}'$$

$$= \int \int_A \pi(\boldsymbol{x}'_1, \boldsymbol{x}_2, \cdots, \boldsymbol{x}_K) \pi_2(\boldsymbol{x}'_2 | \boldsymbol{x}'_1, \boldsymbol{x}_3 \cdots, \boldsymbol{x}_K)$$

$$\times \prod_{i=3}^{K} \pi_i(\boldsymbol{x}'_i | \boldsymbol{x}'_1, \cdots, \boldsymbol{x}'_{i-1}, \boldsymbol{x}_{i+1}, \cdots, \boldsymbol{x}_K) d\boldsymbol{x}_2 \cdots d\boldsymbol{x}_K d\boldsymbol{x}'$$

$$\vdots$$

$$= \int_A \pi(\boldsymbol{x}') d\boldsymbol{x}' = \pi(A),$$

即满足细致平衡条件, 因此目标分布 π 为序列 $\boldsymbol{x}^{(t)}$ 的平稳分布.

下面我们说明马尔可夫序列遍历的另两个条件: 不可约性和非周期性. 首先需要指出的是并不是所有的 Gibbs 序列都是不可约的, 下述选自 Robert, Casella (2004, 例 10.7) 的例题就是可约的.

例 5.15 (不连通支撑)　若 2 维目标分布

$$f(x_1, x_2) = \frac{1}{2\pi} \left[1_{\mathcal{E}}(x_1, x_2) + 1_{\mathcal{E}'}(x_1, x_2) \right],$$

其中 $\mathcal{E}$ 和 $\mathcal{E}'$ 分别是以 $(1,1)$ 和 $(-1,-1)$ 为中心, 1 为半径的圆盘区域 (见图 5.14). 显然若使用 Gibbs 算法 5.10 对目标分布 $f(x_1, x_2)$ 进行抽样, 抽样序列会一直陷在初始点所在的圆盘内, 无法抽取到另一个圆盘内的样本 (见图 5.14). 因此, 此算法产生的序列显然是可约的. 注意到我们可以对分布做简单的可逆变换 (如: $z_1 = x_1 + x_2, z_2 = x_1 - x_2$), 使得 Gibbs 算法不可约.

例 5.15 说明目标分布不连通时可能造成 Gibbs 抽样序列不满足不可约性. 前述分布的正定条件可以避免出现这类问题. 事实上, 容易证明定理 5.11.

定理 5.11　若目标分布满足正定条件 (定义 5.13), 则 Gibbs 算法 5.10 产生的马尔可夫序列 $\boldsymbol{x}^{(t)}$ 是不可约的. 因此是正常返的. 若 $\boldsymbol{x}^{(t)}$ 还是非周期的, 则序列收敛到目标分布 π.

正定条件虽然可以保证序列的不可约性, 但过于严格, 且在实际应用中验证困难. Tierney (1994) 给出了更易于验证和使用的条件, 具体见下述引理 5.1.

引理 5.1　如果 Gibbs 算法 5.10 产生的马尔可夫序列 $\boldsymbol{x}^{(t)}$ 的转移核关于某个控制测度绝对连续, 则该序列是 Harris 常返的.

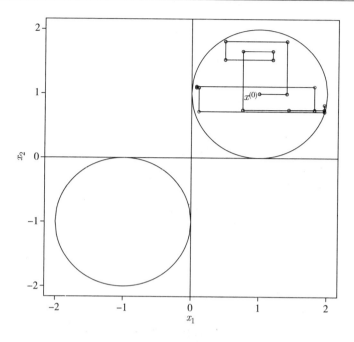

图 5.14　不连通支撑集上 Gibbs 抽样轨迹

具备 Harris 常返性, 马尔可夫过程不仅收敛到目标分布, 还是遍历的. 若还同时满足非周期性, 则相应的中心极限定理 5.4 也成立.

5.4.4　数据增强技术

Gibbs 抽样算法的顺利实施, 要求各条件分布易于直接抽样, 或需要找到一个合适的维度剖分. 在该剖分下, 各分块条件分布已知, 或至少条件分布易于抽样. 但不是所有目标分布都能计算出条件分布, 在很多情况下也不存在一个合适的剖分. 一种提高目标分布维度的技术可以有效地克服这种困难. 通过增加一些边际向量 $(Z_1, \cdots, Z_r)$, 然后对更高维度的分布 $f(x_1, \cdots, x_s, z_1, \cdots, z_r)$ 进行有效剖分和 Gibbs 抽样, 从而间接实现对目标分布的抽样. 这种通过增加辅助变量实现 Gibbs 抽样的算法也被称为二阶段 Gibbs 算法. 这类提高维度的技术在统计和其他学科内应用广泛, 称为数据增强 (data augmentation, Martin 等 (1987)) 技术. 数据增强技术也被看成是随机版本的 EM 算法 (Dempster 等, 1977). 在贝叶斯统计推断中这种数据增强技术中的增强向量 $(Z_1, \cdots, Z_r)$ 的选择往往非常自然. 下面我们以 EM 技术中常用的混合高斯分布为例具体论述数据增强技术在 Gibbs 抽样中的应用.

例 5.16 考虑样本 $\boldsymbol{X} = (X_1, \cdots, X_n)$ 独立同分布于混合高斯分布

$$f(x) = \sum_{i=1}^{3} p_i \phi_{(\mu_i, 1/\tau)}(x),$$

其中 $\phi_{(\mu_i, 1/\tau)}(\cdot)$ 表示期望为 μ_i, 方差为 $1/\tau$ 的高斯分布密度函数. τ 为已知常数. 为对参数 $(\boldsymbol{\mu}, \boldsymbol{p}) = (\mu_1, \mu_2, \mu_3, p_1, p_2, p_3)$ 进行贝叶斯推断, 假设先验分布分别为 $Dirichlet(\alpha_1, \cdots, \alpha_3)$(方开泰, 许建伦, 2016) 和正态分布, 即

$$f(p_1, p_2, p_3) = \frac{\Gamma(\alpha_1 + \alpha_2 + \alpha_3)}{\Gamma(\alpha_1)\Gamma(\alpha_2)\Gamma(\alpha_3)} p_1^{\alpha_1 - 1} p_2^{\alpha_2 - 1} p_3^{\alpha_3 - 1},$$

$$f(\mu_i) \propto \exp\left\{ -\tau_0 \frac{(\mu_i - \mu_0)^2}{2} \right\}, \quad i = 1, 2, 3.$$

简单计算可得后验分布

$$\begin{aligned}
f(\boldsymbol{p}, \boldsymbol{\mu} | \boldsymbol{x}) \propto\ & \frac{\Gamma(\alpha_1 + \alpha_2 + \alpha_3)}{\Gamma(\alpha_1)\Gamma(\alpha_2)\Gamma(\alpha_3)} p_1^{\alpha_1 - 1} p_2^{\alpha_2 - 1} p_3^{\alpha_3 - 1} \\
& \cdot \prod_{i=1}^{3} \left(\exp\left\{ -\tau_0 \frac{(\mu_i - \mu_0)^2}{2} \right\} \right) \\
& \cdot \prod_{k=1}^{n} \left(\sum_{i=1}^{3} p_i \phi_{(\mu_i, 1/\tau)}(x_k) \right).
\end{aligned} \tag{5.55}$$

为推断混合高斯分布的未知参数, 需对后验分布进行随机抽样. 但受限于后验分布的复杂性, 不易得到适合直接抽样的条件分布. 但如果考虑添加辅助变量 $\boldsymbol{Z} = (Z_1, \cdots, Z_n)$, 其中 $Z_k = i, i = 1, 2, 3$, 表示第 k 次观测 x_k 来自第 i 个高斯总体, 即

$$X_k | Z_k = i \sim N(\mu_i, 1/\tau),$$

并记 $P(Z_k = i) = p_i$. 由贝叶斯公式可得数据加强后的完整条件分布如下:

$$P(z_k = i | \boldsymbol{x}, \boldsymbol{\mu}, \boldsymbol{p}) = \frac{p_i \phi_{(\mu_i, 1/\tau)}(x_k)}{\sum_{i=1}^{3} p_i \phi_{(\mu_i, 1/\tau)}(x_k)}, \quad k = 1, \cdots, n, \tag{5.56}$$

$$\mu_i | \boldsymbol{X}, \boldsymbol{Z}, \boldsymbol{p} \sim N\left(\frac{\tau_0 \mu_0 + \tau \sum_{k: Z_k = i} X_k}{\tau_0 + |\{k : Z_k = i\}|}, \frac{1}{\tau_0 + |\{k : Z_k = i\}|} \right), \quad i = 1, 2, 3, \tag{5.57}$$

$$\boldsymbol{p} | \boldsymbol{X}, \boldsymbol{Z}, \boldsymbol{\mu} \sim Dirichlet\left(\alpha_1*, \alpha_2*, \alpha_3* \right), \tag{5.58}$$

其中记号 $\alpha_i* = \alpha_i + |\{k : Z_k = i\}|$, $|\cdot|$ 表示集合的势, 即包含元素的个数. 对应的二阶段 Gibbs 抽样算法迭代部分可描述为:

算法 5.13 后验分布 (5.55) 的二阶段 Gibbs 算法

1. 给定当前状态 $\boldsymbol{\mu}^{(t)}, \boldsymbol{p}^{(t)}$.

2.

    a. 对多项分布 $P(z_k = i|\boldsymbol{x}, \boldsymbol{\mu}^{(t)}, \boldsymbol{p}^{(t)})$(具体分布由 (5.56) 式计算可得) 进行抽样, 得到的样本记为 $\boldsymbol{Z}^{(t+1)} = (z_1^{(t+1)}, z_2^{(t+1)}, \cdots, z_n^{(t+1)})$.

    b. 对正态分布 $P(\mu_i^{(t+1)}|\boldsymbol{X}, \boldsymbol{Z}^{(t+1)}, \boldsymbol{p}^{(t)})$, $i = 1, 2, 3$, 进行抽样, 分布具体参数可由 (5.57) 式计算得到, 所得样本记为 $\boldsymbol{\mu}^{(t+1)} = (\mu_1^{(t+1)}, \mu_2^{(t+1)}, \mu_3^{(t+1)})$.

    c. 对 Dirichlet 分布 $P(\boldsymbol{p}^{(t+1)}|\boldsymbol{X}, \boldsymbol{Z}^{(t+1)}, \boldsymbol{\mu}^{(t+1)})$ 进行抽样, 分布具体参数可由 (5.58) 式计算得到, 所得样本记为 $\boldsymbol{p}^{(t+1)}$.

3. 重复步骤 2, 直到过程平稳.

5.5 切片抽样

切片抽样算法事实上是一种特殊的两阶段 Gibbs 抽样算法. 假设 d 维随机向量 $\boldsymbol{x} \sim f(\boldsymbol{x})$, 为方便抽样, 我们增加辅助变量 u 使得联合分布 $(\boldsymbol{x}, u)$ 为区域 $\mathsf{E} = \{(\boldsymbol{x}, u)|0 \leqslant u \leqslant f(\boldsymbol{x})\} \subseteq R^{d+1}$ 上的均匀分布. 此时有

$$f(\boldsymbol{x}, u) = \frac{1}{|\mathsf{E}|} \cdot 1_{\mathsf{E}}(\boldsymbol{x}, u) = 1_{\mathsf{E}}(\boldsymbol{x}, u), \quad (\boldsymbol{x}, u) \in R^{d+1},$$

所以 $\boldsymbol{x}$ 的边际分布为

$$\begin{aligned}
\int_{R^1} f(\boldsymbol{x}, u)du &= \int_{R^1} 1_{\mathsf{E}}(\boldsymbol{x}, u)du \\
&= \int_0^{f(\boldsymbol{x})} du \\
&= f(\boldsymbol{x}).
\end{aligned}$$

根据数据加强原理, 抽取 $f(\boldsymbol{x})$ 样本等价于抽取区域 E 上的均匀分布样本. 另一方面, 我们可推导出如下条件分布:

$$\boldsymbol{x}|u \sim U(\{\boldsymbol{x}|f(\boldsymbol{x}) \geqslant u\}),$$
$$u|\boldsymbol{x} \sim U(0, f(\boldsymbol{x})),$$

其中集合 $\{\boldsymbol{x}|f(\boldsymbol{x}) \geqslant u\}$ 被称为切片.

此时二阶段 Gibbs 抽样算法 (也即切片算法) 可具体表述为:

　　值得注意的是, 虽然我们在叙述切片算法时使用的是密度函数 $f(\boldsymbol{x})$. 但事实上切片算法并不需要完整的密度函数信息, 只需要知道密度函数的核函数, 即若 $f(\boldsymbol{x}) = cf_1(\boldsymbol{x})$, 切片算法只要求已知 $f_1(\boldsymbol{x})$ (这在贝叶斯推断中是常见情形). 此时, 可直接将切片算法 5.14 中的 $f(\boldsymbol{x})$ 换为 $f_1(\boldsymbol{x})$, 算法依然有效 (Robert, Casella, 2004, 323 页).

算法 5.14 切片算法
1. 给定当前状态 $\boldsymbol{x}^{(t)}$.
2. 抽取 $u \sim U(0, f(\boldsymbol{x}^{(t)}))$.
3. 抽取 $\boldsymbol{x}^{(t+1)} \sim U(A^{(t+1)})$, $A^{(t+1)} = \{\boldsymbol{x} | f(\boldsymbol{x}) \geqslant u\}$.
4. 重复步骤 2 — 3.

　　如图 5.15 所示, 切片算法在理论上可以保证抽样点 $\boldsymbol{x}^{(t)}$ 在不同的切片上自由地转换, 不会陷入目标分布的局部峰值中. 这相对传统的 MCMC 算法有巨大的优势. 但切片算法在实际使用中也有其自身的局限, 切片 $A^{(t+1)}$ 的难以确定及在不规则切片上抽取均匀分布随机数的困难. 事实上, 对于很多目标分布确定 $A^{(t+1)}$ 和在其上抽取随机点和直接抽取服从目标分布的随机数一样困难, 一些统计学家提出了解决办法, 如 Neal (2003). Edwards, Sokal (1988) 在使用辅助变量算法解决 Ising 模型问题时, 推广了前述切片算法 (文献中通常称为 kD 切片算法, 前述切片算法也被称为 2D 切片算法), kD 切片算法在一定程度上可以避免或弱化切片确定和抽样的困难. 推广的切片算法利用了

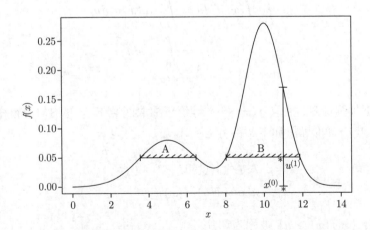

图 5.15　多峰目标函数的切片抽样示意图

$f(\boldsymbol{x})$ 的分解

$$f(\boldsymbol{x}) \propto \prod_{i=1}^{k} f_i(\boldsymbol{x}),$$

其中 $f_i(\boldsymbol{x}) > 0$. 这种分解可以是我们常见的似然函数形式, 如当我们的样本为 k 个 i.i.d. 的样本时, 似然函数天然是 k 个函数的乘积形式 (Damien 等, 1999). 为从这类目标函数中抽取样本, 需要增加 k 个辅助变量 $U_1, \cdots, U_k$, 具体算法如下:

算法 5.15 kD 切片算法

1. 给定当前状态 $\boldsymbol{x}^{(t)}$.
2.
   (1) 抽取 $u_1 \sim U(0, f_1(\boldsymbol{x}^{(t)}))$.
   $\vdots$
   (k) 抽取 $u_k \sim U(0, f_k(\boldsymbol{x}^{(t)}))$.
3. 抽取 $\boldsymbol{x}^{(t+1)} \sim U(A^{(t+1)})$, $A^{(t+1)} = \{\boldsymbol{x} | f_i(\boldsymbol{x}) \geqslant u_i, i = 1, \cdots, k\}$.
4. 重复步骤 2—3.

下例是一个著名的 $k = 3$ 的 k D 切片算法案例.

例 5.17 (3D 切片算法) 考虑目标分布密度函数
$$f(x) \propto (1 + \sin^2(x))(1 + \cos^4(5x)) \exp(-x^2/2)$$
的切片抽样. 为方便参考我们也将同时采用接受拒绝算法. 显然 $f(x)$ 分解为三部分 $f_1(x) = 1 + \sin^2(x)$, $f_2(x) = 1 + \cos^4(5x)$ 和 $f_3(x) = \exp(-x^2/2)$. 因此, 3 D 切片算法使用时需要增加 3 个辅助变量 u_1, u_2, u_3, 同时切片的计算可以简化为求交集
$$\{x : \sin^2(3x) \geqslant 1 - u_1\} \bigcap \{x | \cos^4(5x) \geqslant 1 - u_2\} \bigcap \{x : |x| \leqslant \sqrt{-2\log u_3}\}.$$
算法迭代 500 次 (预热时间) 后, 取样 5000 次.

另一方面, 为使用接受拒绝算法, 可采用信封函数 $g(x) = M \cdot \phi(x)$, 其中 $M = 0.75\sqrt{2\pi}$, $\phi(\cdot)$ 为标准正态密度函数. 同样抽样 5000 个点. 为计算蒙特卡罗误差, 两种算法均重复 100 次. 表 5.4 中所列结果为两种算法样本对目标分布均值、方差及中位数的估计. 图 5.16 展示了两种算法前 100 个样本的轨迹图.

表 5.4　采用不同抽样方法下估计的蒙特卡罗偏差和标准误

待估统计量	切片抽样		接受拒绝抽样	
	偏差	标准误	偏差	标准误
均值	0.000675	0.0146	0.00189	0.0139
中位数	0.00106	0.0195	0.00106	0.0203
方差	−0.00344	0.0201	−0.00455	0.0293
0.95% 分位数	−0.00288	0.0270	−0.00106	0.0396
0.05% 分位数	0.00538	0.0333	0.00656	0.0338

注: 偏差和标准误为 100 次重复模拟的平均值.

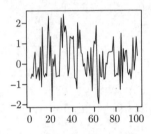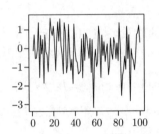

图 5.16　切片和接受拒绝算法前 100 样本轨迹图

5.5.1　切片算法的收敛性

　　作为一种特殊的 Gibbs 抽样算法, 切片抽样算法遗传了大部分 Gibbs 算法的收敛性质. 另一方面, 由于切片算法本身的特殊性, 其在理论上具有非常好的收敛性质. 在一些条件假设下, Roberts, Rosenthal (1999) 证明了切片抽样算法的几何收敛性质. Mira, Tierney (2002) 证明了切片抽样算法的一致收敛性质. 当然这些收敛性质建立在一些理想条件下, 如: $x^{(t+1)}$ 是在切片上的均匀抽样, 在实际操作中有一定困难.

5.6　收敛性诊断

　　自 MH 算法问世以来, MCMC 算法在非常短的时间内被广泛地应用于各个领域中以解决许多复杂统计模型的推断问题. 不仅仅成为贝叶斯统计推断中不可或缺的工具, 也成为许多频率学派学者在解决诸如含有缺失数据、非独立数据的有力工具. 这些应用无不说明 MCMC 算法在许多方面的优势. 但遗憾的是 MCMC 算法也有其自身难以摆脱的缺点. 这些缺点中最著名和被人诟病的应该就是算法的收敛节点的判断. 人们难以确定一个明确的算法收敛时间节点, 以停止算法的迭代. 虽然如前面章节讨论的, 在理论上可以确切地说算法最终会收敛到人们期望的目标分布, 但遗憾的是: 它们并不能帮我们判断马尔可夫过程是否已经收敛, 或告诉我们什么时候停止算法运算是安全的. 事实上, 许多统计学家付出了大量努力想要解决这个问题. 目前来看, 所有研究结果主要集中在两个方向上: 一类是对马尔可夫链转移核进行理论分析, 期望给出过程收敛的迭代步数, 主要的成果见 Polson (1996); Rosenthal (1993, 1995a,b). 可惜从实际情况来看, 这些结果跟现实的应用还有一定的距离. 因此, 所有现实可用的方法都集中在第二类方法上. 这类研究期望提出或构造一些基于算法已经抽取的样本的诊断统计量. 利用这些统计量来判断算法是否收敛. 这类方法通常都依赖通过多个独立、并行的马氏链样本进行抽样, 并使用一些定性或定量的方法刻画不同链间经验分布的差别, 当这种差别在统计意义上可以被忽视时, 则认为过程已经收敛. 这类诊断方法、统计量非常多, Cowles, Carlin (1996) 对这些方法做了非常全面的介绍. 显然这种经验分布之间的差别并不能代表样本经验分布与潜在的平稳分布之间的差别, 也即不能完全确定过程的收敛性, 或者说无法知道算法是否只是陷入在一个局部最优的结果中. 由于潜在平稳分布的不可知性, 也成了这类诊断方法先天的缺陷. 综上所述, MCMC 算法收敛节点判断没有完全可依靠的科学方法, 更多的是依赖使用者自己的经验和直觉. 这也是一些学者称它是一门艺术的原因所在. 虽然诊断类的收敛判别方法有天生无法克服的缺陷, 但是它们还是成了无论是统计学家还是实际应用者们最倚重的工具. 这也许在很大程度上是因为 "一个弱的诊断总比没有诊断好 (Cowles, Carlin, 1996)". 因此, 实际使用 MCMC 算法时, 特别是当面对的模型异常复杂时, 通常都会被建议使用多种不同类型的诊断方法, 以确保算法的收敛. 避免得到错误的结论.

受限于篇幅, 本节只介绍几种简单易行, 使用相对广泛的诊断方法. 更多更全面的介绍可参考 Cowles, Carlin (1996); Brooks (1998); Brooks, Roberts (1998); Sinharay (2003).

5.6.1 图示法

和许多其他的统计诊断方法一样, 一些简单、易实现的图表也可以帮助判断 MCMC 算法是否处于收敛状态.

1. 抽样轨迹图

由马氏链的遍历理论可知, 当算法处于收敛状态时, 也即进入了平稳状态. 因此可以通过观察抽样的轨迹图, 判断抽样是否进入了稳定的分布状态. 当抽样处于收敛状态时, 轨迹图应该没有明显的趋势和周期. 如图 5.17 (a) 中所示, 4 条不同起始点的链在前 200 步中显然都极大地受初始点位置的影响. 有明显的朝中心运行的趋势. 而在 200 步后, 这种趋势逐渐减弱. 有时仅仅观察一个链是否稳定不足以判断抽样的收敛状态, Gelman, Rubin (1992b) 给了一个例子说明仅仅从一条条轨道出发可能错误地得出抽样收敛的判断. 因此, 可以借由多个初始点出发得到不同的抽样轨迹, 并将这些轨迹画在同一个图中, 观察不同的链是否在整个样本空间中充分混合. 若能明显地区分出不同的轨道运行轨迹, 则抽样过程可能还未收敛. 如图 5.17 (a) 中所示, 显然在前半段各条轨道未充分混合.

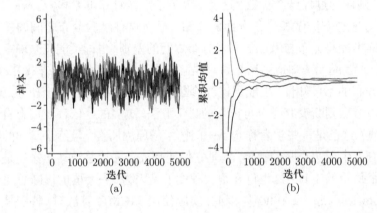

图 5.17　　MH 轨迹图

2. 均值走势图

由收敛理论可知, 马氏链进入平稳分布后, 则分布的各个特征也趋于稳定, 即收敛. 因此可以通过监控轨迹的各种累积数值特征状态图, 如: 累积均值图, 即

$$\overline{X}_n = \frac{1}{n} \sum_{i=1}^{n} x_i, \quad n = 1, 2, \cdots, \tag{5.59}$$

帮助判断抽样是否进入稳定状态. 图 5.17 (b) 为标准正态分布的 MH 抽样均值图. 当然, 均值趋势图只展现了样本的一个均值特征, 只能作为抽样是否进入收敛状态的必要条件之一.

3. 自相关系数图

马氏链抽样是随时间轴自相关的, 而自相关系数显然刻画了沿时间轴方向样本间的依赖程度. 当马氏链收敛后, 理想的自相关程度应随着时间间隔的变大而逐渐消失. 否则, 强烈的自相关会牵制抽样, 使得样本陷入在样本空间的某一个局部区域, 这种样本显然是有偏的. 因此在使用 MCMC 算法抽样时, 应监控自相关系数图, 若发现自相关始终保持在较高的水平, 则需要重新考虑链的生成机制. 或通过跳跃取样的方法减少样本间的自相关水平.

文献中还有一些其他的图示方法, 如 Yu, Mykland (1998).

5.6.2 诊断统计量

文献中有许多用来诊断马氏链是否收敛的统计方法和相应的统计量, Cowles, Carlin (1996) 给了非常全面的介绍. 这里只介绍 Gelman-Rubin 方法 (Gelman, Rubin, 1992a). Gelman, Rubin (1992b) 认为: 单链易受到初始点的影响稳定在局部区域, 而给出收敛的假象, 特别是一些收敛较慢的链, 仅考察单链的状态容易得到错误的结论. 因此建议同时取多个初始值, 且这些初始值应尽量扩散到整个样本空间. 然后从这些初始值出发生成并行的多链, 并基于多链判断抽样过程是否进入稳定状态 (如图 5.17 (a) 所示). 若不同的链各自稳定, 但混合得不完全, 则显然不同链间的方差将会显著增大. 这是 Gelman-Rubin 方法建议使用 ANOVA 方法判断收敛性的基本原理.

假设 $X_t^{(j)}, j = 1, 2, \cdots, J, t = 1, 2, \cdots, n$, 为 J 个初始值生成的 J 条马氏链样本. 对于某个感兴趣的分布参数 $\psi = \psi(X)$, 可依据样本计算下述链内均值、方差和链间均值、方差.

$$\bar{\psi}^{(j)} = \frac{1}{n} \sum_{t=1}^{n} \psi(X_t^{(j)}),$$

$$\bar{\psi} = \frac{1}{J} \sum_{j=1}^{J} \bar{\psi}^{(j)},$$

$$B = \frac{n}{J-1} \sum_{j=1}^{J} \left(\bar{\psi}^{(j)} - \bar{\psi} \right)^2,$$

$$W = \frac{1}{J(n-1)} \sum_{j=1}^{J} \sum_{t=1}^{n} \left(\psi(X_t^{(j)}) - \bar{\psi}^{(j)} \right)^2.$$

在链稳定的假设下, Gelman, Rubin (1992a) 认为链内、链间方差的加权和

$$\hat{\sigma}^2 = \frac{n-1}{n} W + \frac{k+1}{kn} B$$

是 ψ 的方差的一个较好估计. 称比值

$$\sqrt{\hat{R}} = \sqrt{\frac{\hat{\sigma}^2}{W}}$$

为潜在尺度压缩因子 (potential scale reduction factor, PSRF). 若考察的链进入了稳定状态, 且当样本数据足够大时, 混合方差应趋向等于链内方差, 也即压缩因子应趋于 1. 考虑到抽样的波动性, Gelman, Rubin (1992a) 建议修正 $\sqrt{\hat{R}}$ 为 $\sqrt{\hat{R}\frac{df}{df-2}}$, 其中 df 为渐近 t 分布的自由度. Brooks, Gelman (1998) 认为该修正有误, 重新修正为

$$\sqrt{\hat{R}_c} = \sqrt{\hat{R}\frac{df+3}{df+1}}. \tag{5.60}$$

Gelman 等 (2004a) 建议对所有欲估计统计量都计算相应的修正压缩因子, 当所有的压缩因子都接近 1 时, 可认为马尔可夫过程已经收敛. 许多统计软件中已附带有修正规范压缩因子的计算及相关的图表展示. 如 R 软件统计 coda 包 (Plummer 等, 2006) 中包含有许多 MCMC 收敛诊断方法. 关于 Gelman-Rubin 方法的进一步讨论和更多的诊断方法参见 Cowles, Carlin (1996), Liu, Rubin (1996), Brooks, Gelman (1998) 以及 Plummer 等 (2006) 等.

习 题

1. 证明例 5.2.

2. 证明例 5.5.

3. 证明例 5.6.

4. 使用 Metropolis 算法对泊松分布 $P(\lambda), \lambda = 5$, 进行抽样.

5. 假设目标分布为混合正态分布

$$0.3 \cdot N(1, \ 0.5^2) + 0.7 \cdot N(3, \ 1),$$

(1) 请分别使用正态分布和 t 分布为提案分布, 实现 MH 抽样, 并画出抽样轨迹图, 观察抽样收敛过程. 使用 5.6 节中的方法分析收敛过程.

(2) 使用随机游走方法抽样, 并分析收敛过程.

6. 使用 Gibbs 算法实现 16×16 网格的 Ising 模型抽样, 假定 $\frac{1}{kT} = 1, h_\sigma = 0$.

7. 泊松变点模型. 假设随机变量序列 $X_1, \cdots, X_n$ 为独立的泊松序列观察样本, 前 m 个样本服从参数为 λ_1 的泊松分布, 后 $n-m$ 个样本服从参数为 λ_2

的泊松分布, 也即

$$X_i \sim Poi(\lambda_1), \quad i = 1, 2, \cdots, m,$$
$$X_i \sim Poi(\lambda_2), \quad i = m+1, 2, \cdots, n.$$

文献中常用贝叶斯方法估计参数 $(m, \lambda_1, \lambda_2)$, 如假设先验分布

$$\lambda_k \sim Gamma(\alpha_k, \beta_k), \quad k = 1, 2,$$

m 服从 $1, \cdots, n-1$ 上的离散均匀分布, 试推导后验条件分布 $\lambda_k | X_1, \cdots, X_n, m$, $k = 1, 2$ 和 $m | X_1, \cdots, X_n, \lambda_1, \lambda_2$. 并给出 Gibbs 抽样流程实现对参数 m 的估计. 可使用随机模拟的方式验证估计的效率.(可假定 $n = 150, m = 60, \lambda_1 = 0.5, \lambda_2 = 2.5, \alpha_1 = \alpha_2 = 2.5, \beta_1 = \beta_2 = 5.5.$)

8. 表 5.5 列出了 1851 年至 1962 年间, 每年发生的矿难次数, 数据引自 Givens, Hoeting, 2013, 使用习题 7 的贝叶斯方法估计变点年份.

表 5.5　矿 难 数 据

年份	次数	年份	次数	年份	次数	年份	次数	年份	次数	年份	次数
1851	4	1870	4	1889	3	1908	3	1927	1	1946	1
1852	5	1871	5	1890	2	1909	2	1928	1	1947	4
1853	4	1872	3	1891	2	1910	2	1929	0	1948	0
1854	1	1873	1	1892	1	1911	0	1930	2	1949	0
1855	0	1874	4	1893	1	1912	1	1931	3	1950	0
1856	4	1875	4	1894	1	1913	1	1932	3	1951	1
1857	3	1876	1	1895	1	1914	1	1933	1	1952	0
1858	4	1877	5	1896	3	1915	0	1934	1	1953	0
1859	0	1878	5	1897	0	1916	1	1935	2	1954	0
1860	6	1879	3	1898	0	1917	0	1936	1	1955	0
1861	3	1880	4	1899	1	1918	1	1937	1	1956	0
1862	3	1881	2	1900	0	1919	1	1938	1	1957	1
1863	4	1882	5	1901	1	1920	0	1939	1	1958	0
1864	0	1883	2	1902	1	1921	0	1940	2	1959	0
1865	2	1884	2	1903	0	1922	2	1941	4	1960	1
1866	6	1885	3	1904	0	1923	1	1942	2	1961	0
1867	3	1886	4	1905	3	1924	0	1943	0	1962	1
1868	3	1887	2	1906	1	1925	0	1944	0		
1869	5	1888	1	1907	0	1926	0	1945	0		

注: 数据摘自 Givens, Hoeting (2013).

9. 随机变量 X 具有密度函数

$$f(x) \propto \exp\left\{-\frac{2}{(x+3)^2}\right\},$$

试使用切片抽样法抽取 X 的容量为 100 的样本, 并画出样本直方图.

第六章　拟蒙特卡罗方法

在随机模拟中, 蒙特卡罗方法是最常用的方法. 然而, 在有些情形下, 蒙特卡罗方法的效果可以通过其他方法加以改进. 数论方法或拟蒙特卡罗方法 (quasi-Monte Carlo method) 是其中一种改进方法, 该方法与蒙特卡罗方法相似, 但理论基础不同. 这种方法的基本思想是用确定性的低偏差序列 (low discrepancy sequences) 代替蒙特卡罗方法中的随机数序列. 对低维问题, 该方法的收敛速度比蒙特卡罗方法更快. 本章将介绍常用的拟蒙特卡罗方法, 如均匀网格等; 并介绍不同类型分布的均方误代表点的产生方法, 以及通过重抽样方法来比较不同类型代表点之间的性能差异.

6.1　均匀网格

考虑 s 维空间上的多元积分

$$I(f) = \int_{\mathcal{X}} f(\boldsymbol{x})d\boldsymbol{x}, \tag{6.1}$$

其中 $\boldsymbol{x} = (x_1, \cdots, x_s)$, $f(\boldsymbol{x})$ 是 $\mathcal{X}$ 上的连续函数, $\mathcal{X}$ 为积分区域. 如果积分区域为 R^s 的矩形, 不失一般性, 设 $\mathcal{X}$ 为 s 维单位立方体 $C^s = [0,1]^s$. 如果 $I(f)$ 没有解析表达式, 可以用蒙特卡罗方法给出近似积分. 设 $\mathcal{P} = \{\boldsymbol{x}_1, \cdots, \boldsymbol{x}_n\}$ 是 C^s 上的均匀分布 $U(C^s)$ 的 n 个独立样本, 则用其相应的样本均值 $\hat{I}(\mathcal{P}) = \frac{1}{n}\sum_{i=1}^{n} f(\boldsymbol{x}_i)$ 来估计 I. 易知, $\hat{I}(\mathcal{P})$ 是 I 的无偏估计, 且其估计方差为 $\text{Var}(f(\boldsymbol{x}))/n$, 其中随机向量 $\boldsymbol{x} \sim U(C^s)$. 由中心极限定理可知, 当

样本量 n 充分大时, 样本均值和总均值之间的差异有如下关系

$$P\left[|\hat{I}(\mathcal{P}) - I| \leqslant \frac{\sigma x}{\sqrt{n}}\right] \approx \Phi(x),$$

其中 σ 是 $f(\boldsymbol{x})$ 的标准差, $\Phi(x)$ 是标准正态分布的分布函数. 由此可见, 蒙特卡罗方法的收敛速度为 $O(n^{-1/2})$, 该收敛速度较慢.

为了寻找收敛速度更快的点集, 著名的 Koksma-Hlawka 不等式

$$|\bar{y}(\mathcal{P}) - E(y)| \leqslant V(f)D^*(\mathcal{P}) \tag{6.2}$$

是一个非常合适的工具, 其中 $V(f)$ 为函数 f 在 Hardy 和 Krause 意义下的全变差, 具体定义见 Hua, Wang (1981), Niederreiter (1992) 且 $D^*(\mathcal{P})$ 为 $\mathcal{P}$ 的不依赖于 f 的星偏差. 星偏差的定义如下

$$D^*(\mathcal{P}) = \sup_{\boldsymbol{x} \in C^s} \left| \frac{N(\mathcal{P} \cap [\boldsymbol{0}, \boldsymbol{x}))}{n} - \text{vol}([\boldsymbol{0}, \boldsymbol{x})) \right|, \tag{6.3}$$

其中超矩形 $[\boldsymbol{0}, \boldsymbol{x}) = [0, x_1) \times \cdots \times [0, x_s)$, $N(\mathcal{P} \cap [\boldsymbol{0}, \boldsymbol{x}))$ 为设计 $\mathcal{P}$ 中落入 $[\boldsymbol{0}, \boldsymbol{x})$ 的设计点数, $\text{vol}([\boldsymbol{0}, \boldsymbol{x}))$ 为 $[\boldsymbol{0}, \boldsymbol{x})$ 的体积. 星偏差 (6.3) 恰好是分布拟合优度检验中的 Kolmogorov-Smirnov 统计量. 在一些情形下, (6.2) 式中 Koksma-Hlawka 不等式的上界是紧上界. 给定函数 f 和试验区域, $V(f)$ 保持不变. 若 $V(f)$ 在试验区域上有界, 则可以选取试验区域 C^s 上的 n 个点的设计 $\mathcal{P}$, 使得其星偏差 $D^*(\mathcal{P})$ 尽可能地小, 从而可以最小化 (6.2) 式的上界. 理论证明 $|\bar{y}(\mathcal{P}) - E(y)|$ 收敛阶数可以达到 $O(n^{-1}(\log n)^s)$. 当维数 s 不太高时, 例如 $s < 18$, 低偏差序列的收敛速度更快. 读者可以参考 Hua, Wang (1981), Niederreiter (1992).

6.1.1　低偏差序列

拟蒙特卡罗方法即是选择合适的点集使得星偏差 $D^*(\mathcal{P})$ 尽可能小的方法. 我们称星偏差较小的点集为低偏差序列, 这些点集可用确定性的方法给出. 常见的低偏差序列有 Halton 序列、Hammersley 集、Sobol 序列等.

(A) Halton 序列

给定某正整数 b, 对于任意正整数 n, 令

$$n = \sum_{k=0}^{L-1} d_k(n) b^k$$

为 n 的唯一的 b 进制表示方式, 即 $0 \leqslant d_k(n) < b$. 令

$$\phi_b(n) = \sum_{k=0}^{L-1} d_k(n) b^{-k-1}.$$

则对于任意正整数 n, $\phi_b(n) \in [0,1)$. 对于任意维数 $s \geqslant 1$ 和任意不小于 2 且互素的正整数 $b_1, \cdots, b_s$, 定义 Halton 序列为 $\mathcal{H}_n = \{\boldsymbol{x}(n)\}_{n \geqslant 1}$, 其中

$$\boldsymbol{x}(n) = (\phi_{b_1}(n), \phi_{b_2}(n), \cdots, \phi_{b_s}(n)) \in C^s.$$

当 $s = 1$ 时, Halton 序列退化为 van der Corput 序列. Niederreiter (1992) 证明了 Halton 序列 $\mathcal{H}_n$ 的星偏差有下面的上界,

$$D^*(\mathcal{H}_n) < \frac{s}{n} + \frac{1}{n} \prod_{i=1}^{s} \left(\frac{b_i - 1}{2 \log b_i} \log n + \frac{b_i + 1}{2} \right).$$

因此, Halton 序列的星偏差的收敛阶数为 $O(n^{-1}(\log n)^s)$.

(B) Hammersley 集

Hammersley 集对 Halton 序列做了一些修改. 对于任意维数 $s \geqslant 2$, 给定的点集个数 $n \geqslant 2$ 和任意不小于 2 且互素的正整数 $b_1, \cdots, b_{s-1}$, 定义 Hammersley 集为 $\mathcal{G}_n = \{\boldsymbol{x}(t)\}_{1 \leqslant t \leqslant n}$, 其中

$$\boldsymbol{x}(t) = \left(\frac{t}{n}, \phi_{b_1}(n), \phi_{b_2}(n), \cdots, \phi_{b_{s-1}}(n) \right) \in C^s.$$

Niederreiter (1992) 证明了 Hammersley 集 $\mathcal{G}_n$ 的星偏差有下面的上界,

$$D^*(\mathcal{G}_n) < \frac{s}{n} + \frac{1}{n} \prod_{i=1}^{s-1} \left(\frac{b_i - 1}{2 \log b_i} \log n + \frac{b_i + 1}{2} \right).$$

因此, Hammersley 集的星偏差的收敛阶数为 $O(n^{-1}(\log n)^{s-1})$. 因此, 以 Halton 序列和 Hammersley 集为基准, 文献要求低偏差序列的星偏差的收敛阶数不能低于 $O(n^{-1}(\log n)^s)$.

(C) Sobol 序列

Sobol 序列即为 (t, s) 序列, 其包括 (t, m, s) 网这一概念 (Sobol, 1967; Niederreiter, 1987). 首先给出 (t, m, s) 网的定义. 给定某个正整数 $b \geqslant 2$ 和维数 s, 定义以 b 为基底的基本区间为具有下面形式的区间

$$E = \prod_{i=1}^{s} [a_i b^{-d_i}, (a_i + 1) b^{-d_i}),$$

其中 d_i 为非负整数, 整数 a_i 满足 $0 \leqslant a_i < b^{d_i}, 1 \leqslant i \leqslant s$. 设整数 $0 \leqslant t \leqslant m$, 一个以 b 为基底的 (t,m,s) 网为 C^s 中的 b^m 个点的点集, 使得这 b^m 个点落入每个以 b 为基底的基本区间 E 中的点数为 b^t, 其中 E 的体积 $\mathrm{vol}(E) = b^{t-m}$. Sobol (1967) 给出了 (t,m,s) 网在基底 $b = 2$ 的情形, Niederreiter (1987) 推广至一般的 b. 称 C^s 中的序列 $\{\boldsymbol{x}_1, \boldsymbol{x}_2, \cdots\}$ 为以 b 为基底的 (t,s) 序列, 若对于任意整数 $k \geqslant 0$ 和 $m > t$, $\{\boldsymbol{x}_n\}_{kb^m < n \leqslant (k+1)b^m}$ 为以 b 为基底的 (t,m,s) 网.

显然, t 值越小, C^s 中以 b 为基底的基本区间 E 的个数越多, 因此相应的 (t,m,s) 网均匀性越好. 因此, 我们称 t 为 (t,m,s) 网的质量参数. 不过构造 (t,m,s) 网和 (t,s) 序列并不是简单的事情. Sobol (1967) 给出了以 2 为基底的 (t,s) 序列的构造方法, 其中 t 与 s 有关; Niederreiter (1987) 给出了以不小于 s 的素数幂为基底的 $(0,s)$ 序列的构造方法. Niederreiter, Xing (2001) 基于代数几何的方法给出了一种构造方法. 更多的构造方法可参见 Niederreiter (2018); Hofer, Niederreiter (2013) 等.

Niederreiter (1987) 给出点数为 n 的 (t,s) 序列 $\mathcal{P}_n$ 在不同情形下的星偏差上界,

$$D^*(\mathcal{P}_n) \leqslant C(t,s,b)n^{-1}(\log n)^s + O(n^{-1}(\log N)^{s-1}),$$

其中系数 $C(t,s,b)$ 如下所示

$$C(t,s,b) = \begin{cases} \dfrac{1}{8}b^t\left(\dfrac{b-1}{\log b}\right)^2, & s = 2, \\[2mm] \dfrac{2^t}{24(\log 2)^3}, & s = 3, b = 2, \\[2mm] \dfrac{2^t}{64(\log 2)^4}, & s = 4, b = 2, \\[2mm] \dfrac{1}{s!}b^t\dfrac{b-1}{2\lfloor b/2 \rfloor}\left(\dfrac{\lfloor b/2 \rfloor}{\log b}\right)^s, & \text{其他}, \end{cases}$$

其中 $\lfloor \cdot \rfloor$ 表示向下取整.

另一方面, 对于 C^s 上的任意 n 个点的点集 $(x_1, \cdots, x_n)$, 我们可以讨论其星偏差的下界. 对于不同维数, 我们有下面的结果. 当 $s = 1$ 时,

$$D_n^*(x_1, \cdots, x_n) \geqslant \frac{1}{2n},$$

且该下界能达到的充要条件是 $x_t = (t - 0.5)/n, t = 1, \cdots, n$. 当 $s = 2$ 时, Schmidt (1972) 证明了对于任意点集 $\{x_1, \cdots, x_n\}$,

$$D_n^*(x_1, \cdots, x_n) \geqslant C\frac{\log n}{n},$$

其中

$$C = \max_{a \geqslant 3} \frac{1}{16} \frac{a-2}{a \log a} \approx 0.023335.$$

而对于任意的 $s > 1$, Roth (1954) 证明了对于 C^s 上的任意点集 $\{x_1, \cdots, x_n\}$,

$$D_n^*(x_1, \cdots, x_n) \geqslant \frac{1}{2^{4s}} \frac{1}{((s-1) \log 2)^{\frac{s-1}{2}}} \frac{\log^{\frac{s-1}{2}} n}{n},$$

这也是已知的关于 $s \geqslant 3$ 的最优下界了.

例 6.1 考虑二维 Halton 序列, Hammersley 集, Sobol 序列这三种低偏差序列的表现, 图 6.1 给出了当 $n = 50, 100$ 和 500 时这三种序列的点图. 可见, 二维 Hammersley 集表现良好, 这和 Hammersley 集的收敛阶数较高是一致的. 多维时其表现类似.

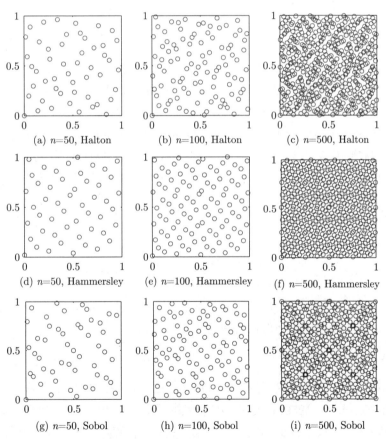

图 6.1 二维情形下不同点数的低偏差序列. (a)—(c) Halton 序列, (d)—(f) Hammersley 集, (g)—(i) Sobol 序列.

6.1.2　均匀网格

前面的低偏差序列的主要想法是构造点数为 n 的序列使其星偏差的收敛阶数达到 $O(n^{-1}(\log n)^s)$. 然而, 另一种更直接的想法是寻找序列使其星偏差最小化. 从试验设计的角度来说, 一个序列也称之为一个设计. 一个使得星偏差最小的设计被称为均匀设计 (Fang, 1980; Fang, Wang, 1994). 设 $\mathcal{P} = \{x_1, \cdots, x_n\}$ 是 C^s 中的 n 个点组成的点集, $\mathcal{D}(n; C^s)$ 为所有这些点集的集合. 若设计 $\mathcal{P}^*$ 在 $\mathcal{D}(n; C^s)$ 上有最小的星偏差, 则称 $\mathcal{P}^*$ 为均匀设计, 即

$$D^*(\mathcal{P}^*) = \min_{\mathcal{P} \in \mathcal{D}(n; C^s)} D^*(\mathcal{P}). \tag{6.4}$$

因此, 问题转化为怎么寻找一个设计 $\mathcal{P}^*$ 使得其星偏差达到最小.

然而, 备选集 $\mathcal{D}(n; C^s)$ 中的设计个数是无穷的, 因此并不容易搜索到最佳的设计. 为了减少备选设计的个数, 我们可以把设计限制在格子点上. 即对每一维都分成 n 个相同的子区间, 并取每个子区间的中点, $(t - 0.5)/n, t = 1, \cdots, n$, 则所有的 s 维的格子点个数为 n^s. 记 $D(n; n^s)$ 为从 n^s 个格子点中选取 n 个不重复的点组成的点集. 每个点集都可以用 $n \times s$ 的矩阵形式表示. 记 $\mathcal{D}(n; n^s)$ 为所有的 $D(n; n^s)$, $\mathcal{D}(n; n^s)$ 的备选设计的个数为 $\binom{n^s}{n}$. 即使对于不太大的 n 和 s, 该值也过于庞大, 以至于很难搜索到一个星偏差最小的点集. 我们需要再次减少备选设计数. 为此, 我们使点集对应矩阵的每一列都是 $\{\frac{t-0.5}{n}, t = 1, \cdots, n\}$ 的一个置换. 称这样的矩阵为 U 型矩阵, 并记为 $U(n; n^s)$. 记所有的 U 型矩阵 $U(n; n^s)$ 为 $\mathcal{U}(n; n^s)$, 则其备选点集的个数为 $(n!)^s$. 总之, 备选集可以如下依次变小.

$$\boxed{\mathcal{D}(n; C^s)} \Longrightarrow \boxed{\mathcal{D}(n; n^s)} \Longrightarrow \boxed{\mathcal{U}(n; n^s)} \tag{6.5}$$

因此, 问题转化为在备选集 $\mathcal{U}(n; n^s)$ 寻找一个点集使得星偏差达到最小. 我们称星偏差最小的点集为均匀网格或均匀设计.

(A) 好格子点法

一种简单的构造算法是拟蒙特卡罗方法中常用的好格子点法. 该方法首先由 Korobov (1959a) 提出, 用于多维积分的数值逼近. 更多的讨论见 Hua, Wang (1981); Shaw (1988); Fang, Wang (1994). 为了表示方便, 我们把 $\{\frac{t-0.5}{n}, t = 1, \cdots, n\}$ 线性变换至 $\{1, 2, \cdots, n\}$. 好格子点法的目的是生成一个合适的 $\mathcal{U}(n; n^s)$ 的子集. 记特殊的模运算 $\widetilde{\mod} \, n$ 表示对通常的模运算

mod n 做一点修改, 即 n 的整数倍模 n 之后变为 n, 而不是通常的 0. 给定参数 n 和 s, 好格子点法的具体构造过程如下:

步骤 1. 给定参数 n 和 s, 确定正整数候选集

$$\mathcal{H}_n = \{h : h < n,\ n \text{ 和 } h \text{ 互素}\}.$$

步骤 2. 设 $\boldsymbol{h} = (h_1, \cdots, h_s)$ 的元素为 $\mathcal{H}_n$ 中 s 个互不相同的数, 则得到 $n \times s$ 矩阵 $\boldsymbol{U} = (u_{ij})$, 其中 $u_{ij} = ih_j \,\widetilde{(\bmod\, n)}$. 简记 $\boldsymbol{U}(n, \boldsymbol{h})$ 为 $\boldsymbol{U}$, 其中 $\boldsymbol{h}$ 为 $\boldsymbol{U}$ 的生成向量. 记 $\mathcal{G}_{n,s}$ 为全体的 $\boldsymbol{U}(n, \boldsymbol{h})$.

步骤 3. 寻找一个生成向量 $\boldsymbol{h}^*$ 使得其相应的 $\boldsymbol{U}(n, \boldsymbol{h}^*)$ 在 $\mathcal{G}_{n,s}$ 中具有最小的星偏差. 称 $\boldsymbol{U}(n, \boldsymbol{h}^*)$ 为均匀网格或均匀设计.

这里, 步骤 1 中 $\mathcal{H}_n$ 的每个元素都和 n 互素, 其可使得设计的第 j 列 $\boldsymbol{h}_j = (h_j, 2h_j, \cdots, nh_j)^T \widetilde{(\bmod\, n)}$ 恰好为 $\{1, 2, \cdots, n\}$ 的一个置换. 与 n 互素的正整数的个数 $m = \phi(n)$, 其中 $\phi(\cdot)$ 为欧拉函数 (Hua, Wang, 1981), 具体定义如下. 对于任意一个正整数 n, 存在唯一的素数分解 $n = p_1^{r_1} \cdots p_t^{r_t}$, 其中 $p_1, \cdots, p_t$ 为不同的素数, 且 $r_1, \cdots, r_t$ 为正整数. 则欧拉函数 $\phi(n) = n\left(1 - \frac{1}{p_1}\right) \cdots (1 - \frac{1}{p_t})$. 当 n 为素数时, $\phi(n) = n - 1$.

好格子点法的关键步骤是确定最优的生成向量 $\boldsymbol{h} = (h_1, \cdots, h_s)$. 最多有 $\binom{\phi(n)}{s}$ 个 U 型设计. 由于好格子点具有一种特殊的结构, 即对第一列 $\boldsymbol{h}_1$ 做行置换可使得第一列恰好为 $1, \cdots, n$, 则其他列也是由第一行的另一个生成向量确定的. 因此只需令生成向量的第一个元素都等于 1, 则总共可选择的个数为 $\binom{\phi(n)-1}{s-1}$ 个.

为了估计好格子点法 $\boldsymbol{U}(n, \boldsymbol{h})$ 的偏差大小, 我们需要重新通过线性变换 $t \to (t - 0.5)/n$ 把每个元素变换到 $(0, 1)$. 记变换后的点集为 $\widetilde{\boldsymbol{U}}(n, \boldsymbol{h})$. Hua, Wang (1981) 证明了对于任意素数 n, 存在生成向量 $\boldsymbol{h}$, 使得 $\widetilde{\boldsymbol{U}}(n, \boldsymbol{h})$ 的星偏差满足

$$D^*(\widetilde{\boldsymbol{U}}(n, \boldsymbol{h})) \leqslant c(s) n^{-1} (\log n)^s,$$

其中 $c(s)$ 是与维数 s 有关, 而与 n 无关的系数.

(B) 删行好格子点法

易知, 好格子点 $\boldsymbol{U}(n+1, \boldsymbol{h})$ 的第 $n+1$ 行为 $(n+1, \cdots, n+1)$. 删除这一行得到的设计 $\boldsymbol{H}$, 其每一列都是 $(1, \cdots, n)^T$ 的置换. 因此, 对好格子点法的一种

改进方法如下: 首先生成 $U(n+1, \boldsymbol{h})$, 然后删除其最后一行, 即第 $n+1$ 行, 并比较删除后的点集的均匀性, 从中得到一个最优的点集. 称这种方法为删行好格子点法. 当 $\phi(n+1) > \phi(n)$ 时, 例如当 n 为偶数时, 删行好格子点法的候选设计集 $\mathcal{L}_{n,s}$ 中的设计个数可能比好格子点法的候选设计集的设计个数多. 例如, 设 $n = 36, s = 4$. 好格子点法可能的候选点集个数至多有 $\binom{\phi(36)-1}{4-1} = 165$ 个, 而删行好格子点法的候选点集个数可达 $\binom{\phi(36+1)-1}{4-1} = 6545$ 个. 从而有更多的可能性使得删行好格子点法得到的点集比好格子点法的更均匀.

(C) 方幂好格子点法

由于好格子点法中需要比较 $\binom{\phi(n)-1}{s-1}$ 个生成向量, 即使对于一般大小的 n 和 s, 该值也很大, 因此需要考虑再次减小搜索空间. Korobov (1959a) 给出一种特殊形式的生成向量 $\boldsymbol{h} = (1, h, h^2, \cdots, h^{s-1}) \; (\widetilde{\mathrm{mod}} \; n)$, 其中 $h < n$, $\gcd(n,h)=1$. 我们称这种方法为方幂好格子点法, 该方法的计算复杂度比好格子点法低, 由这种方法得到的设计为方幂好格子点. 给定正整数 (n,s), 该方法生成 (近似) 均匀设计的过程如下:

步骤 1. 确定正整数候选集

$$\mathcal{A}_{n,s} = \{a : a < n, \gcd(a, n) = 1, \; \text{且} \; a, a^2, \cdots, a^s \; \text{模} \; n \; \text{互不相同}\}.$$

若集合 $\mathcal{A}_{n,s}$ 非空, 转步骤 2, 否则不能由该方法生成均匀设计.

步骤 2. 对每个 $a \in \mathcal{A}_{n,s}$, 构造 U 型设计 $\boldsymbol{U}^a = (u_{ij}^a)$ 如下:

$$u_{ij}^a = \widetilde{ia^{j-1} \; (\mathrm{mod} \; n)}, i = 1, \cdots, n; j = 1, \cdots, s.$$

步骤 3. 确定 $a_* \in \mathcal{A}_{n,s}$, 使得 $\boldsymbol{U}^{a_*}$ 在所有的 $\boldsymbol{U}^a$ 中有最小的偏差值. 则 $\boldsymbol{U}^{a_*}$ 为近似均匀网格.

步骤 1 中 $\mathcal{A}_{n,s}$ 的元素个数 $|\mathcal{A}_{n,s}| \leqslant \phi(n)$. 对于素数 n, 可以证明当 $s = n-1$ 时, $|\mathcal{A}_{n,s}| = \phi(\phi(n)) = \phi(n-1)$; 当 $s < n-1$ 时, $|\mathcal{A}_{n,s}| \in [\phi(n-1), n-1]$. 因此, 方幂好格子点法需要比较的不同格子点的个数远低于好格子点法.

Niederreiter (1977) 证明了由方幂好格子点法得到的星偏差的收敛阶数为 $O(n^{-1}(\log n)^s \log(\log n))$, 比好格子点法的收敛阶数 $O(n^{-1}(\log n)^s)$ 稍差一点. 不过, 这从某种程度上说明了方幂好格子点法的性能也是不错的.

6.1.3　改进的偏差

星偏差在拟蒙特卡罗方法中起到重要作用, 不过星偏差并不能在多项式时间内计算其数值 (Winker, Fang, 1997). 此外, Hickernell (1998a) 还指出星偏差在衡量点集的均匀性时, 还存在一些其他缺点. 例如星偏差不具有旋转不变性, 即对点集进行坐标旋转时会改变其偏差值. Zhou 等 (2013) 进一步指出星偏差在高维情形中表现不佳. 为此, 文献中提出了一些改进的偏差, 如可卷偏差 (Hickernell, 1998a)、中心化偏差 (Hickernell, 1998b)、离散偏差 (Hickernell, Liu, 2002)、Lee 偏差 (Zhou 等, 2008) 和混合偏差 (Zhou 等, 2013) 等. 这些偏差能克服星偏差的缺点, 并在均匀设计领域有许多应用. Zhou 等 (2013) 说明混合偏差比星偏差、中心化偏差和可卷偏差更好.

下面分别给出这些推广偏差的平方值的显式表达式. 记区域上的 n 个点构成的点集 $\mathcal{P} = \{\boldsymbol{x}_1, \cdots, \boldsymbol{x}_n\} = \{(x_{ij}) : 1 \leqslant i \leqslant n, 1 \leqslant j \leqslant s\}$.

- 可卷偏差 (Hickernell, 1998a)

$$\mathrm{WD}^2(\mathcal{P}) = -\left(\frac{4}{3}\right)^s + \frac{1}{n^2} \sum_{i,k=1}^n \prod_{j=1}^s \left[\frac{3}{2} - |x_{ij} - x_{kj}| + |x_{ij} - x_{kj}|^2\right].$$

(6.6)

- 中心化偏差 (Hickernell, 1998b)

$$\mathrm{CD}^2(\mathcal{P}) = \left(\frac{13}{12}\right)^s - \frac{2}{n} \sum_{i=1}^n \prod_{j=1}^s \left(1 + \frac{1}{2}|x_{ij} - 0.5| - \frac{1}{2}|x_{ij} - 0.5|^2\right)$$
$$+ \frac{1}{n^2} \sum_{i,k=1}^n \prod_{j=1}^s \left(1 + \frac{1}{2}|x_{ij} - 0.5| + \frac{1}{2}|x_{kj} - 0.5| - \frac{1}{2}|x_{ij} - x_{kj}|\right).$$

(6.7)

- 混合偏差 (Zhou 等, 2013)

$$\mathrm{MD}^2(\mathcal{P}) = \left(\frac{19}{12}\right)^s - \frac{2}{n} \sum_{i=1}^n \prod_{j=1}^s \left(\frac{5}{3} - \frac{1}{4}|x_{ij} - \frac{1}{2}| - \frac{1}{4}|x_{ij} - \frac{1}{2}|^2\right)$$
$$+ \frac{1}{n^2} \sum_{i=1}^n \sum_{k=1}^n \prod_{j=1}^s \left(\frac{15}{8} - \frac{1}{4}|x_{ij} - \frac{1}{2}| - \frac{1}{4}|x_{kj} - \frac{1}{2}|\right.$$
$$\left. - \frac{3}{4}|x_{ij} - x_{kj}| + \frac{1}{2}|x_{ij} - x_{kj}|^2\right).$$

(6.8)

上面提到的这些改进偏差的显式表达式通常可以通过再生核希尔伯特空间这一泛函工具给出, 具体的定义和有关推导过程见 Hickernell (1998a,b); Fang 等 (2006a, 2018). 对于给定的偏差, 寻找相应的均匀设计并不是一件很容易的事情. 在文献中, 我们有以下三种构造均匀设计表的方法:

(1) 拟蒙特卡罗法, 如好格子点法及其推广的算法如方幂好格子法、切割法 (Ma, Fang, 2004) 等;

(2) 组合方法, 见 Fang 等 (2002, 2003a, 2004) 等;

(3) 数值搜索方法, 如门限接受法 (Winker, Fang, 1997; Fang 等, 2003b, 2005, 2006b; Zhou, Fang, 2013) 等. 这里不再详细展开了, 有兴趣的读者可参见相关文献.

例 6.2　考虑当 $n = 50, 100, 500$ 时, 好格子点法、删行好格子点法在星偏差和混合偏差下的表现. 从图 6.2 中可知, 在星偏差下的好格子点和删行好

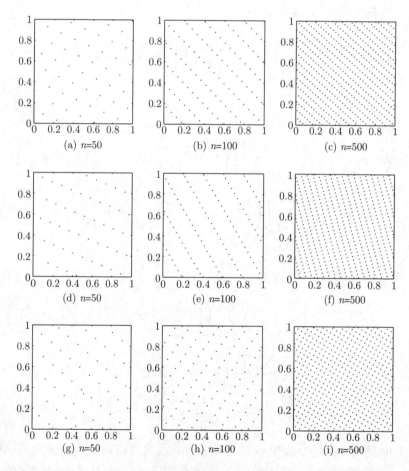

图 6.2　二维情形下好格子点法、删行好格子点法在星偏差和混合偏差下的表现. (a)—(c) 在星偏差下的好格子点, (d)—(f) 在星偏差下的删行好格子点, (g)—(i) 在混合偏差下的删行好格子点

格子点的均匀性效果都不如在混合偏差下的删行好格子点. 混合偏差下的好格子点和删行好格子点类似. 这也从某个方面说明混合偏差衡量均匀性时比星偏差的效果更好. 另一方面, 混合偏差有显式表达式, 因其计算速度比星偏差快很多. 从而前者更利于搜索最佳设计.

6.2 分布函数的代表点

在实际应用中, 经常要求用一个离散分布来近似某个连续概率分布. 例如 Fang, He (1982) 用代表点方法寻找服装类型的最优分类, Flury (1990) 用主成分点决定瑞士军队的防毒面具的最优尺寸和形状. 另外, 在很多统计模拟问题中, 用一些离散的点来代表一个连续型随机变量可以大大降低计算复杂度.

设连续型随机向量 $x = (X_1, \cdots, X_s)$ 的分布函数为 $F(x)$, 密度函数为 $f(x)$. 我们的目的是寻找一个离散型随机向量 ξ, 使其分布函数 $G(x)$ 尽可能多地保留 $F(x)$ 的性质. 寻找 ξ 的一个基本想法是选择一些代表点, 并对每个点赋以一定的权重, 即

$$
\begin{array}{c|cccc}
\xi & x_1 & x_2 & \cdots & x_n \\
\hline
p & p_1 & p_2 & \cdots & p_n
\end{array}
\tag{6.9}
$$

文献中提出很多确定代表点的方法, 例如均方误差法 (Cox, 1957; Fang, He, 1982; Flury, 1990), 括号中位数法 (Cheng, 1997), 推广的 Pearson-Tukey 法 (Keefer, Bodily, 1983), 以及 FM 准则 (周永道, 方开泰, 2019) 等方法. 为了简单起见, 本节主要讨论一维情形. 很多结论也可以推广至多维情形.

6.2.1 几种代表点方法

括号中位数法和推广的 Pearson-Tukey 法仅针对一维情形. 括号中位数法是把连续分布函数 $F(x)$ 分成一些相同的区间, 并对每个区间取其括号中位数为代表点, 且每个点的权重一样. 推广的 Pearson-Tukey 法选择三个点作为代表点, 即中位数、0.05 和 0.95 分位数, 且其权重分别为 0.63, 0.185 和 0.185. 下面讨论蒙特卡罗方法、数论方法和均方误差法等代表点方法.

(A) 蒙特卡罗代表点

蒙特卡罗法是一个最简单的想法, 其从总体中得到 n 个随机样本 $x_1, \cdots, x_n$ 作为代表点, 并在每个样本处的权重定义为 $1/n$, 称这种代表点为蒙特卡罗代表点 (Monte Carlo representative point), 记为 MCRP. 此时, MCRP 的分

布函数 $G(x)$ 为点集 $\mathcal{P} = \{x_1, \cdots, x_n\}$ 的经验分布函数 $F_{\mathcal{P}}(x)$, 即

$$F_{\mathcal{P}}(x) = \frac{1}{n} \sum_{i=1}^{n} 1_{[x_i, \infty)}(x), \tag{6.10}$$

其中 $1_{[x_i, \infty)}(x)$ 为示性函数, 当 $x \in [x_i, \infty)$ 时, 等于 1, 否则为 0. 对于任意随机变量 $X \sim F(x)$, 示性函数 $1_{[X, \infty)}(x)$ 具有如下的性质:

$$E(1_{[X, \infty)}(x)) = F(x), \mathrm{Var}(1_{[X, \infty)}(x)) = F(x)(1 - F(x)).$$

因此, 根据大数定律和中心极限定理, 可知

$$F_{\mathcal{P}}(x) \xrightarrow{P} F(x), \frac{F_{\mathcal{P}}(x) - F(x)}{\sqrt{F(x)(1 - F(x))}} \xrightarrow{L} N(0, 1),$$

其中 $\xrightarrow{P}$ 表示依概率收敛, $\xrightarrow{L}$ 表示依分布收敛. 换句话说, 其经验分布函数 $F_{\mathcal{P}}(x)$ 是总体分布函数 $F(x)$ 的较好估计.

点集 $\mathcal{P}$ 另一个优良性准则是在整个空间上衡量经验分布函数 $F_{\mathcal{P}}(x)$ 和总体分布函数 $F(x)$ 的差异. 定义

$$D_p(F, F_{\mathcal{P}}) = \left[\int_R |F_{\mathcal{P}}(x) - F(x)|^p dx \right]^{1/p}, \tag{6.11}$$

$L_p F$ 偏差. 当 $p = \infty$ 时, (6.11) 变为 F 偏差 (Fang, Wang, 1994)

$$D(F, F_{\mathcal{P}}) = \sup_{x \in R} |F_{\mathcal{P}}(x) - F(x)|. \tag{6.12}$$

F 偏差可以衡量 $\mathcal{P}$ 对于 $F(x)$ 的近似程度. $D(F, F_{\mathcal{P}})$ 恰好是对于 $F(\boldsymbol{x})$ 的分布拟合优度检验中的 Kolmogorov-Smirnov 统计量. 对于蒙特卡罗法得到的 n 个随机样本, 根据 Glivenko-Cantelli 定理可知,

$$\sup_{x \in R} |F_{\mathcal{P}}(x) - F(x)| \xrightarrow{a.s.} 0,$$

即经验分布函数几乎处处收敛到分布函数.

进一步地, 我们也可以把 F 偏差的定义从一维推广至 s 维. 若分布函数 $F(\boldsymbol{x})$ 是 s 维单位立方体 $[0, 1]^s$ 上均匀分布的分布函数, 则 F 偏差变为星偏差这一特殊的均匀性测度.

(B) 数论方法代表点

对于一维情形, 如果 $X \sim F(x)$, 易知 $F(X) \sim U[0, 1]$, 且在星偏差、中心化偏差或混合偏差意义下, $\mathcal{Q}_n = \{(2i - 1)/2n), i = 1, \cdots, n\}$ 是 $[0, 1]$ 上的均

匀设计. 因此, 数论方法选择 $Q = \{x_i = F^{-1}((2i-1)/2n), i = 1, \cdots, n\}$ 作为 $F(x)$ 的 n 个代表点, 其中 $F^{-1}(x)$ 为 $F(x)$ 的逆函数. 记相应的代表点为数论方法代表点, 记为 NTMRP. 它们相应的概率均为 $1/n$, 参见 (6.9).

记 $N(x, Q_n)$ 为满足 $(2i-1)/2n) \leqslant x$ 的点数, $N(x, Q)$ 为满足 $F^{-1}((2i-1)/2n) \leqslant x$ 的点数. 易知, $N(x, Q) = N(F(x), Q_n)$, 则

$$
\begin{aligned}
D(F, F_Q) &= \sup_{x \in R} |F_Q(x) - F(x)| \\
&= \sup_{x \in R} \left| \frac{N(x, Q)}{n} - F(x) \right| = \sup_{y \in [0,1]} \left| \frac{N(y, Q_n)}{n} - y \right| = \frac{1}{2n}.
\end{aligned}
$$

此外, Fang, Wang (1994) 的例 1.1 证明, $[0,1]$ 上的任意 n 个点的 F 偏差不小于 $1/(2n)$. 因此, NTMRP 有最小的 F 偏差.

(C) 均方误差代表点

均方误差准则是另一个常用于搜索代表点的准则. 设 s 维随机向量 $\boldsymbol{x}$ 的密度函数 $f(\boldsymbol{x})$ 的支撑为 $D \subset R^s$. 定义点集 $\{\boldsymbol{x}_1, \cdots, \boldsymbol{x}_n\}$ 在 D 中关于 $\boldsymbol{x}$ 的均方误差为

$$
\begin{aligned}
\mathrm{MSE}(\boldsymbol{x}_1, \cdots, \boldsymbol{x}_n) &= E \left(\min_{i=1,\cdots,n} ||\boldsymbol{x} - \boldsymbol{x}_i||^2 \right) \\
&= \int_D \min_{i=1,\cdots,n} ||\boldsymbol{x} - \boldsymbol{x}_i||^2 f(\boldsymbol{x}) d\boldsymbol{x} \\
&= \sum_{i=1}^n \int_{D_i} ||\boldsymbol{x} - \boldsymbol{x}_i||^2 f(\boldsymbol{x}) d\boldsymbol{x}, \quad\quad (6.13)
\end{aligned}
$$

其中 $||\cdot||$ 为 L_2 范数, $D_i = \{\boldsymbol{x} \in D : ||\boldsymbol{x} - \boldsymbol{x}_i|| < ||\boldsymbol{x} - \boldsymbol{x}_j||, i \neq j\}$, 且 $\{D_1, \cdots, D_n\}$ 为试验区域 D 的一个剖分. 不失一般性, 在一维情形下, 设 $-\infty < x_1 < x_2 < \cdots < x_n < \infty$, 则 D_i 如下所示: $D_1 = (-\infty, \frac{x_1+x_2}{2})$, $D_i = [\frac{x_{i-1}+x_i}{2}, \frac{x_i+x_{i+1}}{2})$, $i = 2, \cdots, n-1$, $D_n = [\frac{x_{n-1}+x_n}{2}, \infty)$. 具有最小的 MSE 值的点集 $\mathcal{P}$ 被称为均方误差代表点, 记为 MSERP. 对于 MSERP 中第 i 个点 x_i, 相应的权重为

$$
p_i = \int_{D_i} f(x) dx, \quad i = 1, \cdots, n.
$$

不同点的权重可能是不同的. 下面给出均匀分布的 MSERP.

命题 6.1 均匀分布 $U(0,1)$ 的 n 个 MSERP 为 $\left\{ \frac{1}{2n}, \frac{3}{2n}, \cdots, \frac{2n-1}{2n} \right\}$, 且每个点的权重都是 $1/n$.

证明　从 (6.13) 式的 MSE 准则的定义可知, $U(0,1)$ 的 n 个点 $\{x_1,\cdots,x_n\}$ 的 MSE 值为

$$
L = \int_0^{(x_1+x_2)/2} (x-x_1)^2 dx
$$
$$
+ \sum_{i=2}^{n-1} \int_{(x_{i-1}+x_i)/2}^{(x_i+x_{i+1})/2} (x-x_i)^2 dx + \int_{(x_{n-1}+x_n)/2}^1 (x-x_n)^2 dx.
$$

令 $\frac{\partial L}{\partial x_1} = 0$, 可得 $\int_0^{(x_1+x_2)/2} 2(x-x_1)dx = 0$, 则 $x_2 = 3x_1$. 类似地, 令 $\frac{\partial L}{\partial x_i} = 0$, 可得

$$
x_{i+1} = (2i+1)x_1, i = 2,\cdots,n-1. \tag{6.14}
$$

令 $\frac{\partial L}{\partial x_n} = 0$, 由 (6.14) 式可得 $4n(n-1)x_1^2 - 2(2n-1)x_1 + 1 = 0$, 则 $x_1 = 1/(2n)$ 且 $x_i = (2i-1)/(2n)$. 易知, 每个点的权重都等于 $1/n$. 结论得证.

由性质 6.1 可知, 对于均匀分布 $U(0,1)$, 其 MSERP 与 NTMRP 一致. 然而, 对其他分布, 这两者通常是不一样的. Fang 等 (2014) 给出一维的标准正态分布的 $n \leqslant 36$ 的 MSERP, 其与 NTMRP 是有一定的差别. 他们第一次提出在再抽样中使用 MSERP 和 NTMRP, 并且和 MCRP 做比较, 指出 MSERP 在再抽样中有一定的优势, 但是 NTMRP 在许多情形下表现也不错. Jiang 等 (2015) 发现标准反正弦分布的 NTMRP 有特殊性质, 对这个性质的进一步研究, 引出下面的 FM 代表点.

6.2.2　FM 代表点

在前一小节中, F 偏差考虑 $\mathcal{P}$ 的经验分布函数和总体分布函数之间的差异, 而 MSE 准则是基于 X 和 $\mathcal{P}$ 之间的 L_2 距离. 这两个准则都没有考虑 X 和 $\mathcal{P}$ 之间矩的差异. 由 X 的矩母函数 $E(e^{tX})$ 展开的 Maclaurin 序列可知, 随机变量的矩具有很重要的信息. 我们可以合理地要求 $\mathcal{P}$ 的前 $n-1$ 阶矩分别等于或接近 X 的相应总体矩. 因此, 我们需要代表点的新准则, 其既能考虑代表点的经验分布函数与总体分布函数的差异, 又能考虑样本矩和总体矩之间的差异. 下面先看一个例子.

例 6.3　设随机变量 X 服从标准反正弦分布, 其密度函数和分布函数分

别为

$$f(x) = \frac{1}{\pi\sqrt{x(1-x)}}, 0 < x < 1;$$

$$F(x) = \frac{2}{\pi}\arcsin(\sqrt{x}), 0 < x < 1.$$

设离散随机变量 ξ 的支撑为

$$\mathcal{P} = \{F^{-1}((2i-1)/2n) = \sin^2((2i-1)\pi/(4n)), i = 1, \cdots, n\},$$

且每点的权重都等于 $1/n$. 则 ξ 的前 $n-1$ 阶矩都等于 X 的相应矩, 即

$$E(\xi^m) = E(X^m) = \prod_{j=1}^{m} \frac{2j-1}{2j}, m = 1, \cdots, n-1.$$

这说明前 $n-1$ 阶样本矩等于总体矩. Jiang 等 (2015) 首先发现了这个性质.

从例 6.3 可知, 对一些一维情形, 我们可以限制 ξ 的前 $n-1$ 阶矩等于 X 的相应矩. 另外, (6.12) 式的 F 偏差可以衡量 ξ 和 X 的分布函数之间的逼近程度. 为此, 周永道, 方开泰 (2019) 提出 FM 准则这一新准则来寻找代表点, 称其为 FM 代表点, 记为 FMRP. 下面首先给出 FMRP 的定义和相关例子, 然后把 FMRP 推广至更一般的情形.

(A) FM 代表点

对于一个 s 维随机变量 $\boldsymbol{X} = (X_1, \cdots, X_s)$, 设其前 $n-1$ 矩存在, 考虑下面的优化问题

$$\min O_F = \int_{R^s} |F_n(\boldsymbol{x}) - F(\boldsymbol{x})|^2 d\boldsymbol{x} \tag{6.15}$$
$$\text{s.t. } E(\xi_j^m) = E(X_j^m), m = 1, \cdots, n-1, j = 1, \cdots, s,$$

其中 $F_n(\boldsymbol{x})$ 和 $F(\boldsymbol{x})$ 分别是 ξ 和 $\boldsymbol{X}$ 的分布函数, ξ_j 和 X_j 分别是 ξ 和 $\boldsymbol{X}$ 的第 j 个元素. 我们称优化问题 (6.15) 的解为随机变量 X 的 FM 代表点, 并记为 FMRP. 这里, FM 准则的目标函数是 $F_n(\boldsymbol{x})$ 和 $F(\boldsymbol{x})$ 之间差异的 L_2 范数, 其与 (6.12) 式的 F 偏差中的 L_∞ 范数相比, 更容易计算. 显然, 对于一维随机变量 X, 优化问题 (6.15) 退化为

$$\min O_F = \int_{R} |F_n(x) - F(x)|^2 dx \tag{6.16}$$
$$\text{s.t. } E(\xi^m) = E(X^m), m = 1, \cdots, n-1,$$

其中 $F_n(x)$ 和 $F(x)$ 分别是 ξ 和 X 的分布函数. 周永道, 方开泰 (2019) 证明很多一维分布存在 FMRP, 即优化问题 (6.16) 存在解.

例 6.4　考虑 [0,1] 上的均匀分布 $X \sim U(0,1)$ 的 FMRP. X 的分布为 $F(x) = x, 0 \leqslant x \leqslant 1$, 则 FM 准则的目标函数为

$$O_F = \int_{-\infty}^{\infty} |F_n(x) - F(x)|^2 dx$$

$$= \int_0^1 |F_n(x) - x|^2 dx = \frac{1}{3} + \frac{1}{n}\sum_{i=1}^n x_i^2 - \frac{1}{n^2}\sum_{i=1}^n (2i-1)x_i,$$

其中 $E(X^k) = \int_0^1 x^k dx = 1/(k+1)$ (方开泰, 许建伦 (2016)). 删除固定项 1/3 并乘以 n^2, $U(0,1)$ 的 FMRP 为下面优化问题的解

$$\min n\sum_{i=1}^n x_i^2 - \sum_{i=1}^n (2i-1)x_i \tag{6.17}$$

$$\text{s.t. } (x_1,\cdots,x_n) \in [0,1]^n, \frac{1}{n}\sum_{i=1}^n x_i^k = \frac{1}{k+1}, k=1,\cdots,n-1,$$

其中 $(x_1,\cdots,x_n) \in [0,1]^n$ 表示每个分量 $x_i \in [0,1]$. 记

$$\Phi_{uniform}$$
$$= \left\{ \boldsymbol{x} : \boldsymbol{x} = (x_1,\cdots,x_n) \in [0,1]^n, \sum_{i=1}^n x_i^k = \frac{n}{k+1}, k=1,\cdots,n-1 \right\} \tag{6.18}$$

为优化问题 (6.17) 的解. 周永道, 方开泰 (2019) 证明约束条件 (6.17) 是有意义的, 即 (6.18) 式中的集合 $\Phi_{uniform}$ 非空. 总结为下面的结论.

命题 6.2　均匀分布 $U(0,1)$ 存在 FMRP, 即集合 $\Phi_{uniform}$ 非空.

通过求解优化问题 (6.17), 我们可以获得均匀分布 $U(0,1)$ 的 n 个点的 FMRP. 表 6.1 给出 $n = 2,\cdots,10$ 的 FMRP. 从中可知, 对于任意 n, FMRP 关于中心点 0.5 对称, 且当 n 为奇数时, 0.5 为其中一个 FMRP. 定义

$$\varepsilon = \sum_{k=1}^{n-1} \left| \frac{1}{n}\sum_{i=1}^n x_i^k - \frac{1}{k+1} \right|$$

为前 $n-1$ 阶样本矩向量和总体矩向量之间差异的 L_1 范数. 表 6.1 的最后一列显示, ε 值非常小, 其不等于 0 的原因在于求解优化问题 (6.17) 时的搜索精度问题. 本质上, ε 值应该为 0.

表 6.1 均匀分布的 n 个点的 FMRP

n	FMRP	ε
2	0.2500 0.7500	0
3	0.1464 0.5000 0.8536	2.19e−13
4	0.1127 0.3709 0.6291 0.8873	1.22e−13
5	0.0838 0.3127 0.5000 0.6873 0.9162	2.91e−14
6	0.0708 0.2561 0.4205 0.5795 0.7439 0.9292	9.77e−15
7	0.0581 0.2352 0.3380 0.5000 0.6620 0.7648 0.9419	5.55e−17
8	0.0514 0.2001 0.3070 0.4302 0.5698 0.6930 0.7999 0.9486	1.39e−16
9	0.0442 0.1995 0.2356 0.4160 0.5000 0.5840 0.7644 0.8005 0.9558	8.33e−17
10	0.0401 0.1708 0.2263 0.3570 0.4615 0.5385 0.6430 0.7737 0.8292 0.9599	1.11e−16

由 FMRP 的定义可知, 一个均匀分布的支撑从 $[0,1]$ 变到 $[0,a]$, 当 $a>0$ 时, 相应的 FMRP 也会存在, 且具有下面的性质.

命题 6.3 若 $\{x_1,\cdots,x_n\}$ 为均匀分布 $U(0,1)$ 的 n 个 FMRP, 则均匀分布 $U(0,a)$ 的 n 个 FMRP 为 $\{ax_1,\cdots,ax_n\}$, 其中 $a>0$.

然而对于一般的均匀分布, 并没有这种线性性. 例如, 设 $\{x_1,\cdots,x_n\}$ 为均匀分布 $U(0,1)$ 的 n 个 FMRP, 则 $\{a+(b-a)x_1,\cdots,a+(b-a)x_n\}$ 可能不是均匀分布 $U(a,b)$ 的 n 个 FMRP.

下面考虑幂分布, 其为参数是 $1/2$ 和 1 的特殊 Beta 分布, 密度函数和分布函数分别为 $f(x)=1/2x^{-1/2}, 0<x<1$, 和 $F(x)=x^{1/2}, 0<x<1$. 周永道, 方开泰 (2019) 也可以证明幂分布存在 FMRP. 因此, 均匀分布和幂分布等很多分布都存在 FMRP,

(B) 伪 FM 代表点

FM 准则的约束条件对有些分布而言太过苛刻. 对于有些分布而言, 相应的 FMRP 可能并不存在. 例如, 对于正态分布而言, 当 $n \leqslant 4$ 时其约束条件能满足, 而当 $n \geqslant 5$ 时不能满足. 因此, 对于这些情形, 有必要把 FM 准则推广至伪 FM 准则, 其要求代表点的样本矩近似于总体矩, 从而减弱了约束要求.

当 $n \geqslant 5$ 时, 下面说明标准正态分布不存在 FMRP. 对于标准正态分布而

言, (6.16) 的约束条件意味着

$$\frac{1}{n}\sum_{i=1}^{n}x_i^k = c_k = \begin{cases} 0, & k \text{ 为奇数}, \\ (k-1)!!, & k \text{ 为偶数}, \end{cases} \quad k = 1, \cdots, n-1, \quad (6.19)$$

其中 $(k-1)!! = (k-1)(k-3)\cdots 3\cdot 1$. 当 $n = 5$ 时, 该约束条件变为

$$\begin{cases} x_1 + x_2 + x_3 + x_4 + x_5 = 0, \\ x_1^2 + x_2^2 + x_3^2 + x_4^2 + x_5^2 = 5, \\ x_1^3 + x_2^3 + x_3^3 + x_4^3 + x_5^3 = 0, \\ x_1^4 + x_2^4 + x_3^4 + x_4^4 + x_5^4 = 15. \end{cases} \quad (6.20)$$

易知, 该方程组并不存在实数解, 即约束 (6.16) 无实数解. 当 $n > 5$ 时, 该约束也没有实数解. 因此, 有必要弱化约束 (6.16).

对于 s 维随机变量 X, 可以弱化约束 (6.15) 如下

$$\min O_F = \int_{R^s} |F_n(\boldsymbol{x}) - F(\boldsymbol{x})|^2 d\boldsymbol{x} \quad (6.21)$$

$$\text{s.t.} \sum_{j=1}^{s}\sum_{k=1}^{n-1} \left| E(\xi_j^k) - E(X_j^k) \right| < \varepsilon,$$

其中 ε 为给定门限值. 问题 (6.21) 是一个具有非线性约束条件的非线性优化问题. 类似地, 若点集 $\mathcal{P} = \{\boldsymbol{x}_1, \cdots, \boldsymbol{x}_n\}$ 是 (6.21) 的解, 则称该点集为伪 FM 代表点, 记为 QFMRP. 显然, 不同的 ε 会导致不同的 QFMRP. 若 ε 趋于 ∞, 约束条件相当于无约束条件, 相应的 QFMRP 变为最小化目标函数 $\int_{R^s} |F_n(\boldsymbol{x}) - F(\boldsymbol{x})|^2 d\boldsymbol{x}$ 的解. 当 $\varepsilon = 0$ 时, QFMRP 变为 FMRP. 由于 ξ 和 $\boldsymbol{x}$ 之间的矩相差越小, $\boldsymbol{x}$ 的代表点的性能越好, 我们可能会选择尽可能小的门限 ε 使得约束 (6.21) 有意义. 然而, ε 也不一定是越小越好, 太小可能会导致一些不合理现象, 因此需要考虑一个合适的准则确定门限 ε.

记 $\varepsilon_{\min}$ 为下面优化问题的解:

$$\min \varepsilon = \sum_{j=1}^{s}\sum_{k=1}^{n-1} \left| \frac{1}{n}\sum_{i=1}^{n}x_{ij}^k - E(X_j^k) \right|. \quad (6.22)$$

对于给定的 s 维分布, 并不容易获得 $\varepsilon_{\min}$. 例如, 对于一维分布, 目标函数 (6.22) 变为

$$\min \varepsilon = \sum_{k=1}^{n-1} \left| \frac{1}{n}\sum_{i=1}^{n}x_i^k - E(X^k) \right|. \quad (6.23)$$

在很多情形下, $\varepsilon_{\min}$ 通常存在正的下界.

例 6.5 考虑标准正态分布 $N(0,1)$. 根据 $N(0,1)$ 的密度函数的对称性, 我们可以假设其 n 个 QFMRP 也关于原点 0 对称, 即 $x_i = -x_{n+1-i}$, $i = 1, \cdots, n$, 且当 n 为奇数时, $x_{(n+1)/2} = 0$. 则对于任意奇数 k, $\frac{1}{n} \sum_{i=1}^{n} x_i^k = 0$. 设 $y_i = x_i^2$, 则 (6.21) 式的约束变为

$$\sum_{k=1}^{\lfloor \frac{n}{2} \rfloor} \left| \frac{2}{n} \sum_{i=1}^{\lfloor \frac{n}{2} \rfloor} y_i^k - (2k-1)!! \right| \leqslant \varepsilon, y_i \geqslant 0, i = 1, \cdots, \left\lfloor \frac{n}{2} \right\rfloor, \qquad (6.24)$$

其中 $\lfloor \cdot \rfloor$ 表示向下取整. 当 $n = 5$ 时, 约束 (6.24) 变为

$$\left| \frac{2}{5}(y_1 + y_2) - 1 \right| + \left| \frac{2}{5}(y_1^2 + y_2^2) - 3 \right| \leqslant \varepsilon, y_1, y_2 \geqslant 0.$$

在约束 $y_1, y_2 \geqslant 0$ 下, 直线 $(y_1 + y_2) = 5/2$ 与圆 $(y_1^2 + y_2^2) = 15/2$ 的最小距离为 $\sqrt{15/2} - 5/2$. 因此, ε 不能小于 $\sqrt{6/5} - 1$, 即 $\varepsilon_{\min} \geqslant \sqrt{6/5} - 1$.

若门限值 ε 取为 $\varepsilon_{\min}$, 则优化问题 (6.21) 得到的解效果并不一定很理想, 比如解中会出现一些重复点等不合理现象. 一个确定 (6.21) 式中的门限值 ε, 以及相应近似解的经验方法如下所示.

步骤 1. 令 $F(x)$ 的分位数 $\boldsymbol{x}_0 = \{x_{i0} = F^{-1}((2i-1)/2n), i = 1, \cdots, n\}$ 为初值.

步骤 2. 计算误差 $\varepsilon_0 = \sum_{k=1}^{n-1} \left| \frac{1}{n} \sum_{i=1}^{n} x_{i0}^k - E(X^k) \right|$.

步骤 3. 给定合适的门限 $\varepsilon = \delta \varepsilon_0$, $\delta_0 \leqslant \delta \leqslant 1$, 求解问题 (6.21), 使得误差向量 $\phi_\varepsilon = (\varepsilon_1, \cdots, \varepsilon_{n-1})$ 在字典序意义下达到最小.

在步骤 1 中, Fang, Wang (1994) 证明 n 个点的点集 $\boldsymbol{x}_0$ 恰好是在 F 偏差意义下的最优解, 因此易得步骤 2 中的 ε_0. 在步骤 3 中, 取 δ_0 为使问题 (6.21) 有意义的最小值, 即 $\delta_0 = \varepsilon_{\min}/\varepsilon_0$. 显然, 当 $\delta = 1$ 时, 问题 (6.21) 的解必然存在, 因为 $\boldsymbol{x}_0$ 就满足其约束条件. 而 δ_0 值可由一些优化方法确定. 例如 Matlab 内嵌函数 "fmincon" 可用于求解优化问题 (6.21), 且能显示解是否存在, 因此可由该函数确定 δ_0 值. 步骤 3 中的字典序意味着, 对于最优的 ϕ_ε 和任意误差向量 $\phi_{\varepsilon'} = (\varepsilon_1', \cdots, \varepsilon_{n-1}')$, 存在一个 $k \in \{1, \cdots, n-1\}$ 使得 $\varepsilon_1 = \varepsilon_1', \cdots, \varepsilon_{k-1} = \varepsilon_{k-1}'$ 且 $\varepsilon_k < \varepsilon_k'$. 与 X 的代表点的样本高阶矩相比, 我们更愿意其低阶矩逼近相应的总体矩. 该要求与 FMRP 的要求是一致的, 因为对于 FMRP 而言, $\phi_\varepsilon = (0, \cdots, 0)$, 其恰好达到字典序意义下的最优.

　　为了考察 δ 值的影响, 我们重新考虑标准正态分布的 $n=5$ 个代表点. 对于不同的 δ, 得到相应的 QFMRP, $\varepsilon_1, \cdots, \varepsilon_4$, $\varepsilon = \sum_{k=1}^{4} \varepsilon_k$ 以及目标函数值 O_F. 由 Matlab 软件可知 $\delta_0 = 0.045$, 即当 $\delta < \delta_0$ 时, 优化问题 (6.21) 无解. 表 6.2 给出了不同 δ 的 QFMRP. 易知, 随着 δ 值的增大, 差异值 ε 增大, 而目标函数值 O_F 减少. 因此, 其中存在 ε 和 O_F 之间的一个平衡. 我们选择 $\delta \in [\delta_0, 1]$ 使得误差向量 $\phi_\varepsilon = (\varepsilon_1, \cdots, \varepsilon_{n-1})$ 达到字典序意义下的最优. 表 6.2 显示当 $n = 5$ 时, $\delta = 0.4699$, 相应的 $\varepsilon_2 = 0$. 换句话说, 最优的 δ 不等于 δ_0, 否则会出现不合理现象, 即目标函数值 O_F 太大, 而且五个点中有三个点等于或非常接近 0.

表 6.2　标准正态分布 5 个代表点时 δ 值的影响

δ	QFMRPs					ε_1	ε_2	ε_3	ε_4	ε	O_F
0.045	-1.6549	0.0003	0	-0.0003	1.6549	0	0.0954	0	0.0000	0.0954	0.0632
0.1	-1.6548	-0.1518	0	0.1518	1.6548	0	0.1046	0	0.0000	0.1046	0.0426
0.2	-1.6529	-0.4364	0	0.4364	1.6529	0	0.1690	0	0.0000	0.1690	0.0233
0.3	-1.5695	-0.5198	0	0.5198	1.5695	0	0.0934	0	0.5438	0.6372	0.0191
0.4	-1.5242	-0.5199	0	0.5199	1.5242	0	0.0374	0	0.8121	0.8495	0.0177
0.4699	-1.4918	-0.5240	0	0.5240	1.4918	0	0.0000	0	0.9889	0.9889	0.0168
0.5	-1.4795	-0.5337	0	0.5337	1.4795	0	0.0106	0	1.0512	1.0618	0.0165
0.6	-1.4451	-0.5327	0	0.5327	1.4451	0	0.0511	0	1.2232	1.2743	0.0157
0.7	-1.4086	-0.5314	0	0.5314	1.4086	0	0.0933	0	1.3932	1.4866	0.0150
0.8	-1.3695	-0.5297	0	0.5297	1.3695	0	0.1376	0	1.5615	1.6991	0.0145
0.9	-1.3273	-0.5275	0	0.5275	1.3273	0	0.1840	0	1.7274	1.9114	0.0141
1	-1.2816	-0.5244	0	0.5244	1.2816	0	0.2331	0	1.8908	2.1238	0.0139

　　对于标准正态分布而言, 当 $n = 2$ 时, 任意的点集 $\{-x, x\}$, $x \in R$, 都有 $\varepsilon = 0$; 当 $n = 3$ 时, 任意点集 $\{(-x - \sqrt{6 - 3x^2})/2, x, (-x + \sqrt{6 - 3x^2})/2\}$, $|x| \leqslant \sqrt{2}$, 都有 $\varepsilon = 0$, 因为其前两阶样本矩都等于总体矩. 当 $n = 4$ 时, 任意的点集 $\{x, -x, -\sqrt{2 - x^2}, \sqrt{2 - x^2}\}$, $|x| \leqslant \sqrt{2}$, 都有 $\varepsilon = 0$. 因此, 当 $n = 2, 3, 4$ 时, 都可以找到点集使得 $\varepsilon = 0$. 此时, 我们自然在这些点集中选择最优的 x 使得目标函数 (6.21) 达到最小, 相应的 QFMRP 变为 FMRP. 当 $n = 5$ 时, FMRP 不存在, 且当 $n > 5$ 时, FMRP 也不存在. 为了比较, 我们给出 $n = 3 \sim 10$ 时的 FMRP 或 QFMRP, 以及相应的 NTMRP 和 MSERP. 数

论方法代表点 NTMRP 为 $\Phi^{-1}((i-0.5)/n), i = 1, \cdots, n$, 其中 $\Phi(\cdot)$ 为标准正态分布的分布函数. Fang 等 (2014) 给出了标准正态分布的 MSERP.

由于 QFMRP, NTMRP 和 MSERP 都是关于原点对称, 我们仅列出 $\lfloor n/2 \rfloor$ 个正的代表点, 具体见表 6.3. 因此, 当 n 为偶数时, 这 n 个代表点

表 6.3   标准正态分布的 QFMRP 以及与 NTMRP 和 MSERP 之间的比较

n	代表点类型		ε_2	ε_4	ε_6	ε_8	δ	O_F
3	FMRP	1.2247	0					0.045
	NTMRP	0.9674	0.376					0.035
	MSERP	1.224	0.19					0.045
4	FMRP	0.3452 1.3714	0					0.026
	NTMRP	0.3186 1.1504	0.288					0.021
	MSERP	0.4528 1.5104	0.243					0.036
5	QFMRP	0.524 1.4918	0	0.989			0.470	0.017
	NTMRP	0.5244 1.2816	0.233	1.891				0.014
	MSERP	0.7646 1.7241	0.249	0.223				0.033
6	QFMRP	0.2092 0.6764 1.5807	0	0.848			0.472	0.012
	NTMRP	0.2104 0.6745 1.383	0.196	1.711				0.010
	MSERP	0.3177 1.0001 1.8936	0.538	1.467				0.032
7	QFMRP	0.366 0.7936 1.6542	0	0.742	9.074		0.71	0.009
	NTMRP	0.3661 0.7916 1.4652	0.169	1.566	12.102			0.008
	MSERP	0.5606 1.1881 2.0334	0.51	1.885	3.612			0.033
8	QFMRP	0.1572 0.4887 0.8903 1.7157	0	0.662	8.495		0.695	0.007
	NTMRP	0.1573 0.4888 0.8871 1.5341	0.149	1.446	11.616			0.006
	MSERP	0.2451 0.756 1.3439 2.1519	0.725	2.936	9.659			0.033
9	QFMRP	0.2822 0.5896 0.9694 1.77	0	0.594	7.972	83.414	0.851	0.005
	NTMRP	0.2822 0.5895 0.9674 1.5932	0.133	1.345	11.174	95.601		0.005
	MSERP	0.4436 0.9188 1.4764 2.2547	0.687	3.242	13.049	30.505		0.034
10	QFMRP	0.1257 0.3853 0.6746 1.0386 1.8171	0	0.541	7.529	80.944	0.839	0.004
	NTMRP	0.1257 0.3853 0.6745 1.0364 1.6449	0.12	1.259	10.772	94.009		0.004
	MSERP	0.1996 0.6099 1.0578 1.5913 2.3451	0.858	4.137	18.928	70.125		0.035

为 $\{-x_{\lfloor n/2\rfloor},\cdots,-x_1,x_1,\cdots,x_{\lfloor n/2\rfloor}\}$; 而当 n 为奇数时, 这 n 个代表点为 $\{-x_{\lfloor n/2\rfloor},\cdots,-x_1,0,x_1,\cdots,x_{\lfloor n/2\rfloor}\}$. 这三种代表点的奇数阶样本矩都等于 0, 且当 k 为奇数时, $\varepsilon_k = 0$. 表 6.3 也给出这三种代表点的偶数阶矩相应的误差, 以及目标函数值 O_F. 对每个 n, 可知 QFMRP 的 ε_k 值在字典序意义下都优于 NTMRP 和 MSERP. 例如, 当 $n=6$ 时, QFMRP 的 ε_2 等于 0, 而 NTMRP 和 MSERP 的 ε_2 分别等于 0.196 和 0.538; 当 $n=3,4$ 时, NTMRP 的二阶矩并不等于总体二阶矩, 而 QFMRP 可以克服该缺点. 此外, MSERP 的目标函数值 O_F 大于其他两种代表点.

6.2.3　不同代表点的比较

在前面两小节中, 我们讨论了 FMRP, MSERP, NTMRP 和 MCRP 的定义和一些性质. 下面, 我们比较在均匀分布 $U(0,1)$ 和幂分布这两种分布下这四种代表点的性能.

FMRP 是通过求解非线性优化问题 (6.16) 的一些优化算法而得到的, 如内点法等 (参见 Boyd, Vandenberghe (2004)). 对于 MCRP, 我们重复 1001 次随机抽样, 分别估计总体均值得到 1001 个估计误差, 并选择误差恰好为中位数对应的这 n 个点作为 MCRP. 对每个分布 n 个点的 FMRP, NTMRP 和 MCRP, 设每个代表点具有相同的权重 $1/n$. 对于 MSERP $\{x_1,\cdots,x_n\}$ 的每个点 x_i, 其权重为 $p_i = F((x_{i-1}+x_i)/2) - F((x_i+x_{i+1})/2)$, 其中 $x_0 = -\infty$, $x_{n+1} = \infty$. 我们给出每种代表点的均值、方差和峰度, 并得到与总体分布相应的数字特征之间的偏差.

对于均匀分布 $U(0,1)$, 总体均值、方差和峰度这三个数字特征分别为 $0.5, 1/12, 1.8$. 根据性质 6.1, 均匀分布的 MSERP 与 NTMRP 是一样的. 对于幂分布, 这三个数字特征分别为 $1/3, 4/45, (2/27-2/35)/(4/45)^2$, 其 NTMRP 为 $\{(\frac{i-0.5}{n})^2, i=1,\cdots,n\}$, 而 MSERP 由 Fang, Wang (1991) 提出的 SNTO 方法而得到.

表 6.4 给出当 $n=5,10,15,20,25$ 时, 这两个分布的四种代表点的样本均值、方差和峰度与总体均值、方差和峰度之间的差异. 由于均匀分布的 MSERP 与 NTMRP 相同, 故仅列出 MSERP 的结果. 根据 FMRP 的约束条件, 这三个数字特征的差异应该为 0, 然而由于 FMRP 是通过优化算法得到的, 其存在计算误差问题, 因此这些偏差可能不等于 0. 从表 6.4 中可知, MSERP 和 MCRP 的偏差比 FMRP 的大.

表 6.4 均匀分布 $U(0,1)$ 和幂分布不同代表点的均值、方差和峰度与总体相应数字特征之间的偏差

n	数字特征	均匀分布 $U(0,1)$			幂分布			
		FM	MSE	MC	FM	MSE	NTM	MC
5	均值	0	0	0.0056	0	−0.0068	−0.0033	0.1721
	方差	0	−0.0033	−0.0355	0	−0.003	−0.0044	−0.0249
	峰度	0	−0.1000	−0.5085	0	−0.1727	−0.2489	−0.8520
10	均值	0	0	−0.0022	−4.8e−05	−0.0027	−0.0008	0.1626
	方差	0	−0.0008	0.0456	0.0002	−0.0011	−0.0011	−0.0355
	峰度	0	−0.0242	−0.4189	0.003	−0.0441	−0.0638	0.3081
15	均值	−5.9e−06	0	−0.0002	−8.2e−05	−0.0013	−0.0004	0.1704
	方差	−4.4e−06	−0.0004	0.0092	0.0004	−0.0004	−0.0005	0.0075
	峰度	−0.0039	−0.0107	−0.1194	0.0072	−0.0218	−0.0285	−0.5714
20	均值	−1.7e−05	0	−0.0014	2e−05	−0.0007	−0.0002	0.1656
	方差	2.7e−05	−0.0002	0.0048	9e−05	−0.0003	−0.0003	0.0030
	峰度	−0.0002	−0.0060	−0.2464	0.0044	−0.0132	−0.0160	−0.4662
25	均值	−2.6e−05	0	0.0023	2.9e−05	−0.0001	−0.0001	0.1615
	方差	5.3e−05	−0.0001	−0.0095	−4.5e−05	−4.1e−05	−0.0002	−0.0025
	峰度	0.0009	−0.0038	−0.0276	0.003	0.0025	−0.0103	−0.2969

此外, 对每个分布的每种代表点, 我们考虑用自助法重复 1000 次. 对每个 B 样本, 得到其均值、标准差、峰度以及第 10, 25, 50, 75 和 90 个百分位数与真值之间的差异. 对于均匀分布 $U(0,1)$, 第 10, 25, 50, 75 和 90 个百分位数的真值分别为 0.1, 0.25, 0.5, 0.75, 0.9. 表 6.5 给出了当 $n = 8, 10, 15, 20, 25$ 时, 均匀分布 $U(0,1)$ 和幂分布的不同代表点的 B 样本的这些数字特征值与真值之间的偏差. 从表 6.5 可知, 当 $n = 8$ 时, FMRP 的 B 样本的性质通常比 MSERP 的 B 样本的更好; 当 n 更大时, 这两类代表点的性质差不多. FMRP 比 MCRP 更优, 因为 FMRP 通常有更小的偏差.

表 6.5 均匀分布的不同代表点的 B 样本的数字特征与真值之间的偏差

n	代表点	数字特征			百分位数				
		均值	标准差	峰度	10	25	50	75	90
8	FM	0.0004	−0.0041	0.1789	0.0487	0.0246	0.0009	−0.0263	−0.0461
	MSE	−0.0026	−0.0070	0.2016	0.0498	0.0267	−0.0046	−0.0313	−0.0518
	MC	−0.0015	0.0274	0.2675	−0.0017	−0.0007	0.0206	−0.0084	−0.0318
10	FM	0.0009	−0.0047	0.1823	0.0415	0.0217	0.0013	−0.0238	−0.0404
	MSE	−0.0025	−0.0048	0.1764	0.0377	0.0170	−0.0023	−0.0274	−0.0420
	MC	−0.0025	−0.0668	0.2479	0.1081	0.0837	−0.0005	−0.0722	−0.1287
15	FM	−0.0004	−0.0026	0.1465	0.0239	0.0169	0.0044	−0.0201	−0.0297
	MSE	0.0025	−0.0014	0.1342	0.0255	0.0156	0.0042	−0.0100	−0.0199
	MC	0.0020	0.0267	−0.1174	0.0180	−0.0513	0.0255	0.0176	−0.0127
20	FM	−0.0028	−0.0014	0.1187	0.0182	0.0100	−0.0017	−0.0167	−0.0239
	MSE	0.0018	−0.0015	0.1161	0.0215	0.0138	0.0010	−0.0081	−0.0167
	MC	−0.0065	−0.0056	0.1997	−0.0011	−0.0145	0.0519	−0.0549	−0.0707
25	FM	0.0017	−0.0001	0.1088	0.0121	0.0128	0.0067	−0.0084	−0.0169
	MSE	0.0037	−0.0015	0.0920	0.0182	0.0133	0.0028	−0.0060	−0.0116
	MC	−0.0010	−0.0063	0.0728	0.0263	0.0163	0.0070	−0.0173	−0.0240

6.3 离散数据的代表点

给定数据 $(\boldsymbol{x}_i, \boldsymbol{y}_i), i = 1, \cdots, n$, 其中自变量 $\boldsymbol{x}_i \in \mathcal{X} \subset R^p$, $\boldsymbol{y}_i$ 为响应. 当样本量 n 较大时, 我们一种处理方法是从中获得一些代表点. 本节将讨论离散数据的代表点选取方法. 一般地, 我们先忽略响应 y_i, 然后在 $\boldsymbol{x}_1, \cdots, \boldsymbol{x}_n$ 中选出 m 个代表点 $\boldsymbol{x}_{i_1}, \cdots, \boldsymbol{x}_{i_k}$, 再用数据 $(\boldsymbol{x}_{i_j}, \boldsymbol{y}_{i_j}), j = 1, \cdots, k$, 进行后续分析. 本节将介绍不同的确定代表点的方法.

6.3.1 k 均值算法

选择离散数据代表点的一种简单方法是 k 均值算法, 是最常用的聚类方法之一. k 均值算法采用距离作为相似性指标, 从而得到给定数据集中的 k 个类, 且第 j 个类的中心 $\boldsymbol{u}_j$ 是根据该类中所有值的均值得到的, 每个类用聚类中心来描述. 若数据 $\boldsymbol{x}_i$ 的 p 维变量都是定量变量, 则选取欧几里得距离作为相似度指标. 聚类目标是使得各类的聚类平方和最小, 即最小化

$$\sum_{j=1}^{k}\sum_{i=1}^{n} \| \boldsymbol{x}_i - \boldsymbol{u}_j \|^2,$$

其中 $\boldsymbol{u}_j$ 为聚类中心. 结合最小二乘法和拉格朗日原理, 聚类中心为对应类别中各数据点的平均值. 该方法能单调收敛到局部最优解. 此外, 由于聚类中心并不一定是已有数据点, 因此需要对聚类中心找一个最近的数据点. k 均值算法是一个迭代过程, 具体算法如下所示.

步骤 1. 从数据集 $\mathcal{X}^0 = \{\boldsymbol{x}_1, \cdots, \boldsymbol{x}_n\}$ 中随机选择 k 个点 $\mathcal{P}_0 = \{\boldsymbol{p}_{10}, \cdots, \boldsymbol{p}_{k0}\}$ 作为初始聚类中心.

步骤 2. 基于 $\mathcal{P}_0$, 对 $\{\boldsymbol{x}_i, i = 1, \cdots, n\}$ 进行剖分得到 $\{\mathcal{S}_j\}$, 即

$$\mathcal{S}_j = \{\boldsymbol{x}_i : |\boldsymbol{x}_i - \boldsymbol{p}_{j0}| \leqslant |\boldsymbol{x}_i - \boldsymbol{p}_{l0}|, \ j \neq l\}, j = 1, \cdots, k.$$

步骤 3. 计算落入 $\mathcal{S}_j$ 的条件均值, 并得到新的输出集 $\mathcal{P}_1 = \{\boldsymbol{p}_{11}, \cdots, \boldsymbol{p}_{k1}\}$, 其中

$$\boldsymbol{p}_{j1} = \frac{1}{n_{j1}} \sum_{\boldsymbol{x}_i \in \mathcal{S}_j} \boldsymbol{x}_i,$$

且 n_{j1} 为落入 $\mathcal{S}_j$ 的点数.

步骤 4. 根据 $\mathcal{P}_1$, 对数据集重新剖分并再次迭代, 可依次得到输出集 $\mathcal{P}_2, \mathcal{P}_3, \cdots$; 若对某个 t 有 $\|\mathcal{P}_t - \mathcal{P}_{t-1}\| < \varepsilon$, 则停止迭代, 其中 ε 是事先给定的门限值. 记收敛的聚类中心为 $\mathcal{P}^{(0)} = \{\boldsymbol{p}_1^{(0)}, \cdots, \boldsymbol{p}_k^{(0)}\}$.

步骤 5. 在 $\mathcal{X}^0$ 中分别找离 $\mathcal{P}^{(1)}$ 最近的 k 个点, 记为 $\mathcal{P}^{(1)} = \{\boldsymbol{p}_1^{(1)}, \cdots, \boldsymbol{p}_k^{(1)}\}$, 其为最终输出结果.

在上面的 k 均值算法中, 最终得到的是离每个聚类中心最近的样本点. 在数据集中若存在定性变量, 则可以选择 Hamming 距离来衡量, 即两个数相同时取 0, 否则取 1; 若存在定性和定量混合的情形, 可以考虑用欧几里得距离和 Hamming 距离并对不同变量之间考虑加权距离, 再进行迭代. k 均值算法的迭代速度很快, 一般经过几步迭代之后就能收敛. 其收敛性证明可以参考张尧庭, 方开泰 (1982).

6.3.2　数据收集有偏情形

在有些情形下, 做试验时本该在试验区域上 $\mathcal{X}$ 均匀布点, 以了解因素与响应之间的关系. 但实际收集的数据区域不均匀, 即 $\boldsymbol{x}_i$ 大部分数据落在 $\mathcal{X}$ 的局部区域 $\mathcal{X}_0$ 中, 而落在区域 $\mathcal{X} \setminus \mathcal{X}_0$ 中的数据点较少. 实际上, 那些数据点较少的区域可能也很重要. 因此, 在选取代表点时不能忽略这些数据点较少的区域. 我们称这样的数据为位置有偏数据. 本小节指的有偏数据都是位置有偏数据.

若直接用 k 均值算法对有偏数据进行聚类, 则最终的代表点可能容易忽略数据点较少的区域. 为了弥补数据点较少区域的影响, Qi 等 (2019) 基于核密度估计方法和全局似然比抽样方法, 产生更多的训练样本, 并采用两次 k 均值算法得到最终的代表点. 我们称该算法为全局似然比抽样代表点算法, 简记为 GRSRP 算法. 该算法的具体过程如下.

步骤 1. 给定数据集 $\mathcal{X}^0 = \{\boldsymbol{x}_1, \cdots, \boldsymbol{x}_n\}$, 用 k 均值算法得到 k 个聚类中心 $\mathcal{P}^{(0)} = \{\boldsymbol{p}_1^{(0)}, \cdots, \boldsymbol{p}_k^{(0)}\}$.

步骤 2. 用核估计方法估计密度函数, 记为 $\hat{f}(\boldsymbol{x})$.

步骤 3. 用全局似然比抽样方法从 $\hat{f}(\boldsymbol{x})$ 中得到 N 个样本 $\boldsymbol{Z} = \{\boldsymbol{z}_1, \cdots, \boldsymbol{z}_N\}$ 作为训练序列, 其中 $N \gg n$.

步骤 4. 以 $\mathcal{P}^{(0)}$ 为 k 个初始值, 对 $\boldsymbol{Z}$ 用 k 均值算法得到 k 个聚类中心 $\mathcal{P}^{(2)} = \{\boldsymbol{p}_1^{(2)}, \cdots, \boldsymbol{p}_k^{(2)}\}$.

步骤 5. 设 $\mathcal{P}^{(3)} = \{\boldsymbol{p}_1, \cdots, \boldsymbol{p}_k\} \subset \mathcal{X}^0$ 为分别离 $\mathcal{P}^{(2)}$ 中 k 个聚类中心最近的点.

在步骤 1 中, k 均值算法的具体过程见 6.3.1 小节算法的步骤 1——4. 在步骤 2 中, 对于任意 $\boldsymbol{x} \in D$, 核密度估计 $\hat{f}(\boldsymbol{x})$ 如下所示,

$$\hat{f}(\boldsymbol{x}) = \frac{1}{n} \sum_{i=1}^{n} K_h(\boldsymbol{x}_i - \boldsymbol{x}), \tag{6.25}$$

其中 $K_h(z) = \frac{1}{h} K(z/h)$, h 为窗宽, $K(\cdot)$ 为给定的核函数, 例如标准正态分布等. 在步骤 3 中, 全局似然比抽样方法的具体过程见第 6 章. 在 GRSRP 算法中, $\hat{f}(\boldsymbol{x})$ 是用核估计这一非参数方法得到的, 因此真实密度函数的参数模型未知, 不能用经典的抽样方法得到相应样本, 但是全局似然比抽样方法可以适用. 因此由全局似然比抽样方法在原来数据较少的区域也可以弥补一些样本.

GRSRP 算法的一大优点是不需知道初始数据集的参数模型, 因此该方法可以适应很多类型的初始数据集. 显然, 当原始数据并不是有偏数据时, 这个

算法也适用. 此时, 从 $\hat{f}(\boldsymbol{x})$ 得到的 N 个独立同分布的样本, 可以提供更多的信息以推断真实的分布 $F(\boldsymbol{x})$ 和代表点. 当数据有偏时, 通过该算法可以产生一些在有偏区域的样本点, 从而可以在这些区域提供一些信息, 以减少有偏的影响. 因此, 从某种意义上, GRSRP 算法比 k 均值算法效果可能更好.

考虑一个例子. 设真实的分布为二元标准正态分布 $N_2(\boldsymbol{0}, \boldsymbol{I}_2)$. 先随机生成一些样本点, 并把第一象限的数据点都去掉, 使得剩下的数据点数为 n 个, 即初始数据为 $\boldsymbol{x}_1, \cdots, \boldsymbol{x}_{100}$, 见图 6.3 (a). 考虑代表点的个数为 k. 通过全局似然比抽样方法, 可以获得第一象限中的一些数据点, 如图 6.3 (b). 密度函数的核估计结果见图 6.3 (c), 其相应的等高线见图 6.3 (d). 从中可见, 根据密度函数的核估计结果, 我们通过全局似然比抽样方法得到训练样本之后, 再进行 k 均值算法得到的代表点, 与直接用 k 均值算法得到的代表点是不同的. 我们以真实分布为基准, 比较这两类代表点的性能.

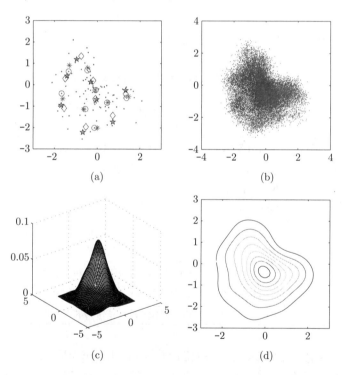

图 6.3 $N_2(\boldsymbol{0}, \boldsymbol{I}_2)$ 的有偏数据的不同代表点, 其中 $n = 100, k = 8$. (a) 初始数据与不同代表点, 其中 "." "*" "○" "◇" "⋆" 分别表示 $X^{(0)}, \mathcal{P}^{(0)}, \mathcal{P}^{(1)}, \mathcal{P}^{(2)}, \mathcal{P}^{(3)}$, (b) 全局似然比抽样的样本; (c) 核密度估计; (d) 估计的密度函数的等高线

考虑 6.2.1 小节中的均方误差准则. 初始数据的样本个数 $n =$50, 100, 200, 每种情形下代表点个数选为 $k =$4, 6, 8. 在每种情形下, 全局似然比抽样得到的训练样本数为 $N = 2000$.

用 GRSRP 算法得到最终的代表点, 从而可以计算 (6.13) 式的 MSE 值. 类似地, 可以计算 k 均值算法得到的代表点的 MSE 值. 每种情形下, 都重复 100 次, 从而得到 100 个 MSE 值, 可得这些 MSE 值的均值和标准差. 在 GRSRP 算法中, 核密度估计中的核函数 $K(\cdot)$ 选取为二元标准正态分布 $K(z) = (2\pi)^{-p/2} \exp\{-\frac{1}{2}z'z\}$, 最优窗宽选取为 $h = cn^{-1/5}$, 其中 c 是待定的参数, 针对不同的情形, 分别选取最优值.

对于由 k 均值算法得到的 k 个聚类中心 $\mathcal{P}^{(0)}$ 以及相应在初始数据中离得最近的 k 个代表点 $\mathcal{P}^{(1)}$, 由 GRSRP 算法得到的 k 个聚类中心 $\mathcal{P}^{(2)}$ 以及相应在初始数据中离得最近的 k 个代表点 $\mathcal{P}^{(3)}$, 表 6.6 给出了不同情形下这些代表点的 MSE 值的均值和标准差. 从中可见, GRSRP 算法比 k 均值算法得到的代表点的 MSE 值更小, 从而说明 GRSRP 算法比 k 均值算法更优.

表 6.6　对于二元标准正态分布的有偏数据, 不同代表点类型的 MSE 值的均值和标准差

k	MSE_0	n	MSE(std) 的均值			
			$\mathcal{P}^{(0)}$	$\mathcal{P}^{(1)}$	$\mathcal{P}^{(2)}$	$\mathcal{P}^{(3)}$
4	0.7268	50	0.9451(0.073)	0.9546(0.095)	0.8767(0.048)	0.9065(0.057)
		100	0.9229(0.055)	0.9306(0.067)	0.8681(0.044)	0.8855(0.063)
		200	0.9145(0.046)	0.9218(0.054)	0.8648(0.028)	0.8702(0.04)
6	0.5069	50	0.7668(0.095)	0.7728(0.1)	0.6605(0.069)	0.6893(0.072)
		100	0.7396(0.065)	0.7423(0.069)	0.6453(0.052)	0.6651(0.061)
		200	0.7156(0.038)	0.7189(0.051)	0.6372(0.026)	0.6417(0.029)
8	0.4005	50	0.6615(0.128)	0.6727(0.14)	0.5274(0.101)	0.5901(0.114)
		100	0.6199(0.063)	0.6278(0.069)	0.4987(0.041)	0.5363(0.049)
		200	0.6099(0.044)	0.6155(0.047)	0.4956(0.032)	0.5161(0.038)

Qi 等 (2019) 对更多的情形做比较并说明, 由 GRSRP 算法得到的代表点可以更好地表示真实的分布. 有兴趣的读者可参考该文献. 在 GRSRP 算法中, 我们不需对初始数据的真实分布做假设. Tarpey (2007) 考虑了对初始数据的真实分布做一定的参数模型的假设, 并估计分布函数的参数, 从而根据估计的参数化的分布函数抽样得到训练样本, 再进行 k 均值算法得到代表点, 并称该方法为参数化 k 均值算法. 然而, 参数化 k 均值算法与 GRSRP 算法不

同之处在于, 前者需要对分布类型做假设, 而这在很多情形下是比较难得到的, 比如对于图 6.3 (a) 的数据, 很难给定一个分布模型. 因此, 从这个意思上来说, GRSRP 算法的适用性更广.

习　　题

1. 分别构造 $n = 10, 100, 200, 500, 1000$ 个点的二维 Halton 序列、Hammersley 集、Sobol 序列, 并通过画图和计算星偏差值来比较不同方法的性能.

2. 分别通过好格子点法、删行好格子点法、方幂好格子点法构造 $n = 17, 18, 48, 49, 88, 89$ 个点的二维点集. 分别计算这些点集的混合偏差值以比较不同点集的均匀性.

3. 在一维情形下, 证明点集 $\{\frac{2i-1}{2n}, i = 1, \cdots, n\}$ 是在混合偏差意义下的均匀点集.

4. 标准反正弦分布的密度函数为

$$f(x) = \frac{1}{\pi \sqrt{x(1-x)}}, 0 < x < 1,$$

且其分布函数为 $F(x) = \frac{2}{\pi} \arcsin(\sqrt{x}), 0 < x < 1.$
　(1) 求该分布的点数为 n 的数论方法代表点 NTMRP;
　(2) 证明该 NTMRP 和标准反正弦分布的前 $n-1$ 阶矩都相等.

5. 证明命题 6.3.

6. 求出 F 分布 $F(10, 10)$ 的 $n = 10, 15, 25$ 的均方误差代表点 MSERP.

7. 求出幂分布的 $n = 8, 10, 15, 20, 25$ 的 FMRP, MSERP, NTMRP 和 MCRP, 并用自助法对这些代表点重抽样 1000 次, 分别计算其第 10, 25, 50, 75 和 90 个样本百分位数, 并与真值做比较.

8. 对于二元标准正态分布 $(X, Y) \sim N_2(\mathbf{0}, I_2)$, 产生 $n = 50, 100, 200$ 个随机样本, 并用 GRSRP 算法和 k 均值算法分别得到 $k = 5, 10$ 个代表点. 重复这个过程 100 次, 比较这两个算法的结果.

9. 对于二元标准正态分布 $(X, Y) \sim N_2(\mathbf{0}, I_2)$, 产生 $n = 50, 100, 200$ 个随机样本, 并在这随机样本中去掉 $x < 0$ 且 $y < 0$ 的样本, 并用 GRSRP 算法和 k 均值算法分别得到 $k = 5, 10$ 个代表点. 重复这个过程 100 次, 比较这两个算法的结果, 并与上题的结果做比较.

第七章 全局似然比 (GLR) 技术

如第六章所述: 相较于蒙特卡罗方法, 在有些情形下拟蒙特卡罗方法有更快的收敛速度和更稳定的表现. 本章我们介绍一些利用拟蒙特卡罗方法改进重抽样技术的方法, 这些方法可以获得更高的抽样效率.

7.1 重要性抽样重抽样技术

众所周知贝叶斯方法从其本源贝叶斯公式就决定了其在计算上的复杂性. 正如 Smith, Gelfand (1992) 所论述的 "除了一些最简单的情形, 所有基于贝叶斯定理的统计计算都异常复杂, 这些计算绝大部分都涉及异常复杂的、理论分析上无解的积分算子". 幸好, 抽样和重抽样技术可以让实际工作者远离这些不可能的计算. 高效的抽样技术, 使得使用样本估计代替复杂的计算成为可能. 而重抽样技术则可以绕开后验分布中所包含的复杂积分算子. 广义的重抽样技术主要包含接受拒绝法 (见 2.2 节), 刀切法和自助法. 通常的自助法指的是对样本进行等权重重抽样 (见 4.2 节), 这一节我们讨论加权的重抽样技术, 其中权重来源于重要性抽样 (见 3.5 节), 因此也被称为重要性抽样重抽样技术 (SIR, Rubin (1988)).

7.1.1 重要性抽样重抽样技术

假定抽样的目标分布密度函数

$$f(\boldsymbol{x}) = C_0 \cdot p(\boldsymbol{x}), \tag{7.1}$$

这里 $p(\boldsymbol{x})$ 完全已知但函数形式复杂, 常数 C_0 未知或无解析表达式, 事实上这在贝叶斯推断理论中非常常见. 这些条件都决定了分布密度函数 $f(\boldsymbol{x})$ 难于直接抽样. 为此考虑重要性抽样重抽样 (sampling importance resampling, SIR) 技术. 类似接受拒绝算法, 重要性抽样重抽样技术也需要事先确定一个易于直接抽样的分布 $g(\boldsymbol{x})$ 作为提案分布. SIR 的具体过程包含抽样和重采样两个步骤, 具体见算法 7.1.

算法 7.1 SIR

1. [抽样] 从提案分布 $g(\boldsymbol{x})$ 中直接抽取样本容量为 N 的样本, 为方便描述不妨记为 $\mathcal{X} = \{\boldsymbol{x}_1, \boldsymbol{x}_2, \cdots, \boldsymbol{x}_N\}$. 这里也称 $\mathcal{X}$ 为样本池, N 为样本池容量. 并计算样本池中每个点的重要性权重

$$w_i = \frac{p(\boldsymbol{x}_i)/g(\boldsymbol{x}_i)}{\sum_{i=1}^{N} p(\boldsymbol{x}_i)/g(\boldsymbol{x}_i)}. \tag{7.2}$$

2. [重采样] 从样本池中抽取服从多项分布 $\begin{pmatrix} \boldsymbol{x}_1, & \boldsymbol{x}_2, & \cdots, & \boldsymbol{x}_N \\ w_1, & w_2, & \cdots, & w_N \end{pmatrix}$ 的样本, 记为 $\boldsymbol{X}^*$. 具体方法可参考 2.4 节.

下面说明当 n 给定, $N \to \infty$ 时, $\boldsymbol{X}^*$ 渐近服从目标分布 $f(\boldsymbol{x})$. 在给定样本池 $\mathcal{X}$ 的条件下, $\boldsymbol{X}^*$ 服从多项分布 $\begin{pmatrix} \boldsymbol{x}_1, & \boldsymbol{x}_2, & \cdots, & \boldsymbol{x}_N \\ w_1, & w_2, & \cdots, & w_N \end{pmatrix}$, 所以对于任意可测集 A,

$$\begin{aligned} P(\boldsymbol{x}^* \in A | \boldsymbol{x}_1, \cdots, \boldsymbol{x}_N) &= \sum_{i=1}^{N} 1_A(\boldsymbol{x}_i) w_i \\ &= \frac{\sum_{i=1}^{N} 1_A(\boldsymbol{x}_i) p(\boldsymbol{x}_i)/g(\boldsymbol{x}_i)}{\sum_{i=1}^{N} p(\boldsymbol{x}_i)/g(\boldsymbol{x}_i)}. \end{aligned} \tag{7.3}$$

另一方面, $\boldsymbol{x}_1, \cdots, \boldsymbol{x}_N$ 为来自分布 $g(\boldsymbol{x})$ 的简单随机样本, 即 $\boldsymbol{x}_1, \cdots, \boldsymbol{x}_N \overset{\text{i.i.d.}}{\sim} g(\boldsymbol{x})$. 所以由强大数定律可知, 当 $N \to \infty$ 时,

$$\frac{1}{N} \sum_{i=1}^{N} 1_A(\boldsymbol{x}_i) p(\boldsymbol{x}_i)/g(\boldsymbol{x}_i) \overset{a.e.}{\to} E\left(1_{\boldsymbol{x} \in A} \frac{p(\boldsymbol{x})}{g(\boldsymbol{x})}\right) = \int_A p(\boldsymbol{x}) d\boldsymbol{x}. \tag{7.4}$$

同理可证

$$C_0 \cdot \frac{1}{N} \sum_{i=1}^{N} p(\boldsymbol{x}_i)/g(\boldsymbol{x}_i) \overset{a.e.}{\to} C_0 \cdot \int p(\boldsymbol{x}) d\boldsymbol{x} = \int f(\boldsymbol{x}) d\boldsymbol{x} = 1. \quad (7.5)$$

最后, 由 Slutsky 定理知

$$P(\boldsymbol{X}^* \in A | \boldsymbol{x}_1, \cdots, \boldsymbol{x}_N) \overset{a.e.}{\to} \int_A f(\boldsymbol{x}) d\boldsymbol{x}. \quad (7.6)$$

最后由控制收敛定理可知

$$\begin{aligned} P(\boldsymbol{X}^* \in A) &= E(1_A(\boldsymbol{X}^*)) = E[P(\boldsymbol{X}^* \in A | \boldsymbol{x}_1, \cdots, \boldsymbol{x}_N)] \\ &\to \int_A f(\boldsymbol{x}) d\boldsymbol{x}. \end{aligned}$$

也即 $\boldsymbol{X}^* \overset{d}{\to} f(\boldsymbol{x})$.

由上述推理可知, 当样本大小 n 给定后, 只要 N 足够大, SIR 技术所抽取的样本在分布收敛意义下可以视为是从目标分布 $f(\boldsymbol{x})$ 抽取的样本. 从上述讨论可以看出, 理论上 SIR 技术可以被用来抽取任何目标分布, 且分布不需要完全已知, 只需要知道目标分布的核函数即可. 也即, 目标分布

$$f(\boldsymbol{x}) \propto p(\boldsymbol{x}). \quad (7.7)$$

但和接受拒绝算法及 MH 算法一样需要事先确定直接抽样的提案分布 $g(x)$. 虽然 SIR 技术得到的样本在一定条件下可以逼近目标分布 $f(x)$. 但值得注意的是这只是理论意义上的逼近, 实际使用时需要重点考虑提案分布和目标分布的相似程度, 样本大小 n 和样本池容量 N 的相对关系.

事实上, SIR 算法对于提案分布 $g(x)$ 的选取是敏感的. 提案分布 g 需至少满足两个条件: 1) 提案分布的支撑必须完全包含目标分布 $f(x)$ 的全部支撑, 也即 $\{\boldsymbol{x}: f(\boldsymbol{x}) > 0\} \subseteq \{\boldsymbol{x}: g(\boldsymbol{x}) > 0\}$; 2) 提案分布应该比目标分布有更厚的尾部分布, 这样才能保证权重 $w = f/g$ 不会出现增长过快的情形. 否则如果在某个区域内 g 几乎处处为零, 而 $f > 0$. 则抽样中要么不会出现该区域内的初始样本, 要么一旦出现, 则该初始样本会反复不断地被抽取进入最终样本中. 当出现这种情况时, SIR 的抽样会表现出一个或几个标准化权重 w_i 远大于其他权重, 重抽样中的样本也几乎是样本池中少数几个初始样本的重复值. 这显然是糟糕的样本, 应尽力避免出现. 文献中也给出了一些解决和改进的方法, 如使用不放回重抽样办法 (Andrew, 1993). 这些方法可能在一定程度上可以缓解前述抽样的偏斜, 但也会带来一些其他的问题. 可能考虑更换一个更合适的提案分布, 或选择其他的抽样算法是更明智的选择.

另一方面, 实际使用时考虑到蒙特卡罗误差, 我们需要使用尽量大的样本容量 n. 此时需要使用更大的样本池容量 N. 原则上要求 $n/N \to 0$. 具体使用时 n/N 的大小还会依赖于提案分布 g 的选取, 更详细的讨论可参考 Li (2007).

例 7.1 中的讨论说明了提案分布选取的敏感性, 特别是提案分布和目标分布的尾部概率比重对 SIR 采用技术的影响.

例 7.1 [斜线分布 (Givens, Hoeting, 2013)] 本例考虑斜线分布和正态分布互为提案分布, 并考察抽样的结果. 首先给出斜线分布的具体定义:

$$Y = X/U, \quad X \sim N(0,1), \quad U \sim U[0,1], \text{ 且 } X \text{ 和 } U \text{ 相互独立,} \quad (7.8)$$

相应的 Y 的密度函数为

$$f(x) = \begin{cases} \dfrac{1 - \exp\left(-y^2/2\right)}{y^2\sqrt{2\pi}}, & y \neq 0, \\ \dfrac{1}{2\sqrt{2\pi}}, & y = 0. \end{cases} \quad (7.9)$$

图 7.1 展示了斜线分布和标准正态分布密度函数, 从图中不难看出相较于标准正态分布, 斜线分布有更厚重的尾部分布. 注意到斜线分布的特殊构造方式, 斜线分布 Y 的样本可以直接由标准正态分布样本和独立的均匀分布样本计算得到, 标准正态分布的样本也有许多成熟的算法可直接抽取. 因此无论对于斜线分布还是正态分布 SIR 算法都不是最优选择. 本例的目的是考察提案分布和目标分布间的关系对抽样结果的影响.

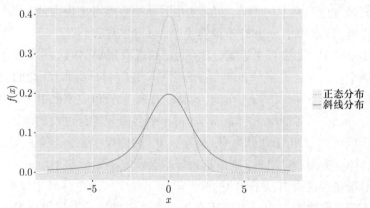

图 7.1　斜线分布和标准正态分布密度曲线图

我们使用两种抽样方式: 一种以斜线分布为提案分布, 抽取标准正态分布的 SIR 样本; 另一种则反过来以标准正态分布为提案分布, 抽取斜线分布的 SIR 样本. 图 7.2 分别展示了当 $N = 100000$ 和 $n = 5000$ 时两种方式下样本的直方图. 图 7.2 (a) 为使用斜线分布作为提案分布, 标准正态分布的 SIR 样本得到的直方图. 因为斜线分布有比正态分布更厚的尾部分布, 显然这么做是合适的, 显然样本的直方图很好地逼近了目标分布标准正态分布. 而图 7.2 (b) 为使用正态分布作为提案分布时, 斜线分布 SIR 样本的直方图. 这种做法显然是不合适的, 图中左右尾部有一些点在重抽样中被反复抽取. 这也造成尾部经验密度函数有凸起. 显然, 此时样本对目标分布的代表效果将非常差. 因此在实际使用 SIR 抽样技术时应尽量避免出现此种情形.

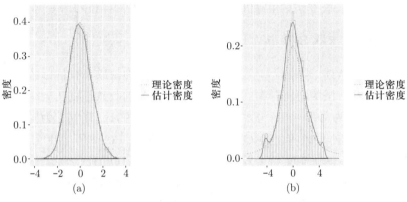

图 7.2 斜线分布和正态分布的 SIR 样本直方图

提案分布的这种敏感性给 SIR 技术的使用带来一定的麻烦. 一些文献提出使用称为 "自适应性重抽样" 的方法弱化提案分布的影响. 这类方法通过序贯的方法在抽样过程中不断地改进提案分布, 使得提案分布越来越好. 具体可参考文献 Givens, Raftery (1996); West (1993); Oh, Berger (1993, 1992). 这些方法一定程度上克服了提案分布选取的困难. 但方法本身具有一定的复杂性, 另外所带来的改进效果有时也不尽如人意. 相对于灵活多变的 MH 算法, SIR 在使用的广泛性上处于下风.

注 7.1 值得注意的是, 若只关注积分 $\int_D h(x)f(x)dx$ 的蒙特卡罗估计 $\hat{\mu} = \frac{1}{n}\sum_{i=1}^n h(x_i)$, 则 SIR 并不比第 3.5 节介绍的重要性抽样技术更好. 因为

$$E\hat{\mu}_{SIR} = E\{h(X_i)\} = E[E(h(X_i)|Y_1, \cdots, Y_N)]$$

$$= E\left(\sum_{i=1}^n h(Y_i)w_i\right) = E(\hat{\mu}_{IS}), \tag{7.10}$$

$$\text{Var}(\hat{\mu}_{SIR}) = E[\text{Var}(\hat{\mu}_{SIR}|Y_1, \cdots, Y_N)] + \text{Var}[E(\hat{\mu}_{SIR}|Y_1, \cdots, Y_N)]$$

$$= E[\mathrm{Var}(\hat{\mu}_{SIR}|Y_1,\cdots,Y_N)] + \mathrm{Var}\left(\sum_{i=1}^n h(Y_i)w_i\right)$$

$$\geqslant \mathrm{Var}(\hat{\mu}_{IS}), \tag{7.11}$$

其中 $\hat{\mu}_{IS} = \sum_{i=1}^n h(Y_i)w_i$ 为重要性采用样本均值估计, 具体介绍见第 3.5 节.

7.2　拟蒙特卡罗 SIR 技术

本节介绍拟蒙特卡罗和随机化拟蒙特卡罗 SIR 抽样技术.

7.2.1　拟蒙特卡罗 SIR 技术

如第六章所述, 拟蒙特卡罗 (QMC) 技术使用均匀散布在目标区域内的点代替蒙特卡罗方法的随机样本, 可以使得高维积分的收敛速度从概率意义下的 $O(1/\sqrt{n})$ 改善为 $O(n^{-1}(\log n)^{s-1})$ (Fang, Wang, 1994), 其中 s 为样本空间维度. 在收敛速度上的改善使得 QMC 被广泛地使用. Pérez 等 (2005) 基于低偏差点序列提出了两种拟蒙特卡罗重要性抽样重抽样 (QSIR) 方法. 他们将 SIR 技术中的样本池和多项分布由蒙特卡罗方法替换为低偏差的拟蒙特卡罗序列, 从而得到两种新的抽样技术, 具体见算法 7.2 和算法 7.3.

算法 7.2 QSIR I

1. 从提案分布 $g(x)$ 中产生拟蒙特卡罗序列 $Y_1,\cdots,Y_N$.
2. 计算权重 $w_i = \frac{f(Y_i)/g(Y_i)}{\sum_{i=1}^N f(Y_i)/g(Y_i)}$.
3. 从多项分布 $\begin{pmatrix} Y_1, & Y_2, & \cdots, & Y_N \\ w_1, & w_2, & \cdots, & w_N \end{pmatrix}$ 中随机抽取容量为 n 的样本 X.

算法 7.3 QSIR II

1. 从提案分布 $g(x)$ 中产生拟蒙特卡罗序列 $Y_1,\cdots,Y_N$.
2. 计算权重 $w_i = \frac{f(Y_i)/g(Y_i)}{\sum_{i=1}^N f(Y_i)/g(Y_i)}$.
3. 计算多项分布 $\begin{pmatrix} Y_1, & Y_2, & \cdots, & Y_N \\ w_1, & w_2, & \cdots, & w_N \end{pmatrix}$ 的分布函数 $F(y) = \frac{1}{N}\sum_{i=1}^N 1_{(-\infty,y]}(Y_i)$ 和相应的逆分布函数 $F^{-1}(t) = \inf\{y: F(y) \leqslant t\}$.
4. $X_i = F^{-1}(u_i)$, $i = 1,2,\cdots,n$, 为目标分布 $f(x)$ 的 QMCSIR 样本, 其中 $u_i = \frac{2i-1}{2n}$ 为区间 $[0,1]$ 上拟蒙特卡罗点集.

Vandewoestyne, Cools (2010) 讨论了 QSIR I 和 QSIR II 两种抽样方法所得样本向目标分布逼近的阶, 得出了 $\sup_x |F_n(X) - F(x)|$ 有如表 7.1 所示的收敛结果.

表 7.1 QSIR 算法经验分布的收敛阶

	$s = 1$	$s > 1$
QSIR I	$O(\max(\frac{1}{N}, \frac{1}{\sqrt{n}}))$	$O(\max(\frac{(\log N)^s}{N}, \frac{1}{\sqrt{n}}))$
QSIR II	$\frac{1}{2n} + O(\frac{1}{N})$	$\frac{1}{2n} + O(\frac{(\log N)^s}{N})$

注: 本表引自 (Vandewoestyne, Cools, 2010, 表 1).

7.2.2 随机化拟蒙特卡罗重要性重采样 (RQSIR)

QSIR 技术使用拟蒙特卡罗技术代替蒙特卡罗技术, 在一定程度上丧失了样本的随机性, 这限制了它在一些统计推断中的使用. 随机化拟蒙特卡罗 (RQMC) 技术是一种使用较为广泛的恢复拟蒙特卡罗序列的随机性方法 (L'Ecuyer, 2016). 一些好的随机化方法不仅能帮助拟蒙特卡罗序列恢复随机性, 甚至能提高蒙特卡罗估计的效率, 如 Owen (1997a,b) 介绍了几种高效的 RQMC 方法, 在一定条件下可以将蒙特卡罗积分估计的均方误差由 $O(n^{-2+\epsilon})$ 降至 $O(n^{-3+\epsilon})$. 考虑到 RQMC 方法的这两个优势, 一些文献考虑使用随机化拟蒙特卡罗方法进一步优化 SIR 技术, 提出了随机化拟蒙特卡罗重要性重采样 (RQSIR) 方法, 具体参考 Tao, Ning (2018). 为方便论述, 我们首先对随机化拟蒙特卡罗 (RQMC) 技术做简单介绍, 详细内容可参考 L'Ecuyer, Lemieux (2005); L'Ecuyer (2016) 及其中所引文献.

事实上, 所谓的随机化拟蒙特卡罗方法就是对拟蒙特卡罗序列引入随机性扰动, 但在引入随机性扰动的同时需确保:

(i) 任意单个点扰动后都服从均匀分布;

(ii) 原拟蒙特卡罗序列的低偏差性得到保持.

RQMC 的这两个特点保证了 RQMC 相对于普通的 MC 方法有更小的方差, 所以 RQMC 也被许多文献称为针对 MC 方法的一种方差缩减技术 (L'Ecuyer, Lemieux, 2005). 在一些弱的假设下, RQMC 方法对均值的估计方差上界可以达到 $O(n^{-2}(\log n)^s)$, 甚至 $O(n^{-3}(\log n)^s)$, 这远远好于 QMC 方法的 $O(n^{-1}(\log n)^s)$ (L'Ecuyer, 2016). 针对不同的 QMC 序列, 有很多不同的随机化方法, 主要分为随机迁移 (random shift) 和扰动 (scramble) 两类方法. L'Ecuyer, Lemieux (2005) 给出了较为详细的介绍. 这里只介绍最为简单实用的随机迁移方法. 随机迁移方法由 Cranley, Patterson (1976) 针对标准的格子点序列集提出, 后来也被认为可以针对其他低偏差序列点集使用 (Morohosi, Fushimi, 1998; Tuffin, 1998).

假设 $P_n = \{u_i : i = 1, 2, \cdots, n\}$ 为 s 维超级立方体 $[0,1)^s$ 上的低偏差点集, 随机向量 $\Delta \sim U([0, 1)^s)$. 则基于 P_n 的随机迁移阵可表示为 $P_n^* = \{u_i^* : i = 1, 2, \cdots, n\}$, 其中

$$u_i^* = (u_i + \Delta) \mod 1, \quad i = 1, 2, \cdots, n. \tag{7.12}$$

图 7.3 中空心圆点为由生成向量 $h = (1, 55)$ 生成的 89 个点的好格子点集, 而三角形点集为相应的随机化后的点集.

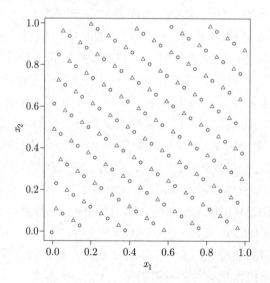

图 7.3　好格子点集及随机化好格子点集散点图 (图中空心圆点为原序列, 三角形点为随机化后的点集)

注意到标准化的随机化低偏差点集是定义在超级立方体 $[0, 1)^s$ 上的, 不难把它扩充到一般的长方体区域上. 例如当我们抽样的目标区域为 $D = [a_1, b_1] \times [a_2, b_2] \times \cdots \times [a_s, b_s]$ 时, 此时低偏差点集 $P_n = \{u_i \in D : i = 1, 2, \cdots, n\} \subseteq D$. 只需将 (7.12) 式修改为

$$u_i^* = [(\frac{u_i - a}{b - a} + \Delta) \mod 1] \cdot (b - a) + a, \ i = 1, 2, \cdots, n, \tag{7.13}$$

其中 $\boldsymbol{a} = (a_1, \cdots, a_s)$, $\boldsymbol{b} = (b_1, \cdots, b_s)$.

RQMC 序列本质上都是正规区域上均匀分布的随机化代表点, 而前述重抽样方法的提案分布极有可能是非均匀分布. 可采用著名的 Rosenblatt 逆变换方法, 对 RQMC 序列进行变换获得提案分布的随机化代表点. Rosenblatt (1952) 提出了 Rosenblatt 变换, 该变换可用于多元分布的逆分布函数抽样, 具体见下述定义 7.1.

定义 7.1 (Rosenblatt 变换)　记 $F(\boldsymbol{x})$ 为 d 维随机向量的分布函数, 变换 $R : \boldsymbol{u} = (u_1, \cdots, u_d)^T \longrightarrow \boldsymbol{x} = (x_1 \cdots, x_d)^T$ 称为 Rosenblatt 变换, 其中

$$\begin{cases} u_1 = F_1(x_1), \\ u_2 = F_2(x_2|x_1), \\ u_3 = F_3(x_3|x_1, x_2), \\ \quad \vdots \\ u_d = F_d(x_d|x_1, \cdots, x_{d-1}), \end{cases} \tag{7.14}$$

$F_1(x_1)$ 及 $F_i(x_i|x_1, \cdots, x_{i-1}) = P(X_i \leqslant x_i|x_1, \cdots, x_{i-1})$ 分别为第一维边际分布函数和第 i 维条件分布函数.

容易证明 (见本章习题 1) 通过 Rosenblatt 变换得到的 d 维随机向量 $\boldsymbol{u}$ 服从超立方体 $C^d = [0,1]^d$ 上的均匀分布. 因此文献中常将其作为随机向量的逆分布函数随机采样方法. 即, 通过对 d 维随机数做逆 Rosenblatt 变换, 得到分布 $F(\boldsymbol{x})$ 的蒙特卡罗样本. 事实上, 当逆 Rosenblatt 变换有显式解或易得到数值解时, 也可以将其作为 QSIR 和 RQSIR 算法中拟蒙特卡罗序列的获得方法. 具体过程见算法 7.4. 事实上可以证明逆 Rosenblatt 变换法具有偏差不变性.

引理 7.1　记点集 $\mathcal{U} = \{\boldsymbol{u}^{(i)} : \boldsymbol{u}^{(i)} = (u_1^{(i)}, \cdots, u_d^{(i)})^T, \ i = 1, \cdots, N\} \supseteq [0,1)^d$ 的星偏差为 $D^*(\mathcal{U})$. 另点集 $\boldsymbol{P}_N = \{\boldsymbol{x}^{(i)} = (x_1^{(i)}, \cdots, x_d^{(i)})^T : i = 1, \cdots, N\}$ 由点集 $\mathcal{U}$ 通过逆 Rosenblatt 变换 (7.15) 得到, 则 $\boldsymbol{P}_N$ 关于分布 $F(\boldsymbol{x})$ 的 F 偏差 $D(\boldsymbol{P}_N, F)$ 和点集 $\mathcal{U}$ 的星偏差相等, 即 $D(\boldsymbol{P}_N, F) = D^*(\mathcal{U})$.

证明　由 F 偏差的定义 (见定义 6.11) 及公式

$$F(\boldsymbol{x}) = F_1(x_1)F_2(x_2|x_1) \cdots F_d(x_d|x_1, \cdots, x_{d-1})$$

算法 7.4 逆 Rosenblatt 变换法

输入: 目标分布 $F(\boldsymbol{x})$ 和 d 维均匀分布拟蒙特卡罗序列 $(\boldsymbol{u}^{(1)}, \cdots, \boldsymbol{u}^{(n)})$.

输出: 输出目标分布 $F(\boldsymbol{x})$ 的拟蒙特卡罗序列 $(\boldsymbol{x}^{(1)}, \cdots, \boldsymbol{x}^{(n)})$.

1. 初始化变量 $i = 1$.
2. 重复.
3. 　　　对 $\boldsymbol{u}^{(i)}$ 做逆 Rosenblatt 变换

$$\begin{cases} x_1^{(i)} = F_1^{-1}(u_1^{(i)}), \\ x_2^{(i)} = F_2^{-1}(u_2^{(i)}|x_1^{(i)}), \\ x_3^{(i)} = F_3^{-1}(u_3^{(i)}|x_1^{(i)}, x_2^{(i)}), \\ \quad\vdots \\ x_d^{(i)} = F_d^{-1}(u_d^{(i)}|x_1^{(i)}, \cdots, x_{d-1}^{(i)}). \end{cases} \tag{7.15}$$

4. 　　　$i := i + 1$.
5. 直到 $i = I$.

可得,

$$D(\boldsymbol{P}_N, F)$$
$$= \sup_{\boldsymbol{x} \in \mathcal{X}} |F_N(\mathbf{x}) - F(\mathbf{x})|$$
$$= \sup_{\boldsymbol{x} \in \mathcal{X}} \left| \frac{1}{N} \sum_{i=1}^{N} \left[\prod_{j=1}^{d} \mathbf{1}_{[0, x_j)}(x_j^{(i)}) \right] - F_1(x_1) F_2(x_2|x_1) \cdots F_d(x_d|x_1, \cdots, x_{d-1}) \right|$$
$$= \sup_{\boldsymbol{x} \in \mathcal{X}} \left| \frac{1}{N} \sum_{i=1}^{N} \left[\prod_{j=1}^{d} \mathbf{1}_{\left[0, F_j^{-1}(u_j|x_1, \cdots, x_{j-1})\right)}(F_j^{-1}(u_j^{(i)}|x_1^{(i)}, \cdots, x_{j-1}^{(i)})) \right] - \prod_{j=1}^{d} u_j \right|$$
$$= \sup_{\boldsymbol{x} \in \mathcal{X}} \left| \frac{1}{N} \sum_{i=1}^{N} \left[\prod_{j=1}^{d} \mathbf{1}_{[0, u_j)}(u_j^{(i)}) \right] - \prod_{j=1}^{d} u_j \right|$$
$$= \sup_{\boldsymbol{x} \in \mathcal{X}} \left| \frac{1}{N} \sum_{i=1}^{N} \mathbf{1}_{[0, \mathbf{u})}(\mathbf{u}^{(i)}) - \prod_{j=1}^{d} u_j \right|$$
$$= D^*(\mathcal{U}).$$

引理得证.

　　结合 RQMC 序列的两个特点和引理 7.1 易知对 RQMC 序列做逆 Rosenblatt 得到的序列具有两个特点: 1) 整体上能很好地代表提案分布; 2) 点集中

每个点具有随机性, 并且服从提案分布. 利用这两个性质, Tao, Ning (2018) 将 RQMC 技术引入到 QSIR 算法中, 提出了所谓的 RQSIR 算法, 算法使用随机化拟蒙特卡罗技术对重抽样中的拟蒙特卡罗样本池进行随机化. 这种随机化克服了 QSIR 样本的非随机性, 也在一定程度上提高了效率. RQSIR 算法的具体描述见算法 7.5.

算法 7.5 RQSIR 算法

输入: 目标分布 $f(\boldsymbol{x})$, 提案分布 $g(\boldsymbol{x})$.

输出: 输出样本容量为 n 的样本 $\left\{\boldsymbol{x}_1^{(*)}, \cdots, \boldsymbol{x}_n^{(*)}\right\}$.

1. **产生样本池**

     生成服从提案分布 $g(\boldsymbol{x})$ 的随机化拟蒙特卡罗序列 $\{\boldsymbol{x}_1, \cdots, \boldsymbol{x}_N\}$.

2. **计算权重**

     计算权重系数

$$w_i = f(\boldsymbol{x}_i)/g(\boldsymbol{x}_i), \quad 1 \leqslant i \leqslant N, \tag{7.16}$$

   也即重要性权重.

3. **重抽样** 依据权重系数 $w_i, i = 1, \cdots, N$, 从样本池 $\{\boldsymbol{x}_1, \cdots, \boldsymbol{x}_N\}$ 有放回地随机抽取 n 个样品, 记为 $\left\{\boldsymbol{x}_1^{(*)}, \cdots, \boldsymbol{x}_n^{(*)}\right\}$.

注意到相对于 QSIR 技术, RQSIR 使用了随机化拟蒙特卡罗技术, 如前所述 RQMC 方法能带来随机性, 以保证目标分布支撑集内的所有点都有机会被抽样, 而 QSIR 技术所有抽样都局限在算法第一步中所采用的拟蒙特卡罗序列内.

例 7.2 (多维 Kotz-type 分布抽样问题) Kotz (1975) 首次介绍了多维 Kotz-type 分布, 可以看作多元正态分布的一种推广形式, 在一些正态假设不成立的场合具有很好的应用 (Liang 等, 2000). 更多的介绍可参考 Fang, Zhang (1990). d 维 Kotz-type 分布随机变量 $\mathbf{X} = (X^1, \cdots, X^d)$ 的密度函数

$$
\begin{aligned}
f(\mathbf{X}) = C_p |\Sigma|^{-1/2} &\left[(\mathbf{X} - \boldsymbol{\mu})^T \Sigma^{-1} (\mathbf{X} - \boldsymbol{\mu}) \right]^{M-1} \\
&\exp \left\{ -r \left[(\mathbf{X} - \boldsymbol{\mu})^T \Sigma^{-1} (\mathbf{X} - \boldsymbol{\mu}) \right]^s \right\},
\end{aligned}
\tag{7.17}
$$

其中 $r > 0, s > 0, N > (2 - d)/2, \Sigma$ 为 $d \times d$ 正定矩阵, $\boldsymbol{\mu} = (\mu^1, \cdots, \mu^d)$ 为期望, C_p 为常数.

这里我们考虑生成 8 维 Kotz-type 分布的样本点, 相应的参数设置如下:
$r = 0.5, s = 2, M = 3$,

$$
\boldsymbol{\mu} = \begin{pmatrix} 0 \\ 0 \\ 0 \\ 0 \\ 0 \\ 0 \\ 0 \\ 0 \end{pmatrix}, \quad \Sigma = \begin{pmatrix} 7.1 & 0.4 & -0.3 & -0.3 & -0.3 & -0.2 & -0.4 & -0.3 \\ 0.4 & 6.3 & -0.8 & -0.2 & -0.1 & -0.2 & 0 & -0.3 \\ -0.3 & -0.8 & 6.8 & -0.7 & -0.3 & -0.6 & -0.4 & 0.4 \\ -0.3 & -0.2 & -0.7 & 5.8 & 0.1 & 0.1 & 0 & -0.5 \\ -0.3 & -0.1 & -0.3 & 0.1 & 6.8 & -0.3 & -0.2 & -0.4 \\ -0.2 & -0.2 & -0.6 & 0.1 & -0.3 & 6.3 & -0.4 & 0 \\ -0.4 & 0 & -0.4 & 0 & -0.2 & -0.4 & 5.6 & 0 \\ -0.3 & -0.3 & 0.4 & -0.5 & -0.4 & 0 & 0 & 5.3 \end{pmatrix}.
$$

为使用 SIR 和 RQSIR 方法生成随机样本, 我们采用期望为 $\boldsymbol{\mu}$, 协差阵为 Σ 的正态分布作为提案分布. 依据样本估计分布的总体期望 $\boldsymbol{\mu} = (\mu_1, \cdots, \mu_8)$, 同时在重复模拟多次的基础上计算估计的均方误差 (MSE). 考虑到每个维度上估计的均方误差可能不一样, 使用总体均方误差 (OMSE, 也即所有维度均方误差的总和) 考量估计的总体精度.

为得到提案分布 (正态分布) 的代表点, 我们使用 Halton 和 Sobol 序列两种拟蒙特卡罗序列, 通过前述逆 Rosenblatt 变换得到正态拟蒙特卡罗序列. 其中 Halton 和 Sobol 序列可直接使用 R 语言包 randtoolbox (Christophe, Petr, 2019) 生成. 表 7.2 中的结果是样本容量 $n = 100$ 和 1000 次重复下获得. 样本池容量分别采用了 $N = 1000$ 和 $N = 2000$ 两种设置.

表 7.2　Kotz-type 分布 SIR 和 RQSIR 抽样下 OMSE 比较

	提案分布	$N = 1000$	$N = 2000$
SIR	正态分布	0.0385	0.0280
RQSIR	正态分布 (Halton)	0.0290	0.0227
	正态分布 (Sobol)	0.0295	0.0235

从表 7.2 可以看出: RQSIR 能得到比 SIR 更小的 OMSE 值, 说明在这种设置情形下, RQSIR 有更好的效率.

7.3　全局似然比抽样器

通过使用低偏差序列, QSIR 和 RQSIR 抽样方法能在一定程度上提高样本收敛到目标分布的速度. 但 QSIR 在使用中仍存在两个问题: 首先, 对于非均匀分布, 目前并没有简单有效的拟蒙特卡罗技术能快速获得代表性非常好的代表点, 特别是一些复杂的分布. 目前使用的技术主要为逆 Rosenblatt 变换方法 (Fang, Wang, 1994), 该方法需要知道被代表分布 (这里为提案分布) 的分布函数及高效的求分布函数的逆的算法. 这在很多时候都是无法满足的条件. Wang 等 (2015) 提出一类新的抽样算子, 并称其为 "全局似然比抽样器 (GLR)". 该方法借鉴了均匀设计思想, 考虑到均匀设计点集或拟蒙特卡罗序列对区域有非常好的代表性, 因此他们放弃从目标分布的实际支撑集上抽样, 转而仅在支撑集的代表点 (也即均匀设计点集或拟蒙特卡罗序列) 上依据概率比进行抽样. 若从重抽样技术的角度思考, 他们的方法也可以看成是直接使用均匀分布作为 SIR 采用技术的提案分布, 从而避开了 SIR 技术中提案分布选取的麻烦和 QSIR 技术中非均匀分布代表点难以获得的困难. 因为提案分布使用的是均匀分布, 因此完善的拟蒙特卡罗技术和均匀设计理论都可以被重抽样技术使用. 为保持书写的连续性, 本书从重抽样技术的角度论述和发展 GLR 方法, 这与 Wang 等 (2015) 当时提出该方法的角度不同.

和 SIR 技术相似, GLR 技术只需已知抽样目标分布的核, 即

$$f(\boldsymbol{x}) \propto p(\boldsymbol{x}). \tag{7.18}$$

GLR 技术可分为: 1) 样本池选取; 2) 随机化样本池; 3) 重抽样三个步骤, 具体过程可描述如下:

1. 不同于 SIR 技术, GLR 技术不需要提案分布, 只需选取一个低偏差序列代表目标分布 $f(\boldsymbol{x})$ 的支撑. 文献中有许多低偏差序列的获取成熟技术, 如: 拟蒙特卡罗 (Niederreiter, Winterhof, 2015) 和均匀设计方法 (Fang, Wang, 1994). 值得注意的是这些低偏差序列获取技术都是限制在有界区域上的, 而目标分布的支撑集可能是无界区域, 因此需要针对分布的概率分布选取近似的有界区域.

2. 考虑到低偏差序列的非随机性, 使用随机化拟蒙特卡罗技术对样本池进行随机化, 更具体的描述见后文.

3. 对样本池内点依据重要性进行重要性重采样, 以获得目标分布样本.

相应地, GLR 算法的具体描述见算法 7.6. GLR 算法中涉及几个参数的选择和设置, 下面我们分别给予详细说明:

1. **支撑集 D 的选取:** 低偏差序列通常都是在规则的有界区域上, 这在理论上要求支撑集 D 必须有界. 在很多实际问题中, D 并不有界. 幸而对于大多数分布, 其支撑集虽然无界, 但其绝大部分概率都集中在某一个有界

区域内, 如标准正态分布, 虽然其支撑集为实数集 R, 但显然区间 $[-5, 5]$ 覆盖了绝大部分概率. 因此我们可以使用一个足够大的有界区域近似无界的支撑集 D. 另一方面若支撑集 D 不能直接定位, 则可以使用一些搜索算法逐步确定, 如使用逐步扩充边界的方法获取近似支撑集 D.

算法 7.6 全局似然比抽样算法

1. 从目标分布的支撑集 $D = \{\boldsymbol{x}: f(\boldsymbol{x}) > 0\}$ 上抽取容量为 N 的低偏差序列, 记为 $\boldsymbol{Y} = \{\boldsymbol{y}_1, \cdots, \boldsymbol{y}_N\}$.

2. 对点集 $\boldsymbol{Y}$ 进行随机化, 如平移随机化方法, 得到新的点集 $\boldsymbol{Y}^{(i)} = \{\boldsymbol{y}_1^{(i)}, \cdots, \boldsymbol{y}_N^{(i)}\}$.

3. 选择 $\boldsymbol{y}_{i_0}^{(i)} \in \boldsymbol{Y}^{(i)}$ 作为锚点, 并计算 $\boldsymbol{Y}^{(i)}$ 中其他点相对锚点的似然比

$$w_j = f(\boldsymbol{y}_j^{(i)})/f(\boldsymbol{y}_{i_0}), \quad 1 \leqslant j \leqslant N, \tag{7.19}$$

也即重要性权重.

4. 从多项分布 $\begin{pmatrix} \boldsymbol{y}_1^{(i)}, & \boldsymbol{y}_2^{(i)}, & \cdots, & \boldsymbol{y}_N^{(i)} \\ w_1/\sum_{j=1}^N w_j, & w_2/\sum_{j=1}^N w_j, & \cdots, & w_N/\sum_{t=j}^N w_j \end{pmatrix}$ 随机抽取 T (为方便论述这里称其为 "稠度") 个点 $\boldsymbol{y}_{i_1}^{(i)}, \cdots, \boldsymbol{y}_{i_T}^{(i)}$.

5. 重复步骤 2—4 I 次可得到样本容量为 $n = I \times T$ 的点集 $\left\{\boldsymbol{y}_{i_t}^{(i)}\right\}$, $i = 1, 2, \cdots, I$, $t = 1, 2, \cdots, T$.

2. **低偏差序列 $\boldsymbol{Y}$ 的获取:** 不同于蒙特卡罗序列, 低偏差序列是非随机序列. 低偏差测度追求的是尽可能地将样本点均匀散布在目标区域内, 而不是去模仿随机分布. 它在目标区域内有很好的均匀性, 能比较好地代表目标区域, 因此它在高维积分、优化理论、贝叶斯推断等领域有很多精彩的应用. 目前获得低偏差序列的方法主要可以分为两类: 格子点方法和数字网格方法, 本书第六章相关章节介绍了一些基本的构造方法, 更多的方法可参考 Niederreiter (1992). 另外, 实验设计领域的空间填充设计追求的也是将试验点均匀散布在目标实验区域内, 以获得好的试验数据. 这与拟蒙特卡罗方法不谋而合. 因此该领域的众多设计表构造方法也可以用来构造 GLR 技术所需的低偏差序列, 甚至于很多空间填充设计表可以直接拿来使用 (Fang 等, 2018). 值得注意的是, 大多数拟蒙特卡罗序列和空间填充设计得到的低偏差序列都是限制在超级立方体 C^s 上的. 但这并不影响在规则的支撑 D 上使用, 可以通过简单的线性或等距变换, 将序列变换至不同的区域 D 上, 同时保持序列的均匀性. 当然对于更加不规则

的目标分布区域, 我们可以通过抽取其外接立方体上低偏差序列的办法实现.

3. **锚点的选取:** 理论上锚点的选取并不会影响抽样的结果, 但实际中考虑到抽样的效率和计算效率, 我们建议选择使得 $f(\boldsymbol{y}_{i_0}^{(i)})$ 大小适中的点作为锚点. 这样做的目的是避免出现过大或过小的权重.

4. **稠度 T 的选取:** GLR 抽样算法中的稠度 T 类似于 SIR 抽样中样本池容量 N 的选择. 在理论上如果要求 SIR 抽样的样本无限逼近目标分布则如 Rubin (1988) 论述的 T/N 应趋于无穷. 因此, 当我们选取较大的 T, 虽然可以减少算法重复次数 I, 减少算法计算量. 但同时也意味着需要构造一个样本更大的 QMC 点集, 才能保证样本的代表性. 若选取一个较小的 T, 则可以使用一个样本更小的 QMC 点集.

7.4 GLR 在一维分布中的应用

这一节考察 GLR 在一维常见分布中的采用效果. 仍然记目标分布为 $f(x) = c \cdot p(x)$, 支撑集 $D = \{x: p(x) > 0\}$, 则 GLR 算法的低偏差序列可以简单取为中心格子点 $\{\frac{2i-1}{2N}, i = 1, 2, \cdots, N\}$. GLR 算法在一维分布下的具体描述见算法 7.7.

算法 7.7 一维 GLR 技术

1. 确定一个区间 $[L, U]$ 能较好地近似支撑 D.
2. 产生随机数 $\varepsilon \sim U(0, 1)$.
3. 使用 ε 扰动中心格子点集 $c_i = \frac{2i-1}{2N}, i = 1, 2, \cdots, N$, 到随机化中心格子点集 $c_i^* = c_i + \varepsilon \mod 1, i = 1, 2, \cdots, N$.
4. 令 $y_i = c_i^* \cdot (U - L) + L$, 得到样本池点集 $\boldsymbol{Y} = \{y_1, \cdots, y_N\}$.
5. 计算样本重要性权重

$$w_i = \frac{f(y_i)}{f(y_1)} = \frac{g(y_i)}{g(y_1)}. \tag{7.20}$$

6. 从多项分布 $\begin{pmatrix} y_1, & y_2, & \cdots, & y_N \\ w_1/\sum_{j=1}^{N} w_j, & w_2/\sum_{j=1}^{N} w_j, & \cdots, & w_N/\sum_{t=j}^{N} w_j \end{pmatrix}$ 随机抽取 T 个点, 记为 $y_{i_1}^{(i)}, \cdots, y_{i_T}^{(i)}$.
7. 重复步骤 2—6 I 次可得到样本容量为 $n = I \times T$ 的点集 $\{y_{i_t}^{(i)}\}$, $i = 1, 2, \cdots, I, t = 1, 2, \cdots, T$.

为检验算法的效果, 首先使用一些常见的一维分布作为抽样目标分布. 这里我们选取了标准正态分布、对数正态分布、伽马分布、指数分布、贝塔分布、χ^2 分布、柯西分布 7 个常见分布. 为做比较我们同时使用了 R 语言中内置的抽样函数分别对上述分布进行了抽样. 为更好地反映抽样效率, 我们设置样本容量 $n = 20$. 并使用所抽取的样本对四个总体参数: 期望、中位数、95% 分位数和总体标准差 (SD) 进行估计. 将样本估计与理论结果进行比较, 在 100 次重复模拟下计算了这些估计的平均偏差和蒙特卡罗标准误. 另外我们还使用 MSE (Fang, Wang, 1994, 1.1.3 节) 在整体上比较样本经验分布和总体分布间的差别. MSE 值越小代表样本点对总体分布的代表性越好. 表 7.3 列出了 100 次重复模拟下各参数估计的平均偏差和标准误. 从表 7.3 中的结果可以看出: 总体上 GLR 方法并不比成熟的抽样方法 (内嵌在 R 核心包内的算法都是较为成熟的算法) 差. 无论是平均误差还是蒙特卡罗标准误差, 很多时候 GLR 方法都优于 R 内嵌的方法. 表 7.4 中的结果也可以看出, 相较于 R 语言内嵌的成熟方法, GLR 方法并不表现得差.

表 7.3　平均偏差及标准误

		期望	中位数	0.95 分位数	标准差
标准正态分布	GLR	−0.015(0.20)	−0.009(0.27)	−0.231(0.40)	0.001(0.17)
	rnorm	−0.002(0.23)	−0.017(0.28)	−0.250(0.40)	−0.036(0.16)
对数正态分布	GLR	−0.040(0.42)	0.031(0.30)	−0.596(1.97)	−0.419(4.58)
	rlnorm	−0.014(0.42)	0.013(0.28)	−0.587(2.02)	−0.300(4.67)
伽马分布	GLR	0.008(0.16)	0.045(0.13)	−0.285(0.69)	−0.092(1.39)
	rgamma	0.006(0.15)	0.033(0.10)	−0.299(0.59)	−0.047(1.14)
指数分布	GLR	−0.008(0.11)	0.006(0.11)	−0.195(0.34)	−0.024(0.49)
	rexp	−0.013(0.10)	0.018(0.10)	−0.248(0.33)	−0.044(0.57)
贝塔分布	GLR	0.002(0.05)	0.004(0.07)	−0.055(0.10)	−0.003(0.30)
	rbeta	0.005(0.05)	0.010(0.07)	−0.065(0.09)	−0.002(0.24)
χ^2 分布	GLR	−0.160(1.17)	−0.034(1.19)	−1.924(1.02)	−0.305(68.87)
	rchisq	−0.004(1.34)	0.094(1.58)	−1.829(1.13)	−0.3298(77.00)
柯西分布	GLR	−	−0.017(0.40)	0.085(7.86)	−
	rcauchy	−	0.0366(0.36)	2.7315(15.68)	−

注: 这里使用的样本容量 $n = 20, T = 1$, 平均偏差 (标准误) 是在 100 次重复模拟下计算得到的.

表 7.4 MSE 及标准差

		标准正态分布	对数正态分布	伽马分布	指数分布	贝塔分布	χ^2 分布	柯西分布
GLR	MSE	0.816	8.003	1.937	0.721	0.289	107.194	41.967
	SD	0.49	4.58	1.39	0.49	0.30	68.87	10.06
R 内嵌	MSE	0.857	7.880	1.680	0.819	0.289	116.972	42.4107
算法	SD	0.42	4.67	1.14	0.57	0.24	77.00	9.21

注: 这里使用的样本容量 $n = 20$, $T = 1$, 模拟重复了 100 次.

我们知道当抽样目标分布密度函数是多峰函数时, 许多抽样方法容易陷入局部峰值附近难以逃脱, 造成样本代表性差的后果. 下述例 7.3 展示了 GLR 抽样对混合正态分布的抽样效果.

例 7.3 (混合正态分布) 考虑混合正态分布 $\frac{1}{2} \times N(1,1) + \frac{1}{2} \times N(\mu_2, 2)$ 的抽样问题. 使用 GLR 对该混合正态分布进行抽样, 作为比较, 同时采用先独立正态抽样, 后进行等概率混合的抽样方法, 为方便描述称其为二步法. 表 7.5 和表 7.6 分别列出了基于 GLR 和二步法抽样的样本的均值和方差估计. 对于等权重混合 $N(1,1)$ 和 $N(\mu_2, 2)$ 分布, μ_2 取 5 个不同值时, 两种抽样样本在样本容量为 100 时均能得到非常精确的估计, 且估计的蒙特卡罗误差 (MCE) 也几乎相同. 这些模拟结果是在 500 次重复下得到的. 从表中的结果不难看出 GLR 抽样方法无论是在精度上, 还是稳定性上都可以和直接的二步法方法媲美. 值得注意的是二步法方法是将正态抽样样本基于样本混合权重直接混合, 这种方法显然只适用于密度函数完全已知的混合正态分布. 当目标分布为其他多峰分布时, 显然不可用. 而 GLR 抽样方法则只需要知道目标分布的核函数即可.

表 7.5 混合正态分布均值估计的平均偏差 (MCE)

方法	$\mu_2 = 3$	$\mu_2 = 5$	$\mu_2 = 7$	$\mu_2 = 9$	$\mu_2 = 12$
二步法	.012(.19)	.000(.26)	.029(.34)	.028(.43)	$-.013(.57)$
GLR	.012(.19)	.012(.25)	.025(.36)	.004(.43)	$-.003(.59)$

注: 所有模拟均重复 500 次, 样本容量 $n = 100$.

Wang 等 (2015) 提出的基于 GLR 的自助法. 该方法有效利用了 GLR 抽样中计算量主要集中在格子点集随机化后权重的重新计算, Wang 等 (2015) 提

出充分利用每次权重计算后的重抽样样本的 GLR 自助法. 具体做法如下:

表 7.6　混合正态分布方差估计的平均偏差 (MCE)

方法	$\mu_2 = 3$	$\mu_2 = 5$	$\mu_2 = 7$	$\mu_2 = 9$	$\mu_2 = 12$
二步法	.034(.56)	.034(.77)	.020(1.00)	−.063(1.30)	.082(1.84)
GLR	.018(.54)	−.015(.78)	−.035(1.05)	.001(1.39)	.023(1.87)

注: 所有模拟均重复 500 次, 样本容量 $n = 100$.

(1) 将算法 7.7 中抽取的样本 $\left\{y_{i_t}^{(i)}\right\}$, $i = 1, 2, \cdots, I$, $t = 1, 2, \cdots, B$, 分割为 B 组自助样本 $\mathcal{B}_t = \{y_{1_t}^{(1)}, y_{2_t}^{(2)} \cdots, y_{I_t}^{(I)}\}$, $t = 1, 2, \cdots, B$. 记 $F_n(\mathcal{B}_t)$ 为基于第 t 组样本 $\mathcal{B}_t$ 的经验分布函数.

(2) 记 $\theta = \theta(F)$ 为欲估计参数, 则 $\hat{\theta}_t = \hat{\theta}(F_n(\mathcal{B}_t))$ 为 θ 的一组自助非参数估计.

(3) 因此可以使用

$$\text{BSE} = \sqrt{(1/B) \sum_{b=1}^{B} (\hat{\theta}_b - \overline{\hat{\theta}})^2}, \text{其中} \overline{\hat{\theta}} = \frac{1}{B} \sum_{b=1}^{B} \hat{\theta}_b, \tag{7.21}$$

近似逼近 $\hat{\theta}$ 的 MCE.

例 7.4　继续考虑混合正态分布的抽样问题, 目标分布为 $\frac{1}{2} \times N(1,1) + \frac{1}{2} \times N(3,4)$. 表 7.7 展示了 GLR 和 SIR 两种同类型方法所得样本对混合正态分布数字特征的估计. 这里 SIR 抽样使用了传统的自助法对所得样本进行重抽样从而估计样本数字特征的蒙特卡罗误差和偏差. 而 GLR 算法采用了前述的 GLR 自助法获得估计方差的重复样本. 这里 GLR 抽样使用了含有 200 个点的 QMC 点集, 每次从中抽取 20 个样本点, 共抽取 $20 \times 500 = 10000$ 个样本点. 并依据前述 GLR 自助法分割为 20 个平行样本, 以计算统计量的蒙特卡罗误差. 考虑到 SIR 算法是一次性从备选点集中抽取样本, 我们将 SIR 备选点集量设为 $200 \times 500 = 100000$. 从备选集中抽取样本容量为 $20 \times 500 = 10000$ 的样本, 并进行常规自助法重抽样得到 20 个样本容量分别为 500 的样本, 以计算统计量的蒙特卡罗误差. 表 7.7 中为上述模拟 2000 次重复下的平均结果. 结果显示: 相对于 SIR 方法, 显然 GLR 方法能得到更为精确和稳定的估计值.

表 7.7 样本重抽样下对混合正态分布均值、方差及中位数的估计

算法	均值		方差		中位数	
	偏差	标准误	偏差	标准误	偏差	标准误
GLR	0.080	0.0128	0.225	-0.0477	0.0883	0.0216
SIR	0.0450	-0.163	0.101	-2.409	0.0456	0.115

7.5 多维多峰分布中的使用

前述章节中介绍的各种蒙特卡罗方法, 特别是马尔可夫过程蒙特卡罗方法, 在优化、高维积分中发挥着重要的作用, 它们的效率也被广泛地接受. 但当面对的目标函数是复杂的多维多峰函数时, 第五章中所介绍的普通的 MCMC 方法 (如 MH 方法、Gibbs 抽样方法) 会以极大的概率陷在局部峰值附近, 而无法遍历整个目标区域. 相对传统的 MCMC 方法, 基于群体的 MCMC 改进方法, 特别是 PT 和 EMC 方法具有较好的效果, 具体可见 Liang 等 (2010) 中的介绍. 但如何设置不同的多线程平稳分布 (PT 和 EMC 中为温度的选择), 及在不同的线程中交换信息是一个复杂的系统. 对于非此领域的专业人士, 这些参数的设置具有相当的困难. 另外, 算法的运行时间一般较长. 本章介绍的基于随机化拟蒙特卡罗序列的 GLR 方法不容易陷入局部峰值附近, 这是因为拟蒙特卡罗序列能较好地散布到整个目标区域, 从而在很多情形下能更好地遍历整个目标区域. 下述 20 个峰值的混合正态分布例子说明了 GLR 方法的这种优势. 例 7.5 最早见 Liang, Wong (2001).

例 7.5 欲抽样的目标分布为 20 个二维正态分布混合而成的混合高斯分布, 其密度函数

$$\pi(\boldsymbol{x}) \propto \sum_{i=1}^{20} \omega_i \exp\left(-\frac{1}{2\sigma_i^2}(\boldsymbol{x}-\boldsymbol{\mu}_i)'\Sigma^{-1}(\boldsymbol{x}-\boldsymbol{\mu}_i)\right), \tag{7.22}$$

其中 $\omega_i = 0.05$, $\boldsymbol{\mu}_i \in [0,10] \times [0,10]$, $i = 1, 2, \cdots, 20$, 具体值见表 7.8. 20 个成分正态分布均值散点见图 7.4 中数字所标志的位置. Liang, Wong (2001) 将成分分布的协方差阵 Σ_i 全部设为 2 阶对角阵 $0.01 \cdot I_2$, I_2 为 2 阶单位阵. 这里为提高遍历的难度, 我们将 Σ_8 修改为 $= 0.0001 \cdot I_2$, 其他协方差阵与 Liang, Wong (2001) 保持一致. 由图 7.4 中的数字可以看出第 2, 4 和 15 号正态分布的均值均远离其他正态分布中心, 第 8 号正态分布虽居于整个区域中心, 但其方差为 0.0001. 因此, 这些区域都会成为一般的抽样方法的 "盲点" 区域.

表 7.8　混合正态分布 20 个成分分布的均值

i	$\boldsymbol{\mu}_i$		i	$\boldsymbol{\mu}_i$		i	$\boldsymbol{\mu}_i$		i	$\boldsymbol{\mu}_i$	
1	2.18	8.67	6	3.25	3.47	11	5.41	2.65	16	4.93	1.50
2	8.67	9.59	7	1.70	0.50	12	2.70	7.88	17	1.83	0.09
3	4.24	8.48	8	4.59	5.60	13	4.98	3.70	18	2.26	0.31
4	8.41	1.68	9	6.91	5.81	14	1.14	2.39	19	5.54	6.86
5	3.93	8.82	10	6.87	5.40	15	8.33	9.50	20	1.69	8.11

　　使用 GLR 方法对目标混合正态分布 $\pi(\boldsymbol{x})$ 抽取样本容量为 5000 的样本. 考虑到所有成分都为正态分布, 我们将算法支撑区域设置为 $D = [0, 11] \times [0, 11]$ (这个区域可以设置得更大一些, 对结果的影响不大). 我们使用好格子点方法生成拟蒙特卡罗点集 Y, 生成向量 $H = (1, 34)$ 摘自 (Fang, Wang, 1994, Table A.1), 点集 Y 大小为 55. 作为对比我们同时也采用了 Liang, Wong (2001) 所建议的 EMC 方法, 所有的算法参数的设置均沿用自 Liang, Wong (2001). EMC 算法直接使用 R 语言中的 EMC 包 (Goswami, 2011) 中的相关命令实现, 考虑到 EMC 的抽样为马尔可夫过程, 我们抽取了 1000 个样本点. 两个程序都在配备 Intel i7-6700 3.40GHz CPU 的个人电脑上运行. GLR 抽取容量为 5000 的样本花费时间 10.13 s, 而 EMC 抽取样本花费的时间为 212.60 s. 从运行时间上可以看出, GLR 花费的时间远远少于 EMC 的抽样时间. 图 7.4 (a) 和 (b) 分别展示了 GLR 样本和 EMC 样本散布情况, 从图上点的分布可以看出: GLR 样本聚集在了所有峰值附近, 即使是极为陡峭、细小的八号峰值区域也分布了样本点. 反观 EMC 所得样本只聚集在相互距离较近的峰值区域, 八号中心附近无样本点, 同时 4, 9 和 10 号峰值附近区域样本点过于稀少. 值得注意的是若将样本容量增加到 100000 次 EMC 也可以遍历到所有峰值, 但所需要的运行时间会更长.

　　为进一步比较, 我们将两种抽样方法分别独立重复运行 20 次. 所有参数设置同上. 基于两种抽样方法所得样本分别估计了分布 $\pi(\boldsymbol{x})$ 的均值和协方差阵. 所有的结果都收集展示在表 7.9 中. 虽然 EMC 的运行时间远远超过 GLR 抽样过程, 但从表 7.9 不难看出, GLR 对期望和方差、协方差的估计精度远远高于 EMC. 这个例子从一定角度说明了 GLR 在面对多峰目标函数时, 有远远好于现有方法的优势. 特别是当目标分布维度不是很高, 且支撑集容易确定的情形.

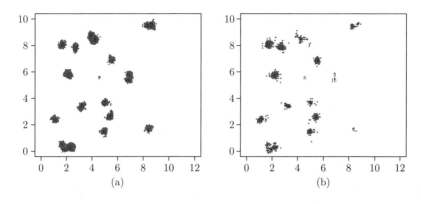

图 7.4 20 成分混合正态分布抽样散点图. (a) GLR 样本散点图, (b) EMC 样本散点图

表 7.9 混合正态分布 20 个成分分布的均值

参数	总体值	GLR		EMC	
		偏差	标准误	偏差	标准误
$\widetilde{\mu}_1$	4.478	−0.318	0.036	−1.13	0.388
$\widetilde{\mu}_2$	4.905	−0.399	0.039	0.278	0.427
Σ_{11}	5.552	0.056	0.09	−2.608	0.586
Σ_{22}	9.860	0.165	0.111	−2.113	0.644
Σ_{12}	2.615	−0.192	0.104	−3.422	0.342

注: $(\widetilde{\mu}_1, \widetilde{\mu}_2)$ 为混合高斯分布总体均值, Σ_{11}, Σ_{22} 和 Σ_{12} 分别为总体方差和协方差; 偏差和标准误都是基于 20 次重复独立抽样计算的.

7.6 GLR-Gibbs 算法

从前两节描述可以看出 GLR 方法利用了拟蒙特卡罗序列对于目标分布区域的较好的代表性, 且抽样序列之间是独立抽样的. 这种优势在处理多峰的目标分布时体现得特别明显. 但拟蒙特卡罗方法的收敛速度会强烈地依赖于目标分布的维度, 当维度过高时拟蒙特卡罗序列的代表性将迅速降低. 这也造成超高维情形 GLR 抽样的低效性. 为此引入 Gibbs 抽样方法, 将整体空间拆分为多个低维空间, 进而嵌入 GLR 抽样算法进行抽样, 也即 GLR-Gibbs 抽样方法. Gibbs 抽样 (见算法 5.10) 要求能对条件分布 $\pi_j(\boldsymbol{x}_j|\boldsymbol{x}_{-j})$ 快速抽样. 当条件分

布复杂或未知时, Gibbs 抽样方法失去效用. 此时由贝叶斯公式可知

$$\pi_j(\boldsymbol{x}_j|\boldsymbol{x}_{-j}) \propto \pi(\boldsymbol{x}_j, \boldsymbol{x}_{-j}).$$

另一方面, 目标分布带有未知常数时并不影响 GLR 抽样. 因此 GLR-Gibbs 抽样方法可以不需要计算条件分布 $\pi_j(\boldsymbol{x}_j|\boldsymbol{x}_{-j})$, 因此可以对任意目标分布抽样. GLR-Gibbs 的具体算法描述见算法 7.8.

算法 7.8 GLR-Gibbs 算法

1. 给定 $(\boldsymbol{x}_1^{(t+1)}, \cdots, \boldsymbol{x}_{j-1}^{(t+1)}, \boldsymbol{x}_{j+1}^{(t)}, \cdots, \boldsymbol{x}_K^{(t)})$, $j = 1, 2, \cdots, K$.

2. 利用 GLR 抽取随机数 $\boldsymbol{x}_j^{(t+1)} \sim \pi_j(\boldsymbol{x}_j|\boldsymbol{x}_1^{(t+1)}, \cdots, \boldsymbol{x}_{j-1}^{(t+1)}, \boldsymbol{x}_{j+1}^{(t)}, \cdots, \boldsymbol{x}_K^{(t)}) \propto$ $\pi_{(j)}(\boldsymbol{x}_j) \triangleq \pi_j(\boldsymbol{x}_1^{(t+1)}, \cdots, \boldsymbol{x}_{j-1}^{(t+1)}, \boldsymbol{x}_j, \boldsymbol{x}_{j+1}^{(t)}, \cdots, \boldsymbol{x}_K^{(t)})$. 即按如下步骤抽样:

3. 　1) 确定支撑集 (或近似支撑集) D, 和其上的拟蒙特卡罗点集 $\boldsymbol{Y} = \{\boldsymbol{y}_1, \cdots, \boldsymbol{y}_N\}$.

　　2) 随机化 $\boldsymbol{Y}$, 得到新的点集 $\boldsymbol{Y}' = \{\boldsymbol{y}_1', \cdots, \boldsymbol{y}_N'\}$.

　　3) 选择锚点 $\boldsymbol{y}_{k_0}'$, 并计算似然比

$$w_i = \frac{\pi_{(j)}(\boldsymbol{y}_i')}{\pi_{(j)}(\boldsymbol{y}_{k_0}')}, \quad 1 \leqslant i \leqslant N.$$

　　4) 从多项分布 $\begin{pmatrix} \boldsymbol{y}_1', & \boldsymbol{y}_2', & \cdots, & \boldsymbol{y}_N' \\ w_1/\sum_{j=1}^N w_j, & w_2/\sum_{j=1}^N w_j, & \cdots, & w_N/\sum_{t=j}^N w_j \end{pmatrix}$ 随机抽取点 $\boldsymbol{x}_j^{(t+1)}$.

4. 重复步骤 1—2, 直到过程收敛.

　　GLR-Gibbs 抽样方法利用了 Gibbs 算法, 将高维空间分解为多个低维空间, 从而避免了蒙特卡罗代表点的高维稀疏问题. 相对于普通 Gibbs 算法, GLR-Gibbs 算法不需要知道条件分布, 这推广了 Gibbs 算法的使用范围. 更重要的是 GLR-Gibbs 将高维分布降维为低维分布抽样, 能有效避开 GLR 抽样方法在高维问题中的缺陷.

　　这里沿用 Goswami, Liu (2007) 一文中的 50 维混合正态分布说明 GLR-Gibbs 抽样的效率.

例 7.6 假设抽样目标分布为高维混合正态分布, 其密度函数

$$\pi(\boldsymbol{x}) \propto \sum_{i=1}^{4} \frac{\omega_i}{\sqrt{\det(\Sigma_i)}} \cdot \exp\left\{-\frac{1}{2}(\boldsymbol{x} - \boldsymbol{\mu}_i)^T \Sigma_i^{-1}(\boldsymbol{x} - \boldsymbol{\mu}_i)\right\}, \quad (7.23)$$

其中 $\boldsymbol{x} \in R^{50}$, $\omega_i = (4 - i + 1)/10$, $\Sigma_i = i^2 I_{50}$, I_{50} 表示 50 阶单位阵. 由 ω_i 和 Σ_i 的定义可以看出随着 i 的增加, 所对应的正态分布成分方差变大, 但同时在混合中所占权重减少. 另外, 各成分分布的期望 $\boldsymbol{\mu}_i$ 除了第 1 和第 50 维外都为 0, 具体值见表 7.10 目标分布在第 1 和 50 维上的边际分布等高线图见图 7.5. 1 号和 2 号成分分布具有小方差和大权重, 造成整体分布在 $\boldsymbol{\mu}_1$ 和 $\boldsymbol{\mu}_2$ 位置出现更为密集和陡峭的峰值. 这一特征也很明显地展示在了等高线图 7.5 中. 在此种情况下, 一般的 MCMC 抽样器所产生的马尔可夫过程很容易被吸入峰值 $\boldsymbol{\mu}_1$ 和 $\boldsymbol{\mu}_2$ 附近区域, 而无法逃脱, 造成过程难以收敛的困境. 为克服这个困境, Goswami, Liu (2007) 采用由 84 个不同的温度参数产生 84 条平行马氏链抽样器, 并经过 2×10^6 次迭代以得到好的样本. 样本估计相关总体参数的效果见表 7.11 第二行. 在表 7.10 中我们考虑采用 GLR-Gibbs 算法抽样, 相应的支撑集 $D = [-20, 20]^{50}$, 由于使用了 Gibbs 算法, 只需要一维 QMC 序列, 采用 100 个点的格子点集. 程序迭代 200000 次后, 去掉前 500 个样本作为预热, 最终得到样本容量为 195000 的样本, 基于该样本同样计算了其中三个维度的期望和矩, 估计结果见表 7.11 第三行. 表 7.11 的结果也可以看出: 在这个 50 维度的混合正态分布中, GLR-Gibbs 的估计精度稍差于 EMC 算法. 但值得注意的是 GLR-Gibbs 算法无论在算法操作、实践的复杂度上, 还是在计算的复杂度上都比 EMC 算法要简单.

表 7.10 50 维混合正态分布各成分分布期望值

ω_i's	成分分布期望	坐标				
		1	2	$\cdots$	49	50
0.4	$\boldsymbol{\mu}_1$	-10	0	$\cdots$	0	0
0.3	$\boldsymbol{\mu}_2$	10	0	$\cdots$	0	0
0.2	$\boldsymbol{\mu}_3$	0	0	$\cdots$	0	-10
0.1	$\boldsymbol{\mu}_4$	0	0	$\cdots$	0	10

表 7.11　　50 维混合正态分布各成分分布期望值

参数	$E(x_1)$	$E(x_{50})$	$E(x_1^2)$	$E(x_1 x_{50})$	$E(x_{50}^2)$	$E(x_{25})$	$E(x_{25}^2)$
实际值	-1.0	-1.0	75.0	0.00	35.0	0.000	5.0
EMC	-1.0	-1.0	75.1	-0.02	34.8	0.001	5.0
GLR-Gibbs	-1.2	-1.0	75.6	0.03	34.0	0.001	4.9

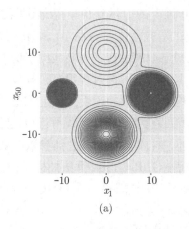 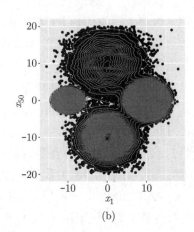

(a)　　　　　　　　　　　　(b)

图 7.5　　50 维混合正态分布第 1 和第 50 维边际分布等高线及散点图 (a) 密度函数等高线图, (b) 散点及平滑密度函数图

习　题

1. 证明通过 Rosenblatt 变换 (7.4) 得到的 d 维随机向量 $\boldsymbol{U}$ 服从超立方体 $C^d = [0,1]^d$ 上的均匀分布.

2. W 形分布抽样. 著名的 W 形分布由四个二元正态分布混合而成, 密度函数有四个峰, 且形如字母 W 而得名. 其密度函数

$$f(\boldsymbol{x}) \propto \sum_{i=1}^{4} \frac{w_i}{\sqrt{\det(\Sigma_i)}} \exp\left(-\frac{1}{2}(\boldsymbol{x} - \boldsymbol{\mu}_i)^T \Sigma_i^{-1} (\boldsymbol{x} - \boldsymbol{\mu}_i)\right),$$

若 $w_i = 0.25$, $\boldsymbol{\mu}_1^T = (-12, 1.5)$, $\boldsymbol{\mu}_2^T = (-4, 1.5)$, $\boldsymbol{\mu}_3^T = (4, 1.5)$, $\boldsymbol{\mu}_1^T = (12, 1.5)$, 协差阵

$$\Sigma_i = \begin{pmatrix} 1 & 0.95^i \\ 0.95^i & 1 \end{pmatrix}.$$

请使用本章抽样方法对 W 形分布进行抽样, 并比较不同方法的抽样效率和估计效果.

3. 使用本章的 SIR, QSIR 及 GLR 抽样方法对第五章习题 4 中的泊松分布进行抽样, 并比较 SIR, QSIR, GLR 和 MH 的样本效率.

4. 使用本章的 SIR, QSIR 及 GLR 抽样方法对第五章习题 5 中的混合正态分布进行抽样, 并比较 SIR, QSIR, GLR 和 MH 的样本效率.

5. 使用 SIR 和 GLR 算法对 5 维混合正态分布

$$\frac{1}{3} \cdot N(\mathbf{0},\ I) + \frac{2}{3} \cdot N(\mathbf{5}, I)$$

进行抽样, 其中 I 为 5 阶单位阵.

6. 编程实现例 7.5 的过程.

7. 修改例 7.6 中正态分量中的期望和标准差参数, 并使用 GLR-Gibbs 算法实现抽样. 观察不同的参数对抽样效果的影响.

第八章 随机模拟的应用

本章介绍蒙特卡罗法和拟蒙特卡罗法在许多领域中的应用. 包括多维积分问题的近似计算、优化问题的求解、贝叶斯统计推断、模型选择和动态系统求解等问题.

8.1 多维积分的近似

在很多统计推断中, 一些问题会化解为求解 (6.1) 式的多维积分或多元积分问题, 即需要求解

$$I(f) = \int_{\mathcal{X}} f(\boldsymbol{x})d\boldsymbol{x}, \tag{8.1}$$

其中 $\mathcal{X} \in R^s$. 然而, 在很多实际例子中, 上式没有解析表达式, 不能容易地求解出该积分值, 因为多维积分往往不能化解为多重一维积分, 或即使能化为多重一维积分, 每个一维积分也非常复杂, 不能直接求出. 因此, 一个简单的想法是求其近似值. 如 6.1 节所示, 我们可以考虑选取 $\mathcal{X}$ 中的 n 个点 $\mathcal{P} = \{\boldsymbol{x}_1, \cdots, \boldsymbol{x}_n\}$, 并通过其样本均值来估计 I, 即

$$\hat{I}_{\mathcal{P}}(f) = \frac{1}{n}\sum_{i=1}^{n} f(\boldsymbol{x}_i) \times \mathrm{vol}(\mathcal{X}),$$

其中 $\mathrm{vol}(\mathcal{X})$ 是积分区域 $\mathcal{X}$ 的体积. 不失一般性, 下面假设 $\mathcal{X}$ 为单位超立方体 $[0,1]^s$, 其体积为 1, 则 $\hat{I}_{\mathcal{P}}(f)$ 为样本均值. 抽取这 n 个点的方法包括随机方法和伪随机方法.

8.1.1　随机方法

最简单的随机方法是蒙特卡罗法, 即在区域 $\mathcal{X} = [0,1]^s$ 上随机地抽取 n 个样本 $\mathcal{P} = \{\boldsymbol{x}_1, \cdots, \boldsymbol{x}_n\}$, 即其是服从 $\mathcal{X}$ 上均匀分布的独立同分布样本. 我们用样本均值

$$\hat{I}_{\mathcal{P}}(f) = \frac{1}{n} \sum_{i=1}^{n} f(\boldsymbol{x}_i)$$

估计总体均值 $I(f)$. 易知

$$E(\hat{I}_{\mathcal{P}}(f)) = E\left(\frac{1}{n} \sum_{i=1}^{n} f(\boldsymbol{x}_i)\right) = I(f),$$

即样本均值是总体均值的无偏估计. 根据独立性,

$$\begin{aligned}
E(\hat{I}_{\mathcal{P}}(f))^2 &= E\left(\frac{1}{n} \sum_{i=1}^{n} f(\boldsymbol{x}_i)\right)^2 = \frac{1}{n^2} E\left(\sum_{i=1}^{n} \sum_{j=1}^{n} f(\boldsymbol{x}_i) f(\boldsymbol{x}_j)\right) \\
&= \frac{1}{n^2} \sum_{i=1}^{n} E(f(\boldsymbol{x}_i)^2)) + \frac{1}{n^2} \sum_{i=1}^{n} \sum_{j=1, j \neq i}^{n} E(f(\boldsymbol{x}_i)) E(f(\boldsymbol{x}_j)) \\
&= \frac{1}{n} I(f^2) + \frac{n-1}{n} (I(f))^2,
\end{aligned}$$

其中 $I(f^2) = \int_{\mathcal{X}} f^2(\boldsymbol{x}) d\boldsymbol{x}$. 因此,

$$\mathrm{Var}(\hat{I}_{\mathcal{P}}(f)) = \frac{1}{n} \left(I(f^2) - (I(f))^2\right) \equiv \frac{\sigma^2(f)}{n}.$$

此外, 当 $\sigma^2(f) < \infty$ 时, 由中心极限定理, 样本均值 $\hat{I}_{\mathcal{P}}(f)$ 依分布收敛于真实积分值 $I(f)$, 即

$$\frac{\sqrt{n}}{\sigma(f)}(\hat{I}_{\mathcal{P}}(f) - I(f)) \to N(0,1). \tag{8.2}$$

换句话说, 在形式上, 我们有 $\hat{I}_{\mathcal{P}}(f) \to N(I(f), \frac{\sigma^2(f)}{n})$. 蒙特卡罗法的一个优点是可以估计其误差大小. 例如, 估计方差 $\mathrm{Var}(\hat{I}_{\mathcal{P}}(f))$ 的一个无偏估计为

$$\frac{1}{n(n-1)} \sum_{i=1}^{n} (f(\boldsymbol{x}_i) - \hat{I}_{\mathcal{P}}(f))^2.$$

此外, 由 (8.2) 可知, 样本均值收敛到总体均值的速度为 $O(n^{-1/2})$. 易知, 该收敛速度与维数 s 无关, 这是蒙特卡罗法的另一个优点. 我们知道, 诸多其他方

法的收敛速度往往与维数有关. 例如, 我们若采用格子点的方法, 下一小节将说明其收敛速度为 $O(n^{-1/s})$. 此时, 当 $s \geqslant 3$ 时, 蒙特卡罗法比格子点法的收敛速度更快. 不过后面将说明, 我们可以找到一些拟蒙特卡罗法, 其收敛速度在很多情形下比蒙特卡罗法的收敛速度 $O(n^{-1/2})$ 更快.

8.1.2 拟随机方法

拟蒙特卡罗方法是一种伪随机方法. 第六章介绍的均匀设计是一种常用的拟蒙特卡罗方法. 由均匀点集 $\mathcal{P} = \{\boldsymbol{x}_1, \cdots, \boldsymbol{x}_n\}$ 而得到的样本均值 $\hat{I}_{\mathcal{P}}(f)$ 能以更快的速度收敛到真实值 I.

先考虑一维积分. 考虑在 $[0,1]$ 上的积分

$$\int_0^1 f(x)dx.$$

设 $x_j = (j - 0.5)/n, j = 1, \cdots, n$, 则 $\mathcal{P} = \{x_1, \cdots, x_n\}$ 是一个均匀设计. 设函数 $f(x)$ 的一阶导数存在且有界, 即 $M = \sup\{|f'(z)|, 0 < z < 1\}$. 易知

$$\left| \int_{(j-1)/n}^{j/n} f(x)dx - \frac{1}{n}f(x_j) \right| \leqslant \frac{1}{n^2}M. \tag{8.3}$$

则

$$\left| \int_0^1 f(x)dx - \frac{1}{n}\sum_{j=1}^n f(x_j) \right| \leqslant \sum_{j=1}^n \left| \int_{(j-1)/n}^{j/n} f(x)dx - \frac{1}{n}f(x_j) \right| \leqslant \frac{1}{n}M,$$

因此, 样本均值 $\frac{1}{n}\sum_{j=1}^n f(x_j)$ 收敛到总均值 $\int_0^1 f(x)dx$ 的速度为 $O(n^{-1})$. 从前面的讨论可知, 若 $x_j \in [(j-1)/n, j/n], j = 1, \cdots, n$, 其为近似均匀的点集, 则 (8.3) 式也能成立. 因此在一维情形下, 均匀设计和近似均匀点集都可以使得样本均值的收敛速度为 $O(n^{-1})$.

若对均匀点集采用加权平均的方法, 可以提高收敛速度. 对于一维积分情形, 考虑

$$\int_0^1 f(x)dx \approx \sum_{j=0}^m w_j f\left(\frac{j}{m}\right), \tag{8.4}$$

其中 $w_0 = w_m = 1/(2m), w_j = j/m, j = 1, \cdots, m-1$. 不妨设函数 $f(x)$ 存在连续的二阶导数. 对于任意 $x \in (j/m, (j+1)/m)$, 根据 Taylor 公式,

$$f(x) = f\left(\frac{j}{m}\right) + \left(x - \frac{j}{m}\right)m\left[f\left(\frac{j+1}{m}\right) - f\left(\frac{j}{m}\right)\right] + O\left(x - \frac{j}{m}\right)^2,$$

即函数值 $f(x)$ 与其线性内插的误差为 $O(x - \frac{j}{m})^2$. 对上式两端从 j/m 到 $(j+1)/m$ 积分, 可得

$$
\int_{j/m}^{(j+1)/m} \left\{ f\left(\frac{j}{m}\right) + \left(x - \frac{j}{m}\right) m \left[f\left(\frac{j+1}{m}\right) - f\left(\frac{j}{m}\right) \right] \right\} dx
$$
$$
= \frac{f\left(\frac{j+1}{m}\right) + f\left(\frac{j}{m}\right)}{2m},
$$

且

$$
O\left(\int_{j/m}^{(j+1)/m} \left(x - \frac{j}{m}\right)^2 dx \right) = O(m^{-3}).
$$

易知, $\frac{f(\frac{j+1}{m}) + f(\frac{j}{m})}{2m}$ 恰好是 $\left(\frac{j}{m}, f\left(\frac{j}{m}\right)\right)$ 和 $\left(\frac{j+1}{m}, f\left(\frac{j+1}{m}\right)\right)$ 作为两个对角顶点而确定的长方形的面积. 因此, $\int_{j/m}^{(j+1)/m} f(x)dx$ 与 $\frac{f(\frac{j+1}{m}) + f(\frac{j}{m})}{2m}$ 之间差异的阶数为 $O(m^{-3})$. 对 j 求和可知

$$
\int_0^1 f(x)dx = \sum_{j=0}^m w_j f\left(\frac{j}{m}\right) + O(m^{-2}). \tag{8.5}
$$

这说明加权平均的方法可以减少近似误差.

然而, 一维的结果并不能轻易地推广到高维情形. 例如, 对于单位超立方体 $\mathcal{X} = [0,1]^s$, $s \geqslant 2$, 考虑总均值 $\int_{\mathcal{X}} f(x)dx$ 的估计. 我们可对每一维分成 m 等份, 并取每个子区间的中点, 从而构成 m^s 个网格点:

$$
\left(\frac{i_1 - 0.5}{m}, \cdots, \frac{i_s - 0.5}{m} \right), i_1, \cdots, i_s \in \{1, \cdots, m\}. \tag{8.6}
$$

考虑用这 $n = m^s$ 个网格点处的样本均值来估计总均值, 即

$$
\int_{\mathcal{X}} f(x)dx \approx \frac{1}{n} \sum_{i_1=1}^m \cdots \sum_{i_s=1}^m f\left(\frac{i_1 - 0.5}{m}, \cdots, \frac{i_s - 0.5}{m} \right).
$$

类似于 (8.3) 的讨论, 其样本均值收敛于总均值的速度为 $O(m^{-1})$, 即 $O(n^{-1/s})$. 因此, 当 $s = 2$ 时, 收敛速度为 $O(n^{-1/2})$, 与蒙特卡罗法的收敛阶数一样. 对于更高维的情形, 若采用网格点的方法, 样本均值收敛到总均值的速度甚至不如蒙特卡罗方法.

一种改进方法是采用加权平均的方法. 类似于一维情形, 考虑下面的 $(m+1)^s$ 个网格点:

$$
\left(\frac{i_1}{m}, \cdots, \frac{i_s}{m} \right), i_1, \cdots, i_s \in \{0, 1, \cdots, m\}.
$$

用下面的加权平均来近似总均值

$$\int_{\mathcal{X}} f(x)dx \approx \sum_{i_1=1}^{m}\cdots\sum_{i_s=1}^{m} w_{i_1}\cdots w_{i_s} f\left(\frac{i_1-0.5}{m},\cdots,\frac{i_s-0.5}{m}\right),$$

其中 $w_0 = w_m = 1/(2m)$, $w_j = j/m, j = 1,\cdots,m-1$. 类似于 (8.5), 其加权平均收敛于总均值的速度为 $O(m^{-2})$, 即 $O(n^{-2/s})$. 因此, 对于 $s > 4$ 的情形, 该收敛速度比蒙特卡罗法的收敛阶数更低, 在维数较高的情形下, 网格点法效果不佳.

另一种改进方法是在 (8.6) 式中的 m^s 个网格点中选取 m 个点, 然后再求这 m 个点处函数值的样本均值来估计总均值. 拟蒙特卡罗方法即属于这类方法, 如好格子点法和方幂好格子点法等. 在 6.1.2 小节介绍的好格子点法的收敛速度为 $O(n^{-1}(\log n)^s)$, 方幂好格子点法的收敛速度为 $O(n^{-1}(\log n)^s \log(\log n))$. 当维数不是太大时, 好格子点法和方幂好格子点法的收敛速度比蒙特卡罗方法更快.

8.1.3 各种方法近似效果

本小节通过多个例子来比较不同近似方法的逼近程度.

例 8.1 考虑标准正态分布在 $(-\infty,t)$ 上的积分

$$I = \int_{-\infty}^{t} \frac{1}{\sqrt{2\pi}} e^{-\frac{1}{2}x^2} dx,$$

其积分值记为 $\Phi(t)$. 对于无穷积分区域 $(-\infty,t)$, 为了使用拟蒙特卡罗的诸方法, 我们把区域缩小至 $[-8,t]$, 即考虑标准正态分布的 8 倍标准差以内的积分区域. 现考虑蒙特卡罗法、均匀点集、近似均匀点集、加权点集法等近似方法. 这里近似均匀点集指的是对积分区域 $[-8,t]$ 内每个 n 等分的子区间中随机取一个点, 均匀点集法是取每个子区间的中点, 加权点集法指的是用 (8.4) 式估计积分值. 由于蒙特卡罗法和近似均匀点集法都存在随机性, 我们对其都重复1000 次, 得到其平均值和相应的标准差.

表 8.1 给出了 $t = 0$ 和 $t = 1$ 分别在 $n = 100,500,2000,10000,50000$ 这5 种情形下的估计误差. 从中可见, 当 $t = 0$ 时均匀点集和加权点集法的效果都非常理想, 其估计误差非常接近 0, 其值都是 10^{-16} 或更小的量级, 即超出计算机的有效位数了. 易知, 蒙特卡罗法的估计效果最差, 其波动也较大, 近似均匀点集法比蒙特卡罗法的估计效果好, 且波动小; 虽然在理论上加权点集法的收敛速度更快, 然而从表 8.1 中可见, 均匀点集法的效果最佳, 而加权点集法稍

逊. 当 $t = 1$ 时, 均匀点集法的估计误差大约是加权点集法的一半左右.

表 8.1 例 8.1 中不同方法的近似效果

t	n	蒙特卡罗法		近似均匀点集法		均匀点集法	加权点集法
		误差均值	标准差	误差均值	标准差	误差	误差
$t = 0$	100	0.0006	0.1025	6.5453×10^{-5}	0.0021	0	0
	500	0.0010	0.0444	7.0669×10^{-6}	0.0002	0	0
	2000	−0.0006	0.0223	-4.8801×10^{-7}	2.2982×10^{-5}	0	0
	10000	−0.0003	0.0101	-1.5212×10^{-7}	1.9533×10^{-6}	0	0
	50000	−0.0002	0.0045	1.2868×10^{-9}	1.8513×10^{-7}	0	0
$t = 1$	100	−0.0018	0.1406	-5.6732×10^{-5}	0.0029	0.0001	−0.0002
	500	0.0003	0.0618	9.9803×10^{-6}	0.0003	4.033×10^{-6}	-8.066×10^{-6}
	2000	−0.0003	0.0304	-1.0874×10^{-6}	3.123×10^{-5}	2.5205×10^{-7}	-5.0411×10^{-7}
	10000	0.0004	0.0134	-3.3519×10^{-9}	3.0677×10^{-6}	1.0082×10^{-8}	-2.0164×10^{-8}
	50000	−0.0006	0.0063	1.3224×10^{-9}	2.559×10^{-7}	4.0329×10^{-10}	-8.0657×10^{-10}

例 8.2 考虑三维函数

$$f(x, y, z) = 8xyz, 0 < x, y, z < 1,$$

在 $\mathcal{X} = [0,1]^3$ 上的积分, 其积分值 $\int_{\mathcal{X}} f(x, y, z) dxdydz = 1$. 现考虑蒙特卡罗法、Halton 序列法、Sobol 序列法和好格子点法这四种近似方法.

对于每种方法, 我们产生 n 个点, 并计算这 n 个函数值的样本均值, 从而得到积分的近似值. 由于蒙特卡罗法具有随机性, 我们对于每个 n, 重复 1000 次, 并计算这 1000 次估计值的均值和标准差. 表 8.2 给出不同的次数 n, 这四种近似方法的近似误差. 对于不同的 n, 三维的好格子点法的生成向量列在表 8.1 的倒数第二列中, 其来自于 Hua, Wang (1981). 从中可见, 蒙特卡罗法的波动比较大, 不过这 1000 次的平均值比较靠近真实值, 这印证了蒙特卡罗法的估计值的期望等于真实值. Halton 序列法和 Sobol 序列法所得到的估计值基本上都是偏低的, 即估计误差都是负的. 对于每一个 n, 好格子点法的估计误差比 Halton 序列法和 Sobol 序列法的估计误差要低. 此外, 随着 n 的增大, 估计误差会变小.

表 8.2 例 8.2 中不同方法的近似效果

n	蒙特卡罗法		Halton 序列法	Sobol 序列法	好格子点法	
	误差均值	标准差	误差	误差	生成向量	误差
66	0.0038	0.1470	− 0.1246	− 0.0731	(1, 10, 24)	0.2021
135	− 0.0060	0.0994	− 0.0610	− 0.0209	(1, 29, 42)	0.0651
266	0.0024	0.0703	− 0.0367	− 0.0141	(1, 27, 69)	0.0304
597	0.0006	0.0466	− 0.0207	− 0.0126	(1, 90, 130)	0.0184
1020	0.0016	0.0379	− 0.0087	− 0.0029	(1, 140, 237)	0.0248
1958	0.0011	0.0259	− 0.0066	− 0.0028	(1, 202, 696)	0.0044
5037	− 0.0001	0.0161	− 0.0033	− 0.0020	(1, 580, 1997)	− 0.0002
10007	0.0001	0.0117	− 0.0015	− 0.0003	(1, 544, 5733)	0.0026
20039	− 0.0002	0.0083	− 0.0009	− 0.0004	(1, 5704, 12319)	− 0.0003
57091	− 0.0001	0.0050	− 0.0003	− 0.0001	(1, 48188, 21101)	0.0004

8.2 优化问题求解

在 1947 年 Dantzig 提出求解一般线性规划问题的单纯形法之后, 最优化成为一门独立的学科. 它主要运用数学方法研究各种系统的优化途径及方案, 为决策者提供科学决策的依据. 随着计算机的发展, 解线性规划、非线性规划以及随机规划、非光滑规划、多目标规划、几何规划、整数规划等各种最优化问题的理论研究发展迅速, 新方法不断出现. 最优化理论与方法在经济计划、工程设计、生产管理、交通运输、国防等方面具有广泛的应用.

优化问题一般可分为两大类: 无约束优化问题和约束优化问题, 约束优化问题又可分为含等式约束优化问题和含不等式约束优化问题. 最优化的一般形式如下

$$\min f(\boldsymbol{x}) \tag{8.7}$$
$$\text{s.t. } \boldsymbol{x} \in D \subset R^s,$$

其中 D 为 s 维实空间中的某一区域, 称之为可行域, $f(\boldsymbol{x})$ 为目标函数. 通常地, 优化算法要求 $f(\boldsymbol{x})$ 可微, 然而在有些情形下, 也可能为不可微函数. 当 $D = R^s$ 时, (8.7) 式退化为无约束优化问题

$$\min f(\boldsymbol{x}). \tag{8.8}$$

通常地, 约束优化问题可表示为

$$\min f(\boldsymbol{x}) \tag{8.9}$$
$$\text{s.t. } f_i(\boldsymbol{x}) \leqslant 0, i = 1, \cdots, m,$$
$$h_i(\boldsymbol{x}) = 0, i = 1, \cdots, p,$$

其中函数 $f, f_1, \cdots, f_m, h_1, \cdots, h_p : R^s \to R$, 即约束条件包括不等式约束和等式约束. 当 $m = p = 0$ 时, 问题 (8.9) 即为无约束优化问题. 当 $f_1, \cdots, f_m,$ $h_1, \cdots, h_p$ 都是线性函数时, 称问题 (8.9) 为线性约束优化问题. 对于一个线性约束优化问题, 当目标函数 f 是一个线性函数或二次函数时, 分别称问题 (8.9) 为线性规划或二次规划问题. 当目标函数和约束函数中至少有一个是变量 $\boldsymbol{x}$ 的非线性函数时, 问题称为非线性规划或约束非线性优化问题. 特别地, 当 $f, f_1, \cdots, f_m, h_1, \cdots, h_p$ 都是凸函数时, 即若记 $f_0 = f$, 对于任意 x 和 y,

$$f_i(\alpha x + \beta y) \leqslant \alpha f_i(x) + \beta f_i(y),$$

其中 $\alpha + \beta = 1, \alpha \geqslant 0, \beta \geqslant 0$, 此时称 (8.9) 为凸优化问题. 显然, 线性规划是一种特殊的凸优化问题.

8.2.1　无约束优化问题

本小节首先介绍无约束优化问题 (8.8) 的常见求解方法, 然后给出采用拟蒙特卡罗法的求解过程.

(A) 梯度下降法

梯度下降法以负梯度方向作为极小化算法的下降方向, 是求解无约束优化问题的最简单的方法, 也是最常用的最优化方法. 梯度下降法的优化思想是用当前位置的负梯度方向作为搜索方向, 因为该方向为当前位置的最快下降方向, 所以也被称为 "最速下降法".

设函数 $f(\boldsymbol{x})$ 在 $\boldsymbol{x}_k$ 附近连续可微, 且 $\boldsymbol{g}_k = \nabla f(\boldsymbol{x}_k) \neq 0$, 其中 $\nabla f(\boldsymbol{x}) = f'(\boldsymbol{x})$ 表示 f 在 $\boldsymbol{x}$ 处的梯度, 是 $s \times 1$ 的列向量. 则根据 Taylor 展开式

$$f(\boldsymbol{x}) = f(\boldsymbol{x}_k) + (\boldsymbol{x} - \boldsymbol{x}_k)^T \nabla f(\boldsymbol{x}_k) + o(||\boldsymbol{x} - \boldsymbol{x}_k||), \tag{8.10}$$

其中 $|| \cdot ||$ 为 L_2 范数. 记 $\boldsymbol{x} - \boldsymbol{x}_k = \alpha \boldsymbol{d}_k$, 其中 $\alpha \in R$, 则满足 $\boldsymbol{d}_k^T \boldsymbol{g}_k < 0$ 的方向 $\boldsymbol{d}_k$ 是下降方向. 给定 α 时, $\boldsymbol{d}_k^T \boldsymbol{g}_k$ 越小意味着迭代后的目标函数值变得越小, 即其下降速度越快. 由 Cauchy-Schwarz 不等式可知 $|\boldsymbol{d}_k^T \boldsymbol{g}_k| \leqslant ||\boldsymbol{d}_k|| \cdot ||\boldsymbol{g}_k||$,

因此当且仅当 $\boldsymbol{d}_k = -\boldsymbol{g}_k$ 时, $\boldsymbol{d}_k^T \boldsymbol{g}_k$ 最小. 因此, 我们称 $-\boldsymbol{g}_k$ 为最速下降方向. 梯度下降法的迭代过程如下所示. 给出一个初值 $\boldsymbol{x}_0$ 和一个很小的正数 ε, 对于第 k 步时, 若 $\|\boldsymbol{g}_k\| < \varepsilon$, 则迭代过程结束; 否则计算 $\boldsymbol{d}_k = -\boldsymbol{g}_k$, 且搜索一个最优的 $\alpha_k^* > 0$ 使得

$$f(\boldsymbol{x}_k + \alpha_k^* \boldsymbol{d}_k) = \min_{\alpha_k > 0} f(\boldsymbol{x}_k + \alpha_k \boldsymbol{d}_k),$$

并令 $\boldsymbol{x}_{k+1} = \boldsymbol{x}_k + \alpha_k^* \boldsymbol{d}_k$; 依次迭代直至收敛.

梯度下降法实现简单, 当目标函数是凸函数时, 梯度下降法的解是全局解. 在一般情况下, 其解不保证是全局最优解, 梯度下降法的速度也未必是最快的. 最速下降法越接近目标值, 步长越小, 前进越慢. 显然, 梯度下降法要求目标函数 $f(\boldsymbol{x})$ 可微, 因此该方法不适合离散优化问题.

(B) 牛顿法

牛顿迭代法的主要思想是利用目标函数的二阶 Taylor 展开式, 并将其最小化. 设目标函数 $f(\boldsymbol{x})$ 可微. 最小化目标函数可以通过求解 $\nabla f(\boldsymbol{x}) = 0$ 得到. 现设 $f(\boldsymbol{x})$ 二阶可微, $\boldsymbol{x} = (x_1, \cdots, x_s)^T \in R^s$, 其 Hesse 矩阵 $\nabla^2 f(\boldsymbol{x}) = \left(\frac{\partial^2 f}{\partial x_i \partial x_j}\right)_{s \times s}$ 正定. 为了方便, 令 $\boldsymbol{g}_k = \nabla f(\boldsymbol{x}_k)$, $H_k = \nabla^2 f(\boldsymbol{x}_k)$, 则 $f(\boldsymbol{x})$ 在 $\boldsymbol{x}_k$ 处用二阶 Taylor 展开近似为

$$f(\boldsymbol{x}) \approx f(\boldsymbol{x}_k) + (\boldsymbol{x} - \boldsymbol{x}_k)^T \boldsymbol{g}_k + \frac{1}{2}(\boldsymbol{x} - \boldsymbol{x}_k)^T H_k (\boldsymbol{x} - \boldsymbol{x}_k). \tag{8.11}$$

最小化上式的右边式子, 即令其对 $\boldsymbol{x}$ 求导后等于 0, 可得 $\boldsymbol{x} = \boldsymbol{x}_k - H_k^{-1} \boldsymbol{g}_k$. 因此, 给定初值 $\boldsymbol{x}_0$, 可得迭代式子如下

$$\boldsymbol{x}_{k+1} = \boldsymbol{x}_k - H_k^{-1} \boldsymbol{g}_k, k = 0, 1, \cdots,$$

即牛顿法的迭代过程.

比较 (8.10) 和 (8.11) 可知, 牛顿法二阶收敛, 梯度下降一阶收敛, 因此牛顿法收敛速度更快. 在牛顿法中, Hesse 矩阵提供的曲率信息使其效果更佳. 从几何上看, 牛顿法用一个二次曲面去拟合当前所处位置 $\boldsymbol{x}_k$ 附近的局部曲面, 而梯度下降法是用一个平面去拟合 $\boldsymbol{x}_k$ 附近的局部曲面. 通常地, 二次曲面的拟合会比平面更好, 因此与梯度下降法相比, 牛顿法选择的下降路径是更优的下降路径.

牛顿法要求目标函数二阶可微且 Hesse 矩阵正定, 每一步迭代时都需要求解 Hesse 矩阵的逆矩阵, 计算比较复杂. 若目标函数不是凸函数, 则其可能存在多峰情况. 此时, 牛顿法和梯度下降法的收敛效果严重依赖于初始值 $\boldsymbol{x}_0$, 且算法往往收敛到局部最小值.

(C) 拟牛顿法

计算 Hesse 矩阵工作量大, 且有的目标函数的 Hesse 矩阵很难计算, 因此我们需要一种仅利用目标函数一阶导数的方法且具有收敛速度快的优点. 拟牛顿法即属于这类方法, 其利用目标函数值 f 和一阶导数 g 的信息, 构造出目标函数的曲率近似, 而不需要计算 Hesse 矩阵. 从而, 不管 Hesse 矩阵是否正定, 拟牛顿法都可以使用. 拟牛顿法是求解非线性优化问题最有效的方法之一.

为了近似 Hesse 矩阵的逆, 我们要求近似矩阵满足一定的条件. 类似于 (8.11), $f(\boldsymbol{x})$ 在 $\boldsymbol{x}_{k+1}$ 处用二阶 Taylor 展开近似

$$f(\boldsymbol{x}) \approx f(\boldsymbol{x}_{k+1}) + (\boldsymbol{x} - \boldsymbol{x}_{k+1})^T \boldsymbol{g}_{k+1} + \frac{1}{2}(\boldsymbol{x} - \boldsymbol{x}_{k+1})^T H_{k+1}(\boldsymbol{x} - \boldsymbol{x}_{k+1}).$$

上式两边分别对 $\boldsymbol{x}$ 求导可得

$$\boldsymbol{g}(\boldsymbol{x}) \approx \boldsymbol{g}_{k+1} + H_{k+1}(\boldsymbol{x} - \boldsymbol{x}_{k+1}).$$

令 $\boldsymbol{x} = \boldsymbol{x}_k$, $\boldsymbol{s}_k = \boldsymbol{x}_{k+1} - \boldsymbol{x}_k$, $\boldsymbol{y}_k = \boldsymbol{g}_{k+1} - \boldsymbol{g}_k$ 则

$$\boldsymbol{s}_k \approx H_{k+1}^{-1}\boldsymbol{y}_k. \tag{8.12}$$

设 B_{k+1} 是 Hesse 矩阵的逆 H_{k+1}^{-1} 的一个近似, 则我们要求 B_{k+1} 也满足条件 (8.12), 即

$$\boldsymbol{s}_k = B_{k+1}\boldsymbol{y}_k. \tag{8.13}$$

我们称 (8.13) 是拟牛顿条件, 即在拟牛顿法的迭代式子要求 H_{k+1}^{-1} 的近似 B_{k+1} 满足条件 (8.13).

拟牛顿法的具体过程如下所示. 给出一个初值 $\boldsymbol{x}_0$、初始近似矩阵 B_0 和一个很小的正数 ε, 对于第 k 步时, 若 $\|\boldsymbol{g}_k\| < \varepsilon$, 则迭代过程结束, 否则计算 $\boldsymbol{d}_k = -B_k\boldsymbol{g}_k$, 并搜索一个最优的 $\alpha_k^* > 0$ 使得

$$f(\boldsymbol{x}_k + \alpha_k^*\boldsymbol{d}_k) = \min_{\alpha_k > 0} f(\boldsymbol{x}_k + \alpha_k\boldsymbol{d}_k),$$

并令 $\boldsymbol{x}_{k+1} = \boldsymbol{x}_k + \alpha_k^*\boldsymbol{d}_k$; 校正 B_k 产生 B_{k+1}, 使其满足拟牛顿条件 (8.13); 依次迭代直至收敛.

通常地, 初始近似矩阵 B_0 取为单位矩阵 I_s, 从而拟牛顿法的第一步即为一次最速下降迭代. 拟牛顿法的关键在于如何从 B_k 产生 B_{k+1}, 使其满足拟牛顿条件 (8.13). 常见的产生 B_{k+1} 的方法有以下几种: DFP 方法、BFGS 方法、SR1 方法、Broyden 族方法等. 下面简单介绍前两种方法.

DFP 方法是最早的拟牛顿法, 由发明者 W. C. Davidon, R. Fletcher, M. J. D. Powell 三人的姓氏首字母命名, 其由 Davidon 于 1959 年首先提出, 后经 Fletcher 和 Powell 加以发展和完善. DFP 方法中 B_k 的迭代式如下

$$B_{k+1} = B_k + \frac{s_k s_k^T}{s_k^T y_k} - \frac{B_k y_k y_k^T B_k}{y_k^T B_k y_k}. \tag{8.14}$$

另一方面, 由 (8.13) 可得 $y_k = B_{k+1}^{-1} s_k = G_{k+1} s_k$, 则类似于 (8.14), G_{k+1} 的迭代式为

$$G_{k+1} = G_k + \frac{y_k y_k^T}{y_k^T s_k} - \frac{G_k s_k s_k^T G_k}{s_k^T B_k s_k}. \tag{8.15}$$

对其做变换可得 B_k 的迭代式如下:

$$B_{k+1} = \left(I_s - \frac{s_k y_k^T}{y_k^T s_k}\right) B_k \left(I_s - \frac{y_k s_k^T}{y_k^T s_k}\right) + \frac{s_k s_k^T}{y_k^T s_k}. \tag{8.16}$$

上式即为 BFGS 方法的迭代式, 该方法于 1970 年前后由 C.G. Broyden, R. Fletcher, D. Goldfarb, D.F. Shanno 所发明, 故得名. BFGS 法对一维搜索最优 α 的精度要求不高, 并且由迭代产生的 BFGS 矩阵不易变为奇异矩阵, 因而 BFGS 法比 DFP 法在计算中具有更好的数值稳定性, 是更有效的迭代方法.

与牛顿法相比, 拟牛顿法有下列优点: (1) 迭代式中仅需一阶导数, 而牛顿法需二阶导数; (2) B_k 保持正定, 使得方法具有下降性质, 而牛顿法中的 Hesse 矩阵可能不正定; (3) 每次迭代只需 $O(s^2)$ 次乘法, 牛顿法需 $O(s^3)$ 次乘法. 详细的介绍可参见袁亚湘, 孙文瑜 (1997).

(D) 拟蒙特卡罗法

前面讨论的最速下降法、牛顿法和拟牛顿法都要求目标函数至少一阶可微, 然而有些目标函数并不满足这一条件, 或者其可行域是一个离散区域. 此时, 优化问题 (8.8) 变成一个离散优化问题, 其求解过程通常比目标函数可微情形更加困难. 求解优化问题的一种最简单的方法是在可行域中采用蒙特卡罗法产生 n 个样本, 分别计算相应的目标函数值, 其中使目标函数最小的点可作为最优解的近似. 然而, 由于蒙特卡罗法收敛速度慢, 为此我们可以考虑第六章中的拟蒙特卡罗法.

在第六章中我们说明了均匀设计具有许多优良性质, 其在可行域的任一局部邻域中都有一个代表点, 具有空间填充性. 然而, 对于高维优化问题而言, 一个有 n 个点的均匀设计, 在可行域中仍较稀疏. 一种考虑是增大 n, 然而其充满整个可行域的速度仍显过慢. 为此, 可以考虑由 Fang, Wang, 1994 提出的从

数论角度得到的序贯均匀设计法 (sequential number-theoretic optimization),
并记为 SNTO. 该方法的思想如下: 对于可行域为 $\mathcal{X}$ 的目标函数 $f(\boldsymbol{x})$, 首先
在 $\mathcal{X}$ 上均匀地安排 n 个点 $\boldsymbol{x}_1, \cdots, \boldsymbol{x}_n$, 得到 $f(\boldsymbol{x}_1), \cdots, f(\boldsymbol{x}_n)$; 比较这些值并
在取值最小点附近再安排一个均匀点集, 比较这些值并得到新的取值最小点;
然后根据一些准则再缩小试验区域, 直到达到要求的精度为止.

设可行域 $\mathcal{X} = [\boldsymbol{a}, \boldsymbol{b}]$ 为 R^s 中的一个超矩形, 其体积为 $\prod_{i=1}^{s}(b_i - a_i)$, 其
中 $\boldsymbol{a} = (a_1, \cdots, a_s), \boldsymbol{b} = (b_1, \cdots, b_s)$, 这表示每个分量 $x_i \in [a_i, b_i]$. 记 $\max \boldsymbol{c}$ 表
示 $\max_{1 \leqslant i \leqslant n} c_i$, 其中 $\boldsymbol{c} = (c_1, \cdots, c_n)$. 令 $\boldsymbol{x}^*$ 和 $M^* = f(\boldsymbol{x}^*)$ 分别为全局最小
解和全局最小值. SNTO 法的具体流程如下所示.

在 SNTO 算法中, 步骤 2 中的均匀点集可取为第六章所介绍的好格子点
法, 或其他拟蒙特卡罗点集. 第一步迭代的点数取大些, 以保证算法能收敛至
最优解附近, 即第一步迭代中的 n_1 个点中以较大概率存在一个离最优解较近
的点, 从而在该点附近再搜索更优的解. 第二步及以后的迭代的点数可以适当
地减少, 通常取 $n_1 > n_2 = n_3 = \cdots$. 在步骤 3 中, 均匀点集 $\mathcal{P}^{(t)}$ 取最小值
的点与上一步迭代的近似最优点 $\boldsymbol{x}^{(t-1)}$ 比较, 以决定最终的 $\boldsymbol{x}^{(t)}$. 当 $\mathcal{P}^{(t)}$ 的响
应值都没有 $\boldsymbol{x}^{(t-1)}$ 处的响应值小时, $\boldsymbol{x}^{(t)} = \boldsymbol{x}^{(t-1)}$, 以保证每步选取的 $\boldsymbol{x}^{(t)}$ 的
响应值 $M^{(t)}$ 都是单调不增的. 步骤 4 中, 当搜索区域的体积足够小时终止算
法, 这与通常的算法的终止条件 $|M^{(t)} - M^{(t-1)}| < \delta$ 不同, 因为由步骤 3 可
知在算法的中间阶段可能有 $M^{(t)} = M^{(t-1)}$, 而当搜索区域继续缩小时, 响应
值又可能减少. 在步骤 5 中, 即使某步搜索的最优点 $\boldsymbol{x}^{(t)}$ 靠近边界点, (8.18)
式的更新也可以保证 $\mathcal{X}^{(t+1)} \subset \mathcal{X}$. γ 往往被称为压缩比, 它会影响算法的收
敛速度. 一般地, 压缩比 γ 可取为 0.5, 或者在第 t 步的压缩比 $\gamma_t = \gamma^t$, 其中
$\gamma\ (0 < \gamma < 1)$ 为常数.

图 8.1 给出 SNTO 的示意图, 即假设初始搜索区域为 $\mathcal{X}^{(1)} = [0, 1]^2$, 在其
中安排一个 97 个点的好格子点; 在其中找到一个响应值最小的点, 并以其为中
心点缩小搜索区域; 令压缩比 $\gamma = 0.5$, 得到搜索区域 $\mathcal{X}^{(2)}$, 在其中再安排一个
97 个点的好格子点并得到新的最优解. 依次缩小搜索区域, 当搜索区域的体积
很小时终止算法. 从而得到一个近似最优解. 从图 8.1 可知, 进行三步迭代后,
在其更新的搜索区域中点集已较密. 若全局最优点就在这附近, 则在均匀点集
中存在一个点非常接近全局最优点.

算法 8.1 求解无约束优化问题的 SNTO 方法

步骤 1. *初始化.* 设 $t = 1, \mathcal{X}^{(1)} = \mathcal{X}, a^{(1)} = a, b^{(1)} = b$;

步骤 2. *产生均匀点集.* 在区域 $\mathcal{X}^{(t)} = [a^{(t)}, b^{(t)}]$ 上寻找一个点数为 n_t 的均匀点集 $\mathcal{P}^{(t)}$;

步骤 3. *计算近似值.* 选取 $x^{(t)} \in \mathcal{P}^{(t)} \cup \{x^{(t-1)}\}$ 和 $M^{(t)}$ 使得

$$M^{(t)} = f(x^{(t)}) \leqslant f(y), \quad \forall y \in \mathcal{P}^{(t)} \cup \{x^{(t-1)}\}, \tag{8.17}$$

式中 $x^{(0)}$ 表示空集, $x^{(t)}$ 和 $M^{(t)}$ 分别为 x^* 和 M^* 的近似值;

步骤 4. *终止准则.* 设 $c^{(t)} = (b^{(t)} - a^{(t)})/2$, 若 $\max c^{(t)} < \delta$, 其中 δ 为事先设置的小数, 终止算法, 否则转步骤 5;

步骤 5. *更新搜索区域.* 新的搜索区域 $\mathcal{X}^{(t+1)} = [a^{(t+1)}, b^{(t+1)}]$, 其中

$$a_i^{(t+1)} = \max(x_i^{(t)} - \gamma c_i^{(t)}, a_i), b_i^{(t+1)} = \min(x_i^{(t)} + \gamma c_i^{(t)}, b_i), \tag{8.18}$$

式中 $\gamma \in (0, 1)$. 记 $t = t + 1$, 转步骤 2.

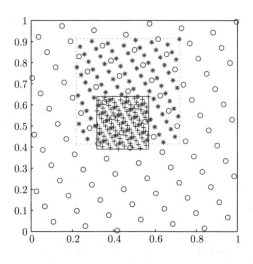

图 8.1 SNTO 的示意图

例 8.3 考虑下面的 peaks 函数

$$f(x, y) = 3(1-x)^2 e^{-x^2 - (y+1)^2} - 10(\frac{x}{5} - x^3 - y^5)e^{-x^2 - y^2} - \frac{1}{3}e^{-(x+1)^2 - y^2}, \tag{8.19}$$

具体图形见图 8.2 , 其有三个局部极大点和三个局部极小点. 从图 8.2 可知, 全局最小点位于 $\{(x,y): 0 < x < 1, -2 < y < -1\}$ 这个邻域中. 我们考虑 SNTO 法求解该全局最小点. 初始搜索区域为 $\mathcal{X}^{(1)} = \{(x,y): -3 < x < 3, -3 < y < 3\}$, 第一次迭代的均匀点集选取为 397 个点的好格子点, 得到近似最优点 $\boldsymbol{x}^{(1)} = (0.196474, -1.586902)$. 第二次迭代及以后的均匀点集都选取为 119 个点的好格子点. 迭代 20 次后, 得到每次的近似最优点及近似最优解. 为了比较, 我们考虑软件 Matlab 中寻找全局最小点的自带命令 fminsearch, 并以 SNTO 法第一次迭代得到的近似最优点 $\mathcal{X}^{(1)}$ 作为算法的初始值; 最后由 fminsearch 得到的近似最优点 $(0.228326, -1.625522)$ 和相应的近似最优解 $z_{fmin} = -6.551133$.

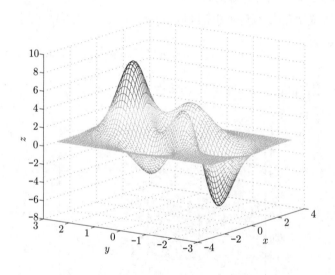

图 8.2　　peaks 函数的三维图

　　表 8.3 给出这 20 次迭代得到的每次的近似最优点以及相应近似最优解与 z_{fmin} 之间的误差. 从中可见, 到第 13 次迭代后, 误差值为负数, 说明 SNTO 法得到的近似最优解比 fminsearch 得到的更好. 另一方面, 到第 13 次迭代为止, SNTO 法只比较了一千多个目标函数值, 因此, SNTO 法的效果更好, 且计算时间少. SNTO 法的优点在于不断缩小可行域, 而不是增加可行域的搜索点数, 从而提高算法的效率.

　　对于高维的情形, SNTO 也可以有不错的搜索效果, 其原因在于均匀点集的空间填充性, 即其在搜索区域的每个局部邻域中都存在一个点, 因此总存在一个点离全局最优点比较近. 即使对于多元多峰的情形, SNTO 法也表现得不

表 8.3 例 8.3 中无约束优化问题的 SNTO 近似效果

t	n_t	近似最小点		误差	t	n_t	近似最小点		误差
1	397	0.196474	−1.586902	0.0366	11	119	0.228429	−1.625259	1.1420e−6
2	119	0.196474	−1.586902	0.0366	12	119	0.228208	−1.625480	8.5249e−8
3	119	0.234289	−1.637322	0.0026	13	119	0.228245	−1.625529	−9.2390e−9
4	119	0.234289	−1.637322	0.0026	14	119	0.228263	−1.625554	−1.5241e−8
5	119	0.221684	−1.627868	0.0004	15	119	0.228288	−1.625529	−2.0692e−8
6	119	0.221684	−1.627868	0.0004	16	119	0.228288	−1.625529	−2.0692e−8
7	119	0.227986	−1.621566	0.0002	17	119	0.228281	−1.625536	−2.1642e−8
8	119	0.227198	−1.627868	8.0239e−5	18	119	0.228279	−1.625535	−2.1708e−8
9	119	0.228774	−1.626293	1.2033e−5	19	119	0.228279	−1.625535	−2.1708e−8
10	119	0.228380	−1.625997	3.3364e−6	20	119	0.228279	−1.625535	−2.1710e−8

错, 该方法自动找到一个搜索方法. 而牛顿法和拟牛顿法的性能严重依赖于初值的选取. Fang 等 (1994) 给出多个例子说明 SNTO 法的优良性.

当目标函数存在多个局部极小点, 且不同极小值相差较小时, SNTO 法在第一次迭代可能找到一个局部极小点附近的点作为下一次搜索区域的中心点, 从而可能收敛到局部最优点. 为了增加收敛到全局最优点的可能性, 一种处理方法是在每一次迭代时, 在缩小的搜索区域以外再安排一个均匀点集, 并比较这些点上的函数值与当前近似最优值; 若存在搜索区域以外的某个点的函数值比当前解更优, 则下一次迭代的搜索区域挪到以那个点为中心的区域.

8.2.2 约束优化问题

对于约束优化问题 (8.9), 当 $f, f_1, \cdots, f_m, h_1, \cdots, h_p$ 都是线性函数时, 其为一个线性规划问题. 求解这类问题的基本方法是单纯形法, 目前的软件可以求解约束条件和决策变量数达一万个以上的线性规划问题. 对于二次规划问题, 由于约束都是线性的, 目标函数是二次的, 其属于凸优化问题. 目前也有诸多方法来求解二次规划问题, 如内点法等, 具体参见 Boyd, Vandenberghe (2004). 然而当目标函数和约束函数都是非线性函数时, 求解这类非线性优化问题是比较困难的. 本小节介绍用拟蒙特卡罗法求解非线性优化问题.

一般地, 一个约束优化问题的可行域不是一个超矩形区域, 而是一个不规则的区域. 若采用算法 8.1 中的 SNTO 方法, 需要对其进行必要的修改. 设 $\mathcal{X}$

为约束优化问题的可行域.

算法 8.2 求解约束优化问题的 SNTO 方法

步骤 1. 初始化. 设 $t = 1, \boldsymbol{a}^{(1)} = \boldsymbol{a}, \boldsymbol{b}^{(1)} = \boldsymbol{b}$, 可行域 $\mathcal{X}^{(1)} = [\boldsymbol{a}, \boldsymbol{b}] \bigcap \mathcal{X}$;

步骤 2. 产生均匀点集. 在区域 $\mathcal{X}^{(t)}$ 上寻找一个点数为 n_t 的均匀点集 $\mathcal{P}^{(t)}$;

步骤 3. 计算近似值. 选取 $\boldsymbol{x}^{(t)} \in \mathcal{P}^{(t)} \cup \{\boldsymbol{x}^{(t-1)}\}$ 和 $M^{(t)}$ 使得

$$M^{(t)} = f(\boldsymbol{x}^{(t)}) \leqslant f(\boldsymbol{y}), \quad \forall \boldsymbol{y} \in \mathcal{P}^{(t)} \cup \{\boldsymbol{x}^{(t-1)}\}, \tag{8.20}$$

式中 $\boldsymbol{x}^{(0)}$ 表示空集, $\boldsymbol{x}^{(t)}$ 和 $M^{(t)}$ 分别为 $\boldsymbol{x}^*$ 和 M^* 的近似值;

步骤 4. 终止准则. 设 $\boldsymbol{c}^{(t)} = (\boldsymbol{b}^{(t)} - \boldsymbol{a}^{(t)})/2$, 若 $\max \boldsymbol{c}^{(t)} < \delta$, 其中 δ 为事先设置的小数, 则终止算法, 否则转步骤 5;

步骤 5. 更新搜索区域. 新的搜索区域 $\mathcal{X}^{(t+1)} = [\boldsymbol{a}^{(t+1)}, \boldsymbol{b}^{(t+1)}] \bigcap \mathcal{X}$, 其中 $a_i^{(t+1)} = x_i^{(t)} - \gamma c_i^{(t)}, b_i^{(t+1)} = x_i^{(t)} + \gamma c_i^{(t)}$, 式中 $\gamma \in (0,1)$. 记 $t = t+1$, 转步骤 2.

算法 8.1 和算法 8.2 最大的区别在于搜索区域的形状, 无约束优化问题的区域是超矩形的, 而约束优化问题的区域往往是不规则区域. 因此, 我们需要在不规则区域上构造均匀点集. 一种最简单的构造方法如下所示, 先在超矩形 $[\boldsymbol{a}^{(t)}, \boldsymbol{b}^{(t)}]$ 上构造一个点数更多的均匀点集 $\mathcal{P}_0^{(t)}$, 落入可行域 $\mathcal{X}$ 的点集即为 $\mathcal{P}^{(t)}$.

例 8.4 求解下面的非线性优化问题:

$$\min f = -x_1 - 2x_2 + 0.5x_1^2 + 0.5x_2^2$$

$$\text{s.t. } 2x_1 + 3x_2 \leqslant 6,$$

$$x_1 + 5x_2 \leqslant 6,$$

$$2x_1 + 2x_2^2 \leqslant 5,$$

$$0 \leqslant x_1, x_2.$$

该问题的可行域见图 8.3 中的区域, 是由多条线段和二次曲线构成的. 我们在 $[0, 2.5] \times [0, 1.2]$ 的矩形区域上安排一个点数为 4181 的好格子点, 其生成向量为 $(1, 2584)$. 该好格子点落入可行域 $\mathcal{X}$ 的点数为 3083 个, 其均匀程度是可以接受的. 取缩小比例 $\gamma = 0.5$. 根据算法 8.2 的迭代过程, 依次得到近似最优点和相应函数值. 每次迭代时, 都在 $[\boldsymbol{a}^{(t)}, \boldsymbol{b}^{(t)}]$ 上安排生成向量为 $(1, 2584)$、点数为 4181 的好格子点. 由于该问题的最优解位于可行域的边界区域, 第 2 次迭代的搜索区域 $\mathcal{X}^{(2)}$ 上的近似均匀点集也见图 8.3, 其效果也不错. 表 8.4 给出前 20 次迭代的效果, 其中每次落入可行域的点数会有所不同. 在第 2 次迭代以后点数基本在 2100 左右波动.

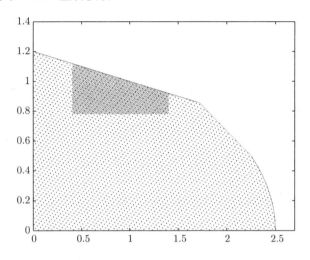

图 8.3 例 8.4 的搜索区域的更新及其近似均匀点集

表 8.4 例 8.4 中约束优化问题的 SNTO 近似效果

t	n_t	近似最小点		误差	t	n_t	近似最小点		误差
1	3083	0.903193	1.019039	0.0051	11	2090	0.807889	1.0384	5.8941e−8
2	2093	0.765905	1.046592	0.0011	12	2096	0.807846	1.038431	5.7302e−9
3	2096	0.820725	1.035525	0.0004	13	2093	0.807825	1.038435	−3.1760e−9
4	2110	0.810584	1.037821	6.4619e−5	14	2096	0.807818	1.038436	−1.1360e−8
5	2100	0.812941	1.037394	3.1011e−5	15	2091	0.807820	1.038436	−1.1470e−8
6	2097	0.811655	1.037662	1.4948e−5	16	2090	0.807819	1.038436	−1.1007e−8
7	2097	0.807440	1.038510	2.3819e−6	17	2096	0.807819	1.038436	−1.1529e−8
8	2096	0.807234	1.038552	8.7542e−7	18	2093	0.807819	1.038436	−1.1616e−8
9	2096	0.807744	1.038451	2.1017e−7	19	2096	0.807818	1.038436	−1.1700e−8
10	2094	0.807948	1.038410	1.9733e−8	20	2091	0.807818	1.038436	−1.1701e−8

我们考虑 Matlab 软件自带的求解非线性优化问题的程序 fmincon, 并作为基准来评价 SNTO 法的性能. 表 8.4 也给出两者之间的误差. 从第 13 次迭

代之后, SNTO 法可以得到有更小目标函数值的解. 这说明 SNTO 法也具有很好的效果. 另一方面, 对于该问题, fmincon 需要用时 0.4 s 左右, 而 SNTO 法只需比较几万个目标函数值, 其计算时间只需 0.1 s 左右.

算法 8.2 的困难在于在不规则区域上构造均匀点集. 例 8.4 的构造方法是间接的, 而不是直接在不规则区域上构造. 在不规则区域上直接构造均匀点集的算法困难有以下两点: 其一, 如何在不规则区域上衡量均匀性; 其二, 给出相应的构造算法. 为此, Chuang, Hung (2010) 提出中心复合偏差这一个准则来衡量均匀性, 后来 Chen 等 (2014) 基于中心复合偏差准则, 给出一种基于离散粒子群的构造算法. 然而, 该算法较复杂. 而根据例 8.4 的结果, 间接构造方法也可以取得较好的效果.

8.3 贝叶斯推断

考虑来自分布 $f(\boldsymbol{x}|\theta)$ 的样本 $\boldsymbol{y} = (y_1, \cdots, y_n)$, 不同于频率学派将 θ 视为未知的、固定的常数, 贝叶斯方法假设参数 θ 服从一先验分布, 为方便讨论记为 $\pi(\theta)$. 先验分布是基于数据分析者信仰和先验知识的主观分布, 是先于数据观察确定的. 由贝叶斯公式可知

$$\pi(\theta|\boldsymbol{y}) = \frac{f(\boldsymbol{x}|\theta)\pi(\theta)}{\int_{\Theta} f(\boldsymbol{x}|\theta)\pi(\theta)d\theta}, \tag{8.21}$$

其中 Θ 为参数空间, 称 $\pi(\theta|\boldsymbol{y})$ 为后验分布, 是获取样本信息后对先验分布 (信息) 的更新. 通常称这类基于后验分布 $\pi(\theta|\boldsymbol{y})$ 的统计推断方法为贝叶斯推断方法. 如将后验期望 $E(\theta|\boldsymbol{y})$ 作为 θ 的贝叶斯估计.

例 8.5 考虑来自正态分布 $N(\mu, 1)$ 的简单随机样本 $\{X_1, \cdots, X_n\}$, 并假定 μ 的先验分布为正态分布 $N(0,1)$. 则后验分布

$$\begin{aligned}
\pi(\mu|\boldsymbol{x}) &= \frac{\prod \varphi(x_i|\mu, 1)\varphi(\mu|0,1)}{\int_R \prod \varphi(x_i|\mu, 1)\varphi(\mu|0,1)d\mu} \\
&= C_1(\boldsymbol{x}) \cdot \exp\left\{-\frac{1}{2}\sum_{i=1}^n (x_i - \mu)^2\right\} \exp\left\{-\frac{1}{2}\mu^2\right\} \\
&= C_2(\boldsymbol{x}) \cdot \exp\left\{-\frac{1}{2/(n+1)}\left(\mu - \frac{\sum_{i=1}^n x_i}{n+1}\right)^2\right\} \\
&\sim N\left(\frac{\sum_{i=1}^n x_i}{n+1}, \frac{1}{n+1}\right),
\end{aligned}$$

其中 $\varphi(\cdot|\mu, \Sigma)$ 是期望为 μ, 协差阵为 Σ 的正态分布的密度函数. 因此, μ 的贝叶斯估计为 $E(\mu|\boldsymbol{x}) = \frac{\sum_{i=1}^{n} x_i}{n+1}$.

例 8.6 (贝叶斯回归) 考虑回归模型

$$\boldsymbol{y} = \boldsymbol{X}\boldsymbol{\beta} + \boldsymbol{\epsilon}, \tag{8.22}$$

其中 $\boldsymbol{\epsilon} \sim N(0, \sigma^2 \boldsymbol{I}_n)$, $\boldsymbol{I}_n$ 为 n 阶单位阵, σ^2 已知, 为误差方差. 又假设回归系数 $\boldsymbol{\beta}$ 服从先验分布

$$\boldsymbol{\beta} \sim N(\boldsymbol{b}_0, B_0),$$

其中 $\boldsymbol{b}_0, B_0$ 为超参数, 由模型 (8.22) 可知

$$Y|\boldsymbol{X}, \boldsymbol{\beta} \sim N(\boldsymbol{X}\boldsymbol{\beta}, \sigma^2 \boldsymbol{I}),$$

则联合分布

$$f(\boldsymbol{y}, \boldsymbol{\beta}|\boldsymbol{X}) = \varphi(\boldsymbol{y}|\boldsymbol{X}\boldsymbol{\beta}, \sigma^2 \boldsymbol{I})\varphi(\boldsymbol{\beta}|\boldsymbol{b}_0, \boldsymbol{B}_0),$$

回归系数后验分布

$$\begin{aligned}
\pi(\boldsymbol{\beta}|\boldsymbol{y}, \boldsymbol{X}) &\propto \exp\left\{-\frac{1}{\sigma^2}(\boldsymbol{y} - \boldsymbol{x}\boldsymbol{\beta})'(\boldsymbol{y} - \boldsymbol{x}\boldsymbol{\beta})\right\} \exp\left\{-\frac{1}{2}(\boldsymbol{\beta} - \boldsymbol{b}_0)^T \boldsymbol{B}_0^{-1}(\boldsymbol{\beta} - b_0)\right\} \\
&\propto \exp\left\{-\frac{1}{2}\boldsymbol{\beta}^T\left(\frac{\boldsymbol{X}^T\boldsymbol{X}}{\sigma^2} + \boldsymbol{B}_0^{-1}\right)\boldsymbol{\beta} - \left[\left(\frac{1}{\sigma^2}\boldsymbol{y}^T\boldsymbol{X} + \boldsymbol{B}_0^{-1}\boldsymbol{b}_0\right)\boldsymbol{\beta}\right.\right. \\
&\quad \left.\left. + \boldsymbol{\beta}^T\left(\frac{1}{\sigma^2}\boldsymbol{X}^T\boldsymbol{y} + \boldsymbol{b}_0^T\boldsymbol{B}_0^{-1}\right)\right]\right\} \\
&\sim N(\boldsymbol{\mu}, \boldsymbol{\Sigma}),
\end{aligned}$$

其中 $\boldsymbol{\Sigma} = \left(\frac{\boldsymbol{X}'\boldsymbol{X}}{\sigma^2} + \boldsymbol{B}_0^{-1}\right)^{-1}$, $\boldsymbol{\mu} = \boldsymbol{\Sigma}(\frac{1}{\sigma^2}\boldsymbol{X}'\boldsymbol{y} + \boldsymbol{B}_0^{-1}\boldsymbol{b}_0)$. 因此可得回归系数的贝叶斯估计 $\hat{\boldsymbol{\beta}} = \boldsymbol{\mu}$, 模型预测值 $\hat{y}$ 分布的密度函数

$$\begin{aligned}
f(y_0|\boldsymbol{x}_0, \boldsymbol{y}) &= \int f(y_0|\boldsymbol{x}_0, \boldsymbol{\beta}, \boldsymbol{y})\pi(\boldsymbol{\beta}|\boldsymbol{y}, \boldsymbol{X})d\boldsymbol{\beta} \\
&= \varphi(y_0|x_0\boldsymbol{\mu}, x_0\boldsymbol{\Sigma}x_0^T).
\end{aligned}$$

从上述两个例子可以看出, 贝叶斯推断可以归结为两个步骤: 1) 由经验确定先验分布, 并联合模型似然及贝叶斯公式获得后验分布; 2) 基于后验分布做各种统计推断. 注意到例 8.5 和例 8.6 中先验分布和后验分布都是正态分布, 这种先验和后验分布是同一种类型分布的情形称为共轭先验. 但现实问题中不

是总能找到共轭先验, 实际中的后验分布常常异常复杂, 这给基于后验分布的各种贝叶斯推断带来了计算上的复杂性. 事实上, 计算上的过度复杂曾一度是贝叶斯发展的最大障碍, 直到 MCMC 算法的提出和广泛应用, 配以飞速发展的计算机的计算性能, 极大地推动了贝叶斯方法在各个领域的应用.

由前所述, 贝叶斯推断最后都会落到后验分布 $\pi(\theta|\boldsymbol{x})$ 上. 而在实际应用中, 后验分布常常非常复杂, 甚至可能包含一些无解析表达的常数项. 此时若能通过计算机技术抽取后验分布 $\pi(\theta|\boldsymbol{x})$ 的样本 $\theta_1, \cdots, \theta_n$, 则由蒙特卡罗方法可知: 可以将样本视为后验分布的一个近似代表, 从而实现相应的贝叶斯推断.

例 8.7 (例 8.6 续)　例 8.6 中假设 σ^2 已知, 这在回归模型中显然不合常理. 这里我们假设 σ^2 与回归系数 $\boldsymbol{\beta}$ 相互独立, 且服从逆伽马分布 $IG(a,b)$, 即其密度函数

$$f(\sigma^2|a,b) = \frac{b^a}{\Gamma(a)}(\sigma^2)^{-a-1}e^{-b/\sigma^2},$$

则后验分布

$$\begin{aligned}\pi(\boldsymbol{\beta},\sigma^2|\boldsymbol{y}) &\propto \varphi(\boldsymbol{y}|\boldsymbol{X}\boldsymbol{\beta},\sigma^2 I)\cdot\varphi(\boldsymbol{\beta}|\boldsymbol{b}_0,\boldsymbol{B}_0)\cdot f(\sigma^2|a,b)\\ &\propto (\sigma^2)^{-n/2}\exp\left\{-\frac{1}{\sigma^2}(\boldsymbol{y}-\boldsymbol{x}\boldsymbol{\beta})^T(\boldsymbol{y}-\boldsymbol{x}\boldsymbol{\beta})\right\}\\ &\quad\exp\left\{-\frac{1}{2}(\boldsymbol{\beta}-\boldsymbol{b}_0)^T\boldsymbol{B}_0^{-1}(\boldsymbol{\beta}-\boldsymbol{b}_0)\right\}(\sigma^2)^{-a-1}e^{-b/\sigma^2},\end{aligned}$$

其中 n 为回归系数 $\boldsymbol{\beta}$ 的维度. 显然 $\pi(\boldsymbol{\beta},\sigma^2|\boldsymbol{y})$ 并不是一个标准的分布, 直接基于该分布做统计推断, 计算上过于复杂. 但可计算下述条件后验分布

$$\pi(\boldsymbol{\beta}|\boldsymbol{y},\sigma^2)\sim N(\boldsymbol{\mu},\boldsymbol{\Sigma}), \tag{8.23}$$

$$\boldsymbol{\Sigma} = \left(\frac{\boldsymbol{X}'\boldsymbol{X}}{\sigma^2}+B_0^{-1}\right)^{-1},$$

$$\boldsymbol{\mu} = \boldsymbol{\Sigma}\left(\frac{1}{\sigma^2}\boldsymbol{X}'\boldsymbol{y}+B_0^{-1}\boldsymbol{b}_0\right)$$

和

$$\begin{aligned}\pi(\sigma^2|\boldsymbol{\beta},\boldsymbol{y}) &\propto (\sigma^2)^{-n/2}\exp\left\{-\frac{1}{\sigma^2}(\boldsymbol{y}-\boldsymbol{x}\boldsymbol{\beta})^T(\boldsymbol{y}-\boldsymbol{x}\boldsymbol{\beta})\right\}(\sigma^2)^{-a-1}e^{-b/\sigma^2} \tag{8.24}\\ &\propto (\sigma^2)^{-n/2-a-1}\exp\left\{-\frac{1}{\sigma^2}[b+(\boldsymbol{y}-\boldsymbol{x}\boldsymbol{\beta})^T(\boldsymbol{y}-\boldsymbol{x}\boldsymbol{\beta})]\right\}\\ &\sim IG(\frac{n}{2}+a,b+(\boldsymbol{y}-\boldsymbol{x}\boldsymbol{\beta})^T(\boldsymbol{y}-\boldsymbol{x}\boldsymbol{\beta})).\end{aligned}$$

这显然满足 Gibbs 抽样的基本条件, 因此可以采用 Gibbs 抽样方法得到后验分布的样本 $\{(\sigma_1^2,\beta_1),\cdots,(\sigma_N^2,\beta_N)\}$ 用于后续贝叶斯推断.

下面的例 8.8 用一个实际数据演示了贝叶斯回归的实现过程.

例 8.8 婴儿出生时体重过低 (low birth weight) 是影响全球婴儿发病率和死亡率的主要风险因素之一. R 软件的基础包 MASS 中内嵌了来自 Hosmer, Lemeshow (1989) 的称为 birthwt 的数据包. 该数据由 Baystate 医疗中心搜集于 1986 年, 共有 189 行, 10 列. 数据前 5 行如表 8.5 所示. 表中第一行是和出生体重 (bwt) 相关的因素, 它们分别为: 母亲年龄 (age), 是否是低体重婴儿 (low), 种族 (race), 孕期是否抽烟 (smoke), 母亲体重 (lwt), 过早阵痛次数 (ptl), 高血压病史 (ht), 是否存在子宫过敏 (ui), 妊娠 3 月期间看医生的次数 (ftv). 为简便我们使用年龄 (age), 母亲体重 (lwt), 是否吸烟 (smoke) 及高血压病史 (ht) 四个解释变量对因变量胎儿体重进行多元回归建模. 模型表述为

$$bwt = \beta_0 + \beta_1 age + \beta_2 lwt + \beta_3 smoke + \beta_4 ht + \epsilon.$$

由前述论述, 假定 $\beta = (\beta_0,\beta_1,\beta_2,\beta_3,\beta_4)'$ 的先验分布是正态分布, 均值为 $(2700,0,0,-500,-500)$, 方差为对角阵 $diag(1e-6,.01,.01,1.6e-5,1.6e-5)$. 利用第五章中的 Gibbs 算法对后验分布 (8.23) 和 (8.24) 迭代抽样, 舍弃 1000 个预热样本后, 抽取 10000 个样本. 样本轨迹见图 8.4 和图 8.5. 从轨迹图可以看出, Gibbs 抽样轨迹始终徘徊在带型区域内, 说明过程进入了平稳状态, 所得样本可作为后验分布的样本. 计算样本均值可得参数的贝叶斯估计结果如表 8.6 所示.

表 8.5　婴儿出生体重及相关影响因素

low	age	lwt	race	smoke	ptl	ht	ui	ftv	bwt
0	19	182	2	0	0	0	1	0	2523
0	33	155	3	0	0	0	0	3	2551
0	20	105	1	1	0	0	0	1	2557
0	21	108	1	1	0	0	1	2	2594
0	18	107	1	1	0	0	1	0	2600
0	21	124	3	0	0	0	0	0	2622

注: 数据摘自 Venables 和 Ripley, 2002.

表 8.6　出生体重模型参数贝叶斯估计

	均值	标准误		均值	标准误
β_0	2395.877	255.353	β_3	-301.523	96.589
β_1	2.658	6.964	β_4	-542.238	163.157
β_2	4.937	1.667	σ^2	487385.744	50078.331

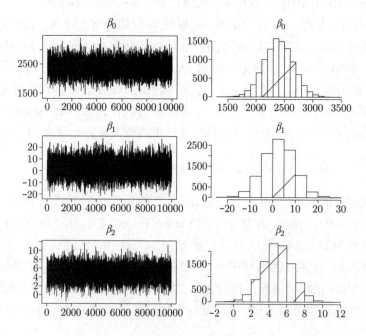

图 8.4　出生重量回归模型后验参数 Gibbs 抽样轨迹图 I

　　值得注意的是在选择先验分布时, 具有一定的主观性和经验性, 如本例中对 β 先验的期望和方差阵的选取. 为了进一步弱化超参数对模型估计的影响, 可以进一步对超参数 (b_0, B_0) 假设先验, 也即所谓的分层高斯回归模型. 事实上利用贝叶斯和 MCMC 方法可以建立许多更为复杂, 使用更为广泛的模型, 更多的理论和方法可参考 Gelman 等, 2004.

　　值得一提的是: 目前已经发展出了许多专门针对贝叶斯方法分析和推断的专业软件. 这些软件可以分为两大类: 一类是基于 R 语言开发的包, 如 MCMCpack (Park 等, 2011). 这类软件的使用需要使用者具备一定的 R 基础, 对使用者的模型理论要求也更高. 另一类是基于 BUGS (或 WINBUG, OPENBUGS) 软件, 相较于 R 中的包, BUGS 及其拓展软件有更友好的用户

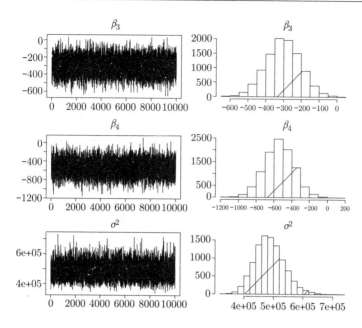

图 8.5 出生体重回归模型后验参数 Gibbs 抽样轨迹图 II

体验, 对用户的理论要求较低, 但其模型建模过程为黑箱子不利于用户做个性化的设置和调整. 关于这两类方法的更细致的比较可参考 Park 等 (2011).

8.4 贝叶斯变量选择

回归模型中的变量选择问题在整个统计发展历程中占有重要地位. 利用贝叶斯方法进行变量选择是变量选择中的一类重要方法. 主要有 Gibbs 变量选择 (GVS) (Dellaportas 等, 2000), 随机搜索变量选择 (SSVS) (George, Mcculloch, 1993), 先验或 Laplace 先验自适应压缩估计 (Hoti, Sillanpää, 2006), 及可逆跳转 MCMC(Green, 1995) 等方法. 篇幅所限这里只介绍其中的 SSVS 方法. SSVS 于 1993 年被 George, Mcculloch (1993) 提出, 后被广泛应用 (Yi 等, 2003; Meuwissen 等, 2001). 其基本思想是将整个回归过程嵌入到分层贝叶斯混合正态模型中, 与前一节介绍的贝叶斯回归最大的不同是引进潜变量来辨别回归参数 β 的显著性, 从而实现子模型的选择. 在这个框架下, 选择具有最高后验概率的自变量子集. 为避开直接计算后验概率的复杂性, 采用 Gibbs 算法间接地从所有可能的子模型的后验分布中抽样, 并通过 Gibbs 样本的高频率识别出高后验概率的子模型.

8.4.1　分层贝叶斯模型

沿用上一节记号, 考虑线性模型

$$y = X\beta + \epsilon, \tag{8.25}$$

其中 $\epsilon \sim N(0, \sigma^2 I_n)$, I_n 为 n 阶单位阵, σ^2 已知, 为误差方差. 不同于前一节中直接给定回归系数 $\beta = (\beta_1, \cdots, \beta_p)$ 的正态分布先验假设, 这里为了实现变量选择的目的 (即等价于挑选出不为零的回归系数 β_i's), 设定每个系数的先验为混合正态分布

$$\beta_i \sim \gamma_i N(0, c_i^2 \tau_i^2) + (1 - \gamma_i) N(0, \tau_i^2), \tag{8.26}$$

其中 γ_i 为引入的 0—1 随机变量, 即 $P(\gamma_i = 1) = 1 - P(\gamma_i = 0) = p_i$, 以表示相应的回归系数 β_i 是否为零, 对应变量 X_i 是否被选入子模型中.

从模型假设可以看出当 $\gamma_i = 0$ 时, 相应的 β_i 服从 $N(0, \tau_i^2)$. 而当 $\gamma_i = 1$ 时, 相应的 β_i 服从 $N(0, c_i^2 \tau_i^2)$. 因此在超参数选择时, 应遵循如下原则:

1. $\tau_i (> 0)$ 的值应足够小, 以使得当 $\gamma_i = 0$ 时, β_i 可以被 "安全" 地估计为 0.
2. c_i 应取远大于 1 的值 $(c_i \gg 1)$, 以使得当 $\gamma_i = 1$ 时, β_i 的估计非零, 从而包含在子模型中.

为方便讨论, 将 β 先验记为如下的矩阵形式

$$\beta|\gamma \sim N(0, D_\gamma R D_\gamma), \tag{8.27}$$

其中 $\gamma = (\gamma_1, \cdots, \gamma_p)'$, $D_\gamma = diag((\tau_1 c_1^{\gamma_1})^2, \cdots, (\tau_1 c_1^{\gamma_1})^2)$, R 为给定 γ 后 β 的先验条件相关阵.

另一方面方差 σ^2 有逆伽马分布先验, 即

$$\sigma^2|\gamma \sim IG\left(\frac{\nu_\gamma}{2}, \frac{\nu_\gamma \lambda_\gamma}{2}\right). \tag{8.28}$$

由模型假设和先验分布可知, 联合分布

$$f(y, \beta, \sigma^2, \gamma) = f(y|\beta, \sigma^2)\pi(\beta|\gamma)\pi(\sigma^2|\gamma)p(\gamma). \tag{8.29}$$

计算可得后验分布

$$
\begin{aligned}
\pi(\beta|y, \sigma^2, \gamma) &\propto f(y|\beta, \sigma^2)\pi(\beta|\gamma), \\
&\propto \exp\left\{-\frac{1}{2\sigma^2}(y - X\beta)^T(y - X\beta)\right\}\exp\left\{-\frac{1}{2}\beta^T(D_\gamma R D_\gamma)^{-1}\beta\right\}, \\
&\sim N(\mu, \Sigma),
\end{aligned}
\tag{8.30}
$$

其中 $\boldsymbol{\mu} = \boldsymbol{\Sigma}\frac{\boldsymbol{X'y}}{\sigma^2}$, $\boldsymbol{\Sigma} = \left(\frac{\boldsymbol{X^TX}}{\sigma^2} + (\boldsymbol{D_\gamma R D_\gamma})^{-1}\right)^{-1}$. 同理可得

$$\pi(\sigma^2|\boldsymbol{y},\boldsymbol{\beta},\boldsymbol{\gamma}) \propto (\sigma^2)^{-n/2} \exp\left\{-\frac{1}{\sigma^2}(\boldsymbol{y}-\boldsymbol{X\beta})'(\boldsymbol{y}-\boldsymbol{X\beta})\right\}(\sigma^2)^{-\frac{\nu_\gamma}{2}-1}e^{-\frac{\nu_\gamma\lambda_\gamma}{2\sigma^2}}$$

$$\propto (\sigma^2)^{-\frac{n}{2}-\frac{\nu_\gamma}{2}-1} \exp\left\{-\frac{1}{\sigma^2}\left[\frac{\nu_\gamma\lambda_\gamma}{2} + (\boldsymbol{y}-\boldsymbol{X\beta})'(\boldsymbol{y}-\boldsymbol{X\beta})\right]\right\}$$

$$\sim IG\left(\frac{n}{2}+\frac{\nu_\gamma}{2}, \frac{\nu_\gamma\lambda_\gamma}{2} + (\boldsymbol{y}-\boldsymbol{X\beta})'(\boldsymbol{y}-\boldsymbol{X\beta})\right)$$

和

$$\pi(\boldsymbol{\gamma}|\boldsymbol{y},\boldsymbol{\beta},\sigma^2) \propto \pi(\boldsymbol{\beta}|\boldsymbol{\gamma})\pi(\sigma^2|\boldsymbol{\gamma})\pi(\boldsymbol{\gamma}). \tag{8.31}$$

8.4.2 Gibbs 抽样法

如前所述, 模型的最优子集所对应的那些 γ_i's 为 1 的解释变量. 因此需要计算后验分布 $\pi(\boldsymbol{\gamma}|\boldsymbol{y})$, 并找出后验分布中以大概率为 1 的 γ_i's. 如果直接计算超高维的多项分布 $\pi(\boldsymbol{\gamma}|\boldsymbol{y})$ 或 $\pi(\boldsymbol{\gamma}|\boldsymbol{y},\boldsymbol{\beta},\sigma^2)$, 计算量难于承受, SSVS 方法使用 Gibbs 抽样方法生成序列 $\boldsymbol{\gamma}^{(1)},\cdots,\boldsymbol{\gamma}^{(N)}$, 由 MCMC 理论可知, 在大部分情形下, 只要 N 足够大, 总能使得样本 $\boldsymbol{\gamma}^{(1)},\cdots,\boldsymbol{\gamma}^{(N)}$ 很好地近似后验分布 $\pi(\boldsymbol{\gamma}|\boldsymbol{y})$. 因此, 只需要观察样本序列中那些总是以 1 出现的 γ_i, 将其对应的解释变量 X_i's 选入最优子集中, 从而实现模型的选择.

考虑到直接抽取 $\boldsymbol{\gamma}$ 的难度, SSVS 利用条件分布 (8.30)—(8.31) 抽取完整的参数序列

$$\boldsymbol{\beta}^{(0)},\sigma^{(0)},\boldsymbol{\gamma}^{(0)},\boldsymbol{\beta}^{(1)},\sigma^{(1)},\boldsymbol{\gamma}^{(1)},\cdots,\boldsymbol{\beta}^{(N)},\sigma^{(N)},\boldsymbol{\gamma}^{(N)}, \tag{8.32}$$

其中初始值 $\boldsymbol{\beta}^{(0)},\sigma^{(0)}$ 可以采用模型 (8.25) 的最小二乘估计, $\boldsymbol{\gamma}^{(0)}$ 则可使用 $(1,1,\cdots,1)$. 接着使用如下步骤迭代获取剩下的序列.

由条件分布 (8.30) 知, 回归系数向量 $\boldsymbol{\beta}^{(j)}$ 可从正态分布

$$N(\boldsymbol{\mu}^{(j)},\boldsymbol{\Sigma}^{(j)}) \tag{8.33}$$

中抽取, 其中 $\boldsymbol{\mu}^{(j)} = \boldsymbol{\Sigma}^{(j)}\frac{\boldsymbol{X'y}}{(\sigma^{(j-1)})^2}$, $\boldsymbol{\Sigma}^{(j)} = \left[\frac{\boldsymbol{X'X}}{(\sigma^{(j-1)})^2} + (\boldsymbol{D_{\gamma^{(j-1)}}RD_{\gamma^{(j-1)}}})^{-1}\right]$.

接着从逆伽马分布

$$IG\left(\frac{n}{2}+\frac{\nu_{\gamma^{(j-1)}}}{2}, \frac{\nu_{\gamma^{(j-1)}}\lambda_{\gamma^{(j-1)}}}{2} + (\boldsymbol{y}-\boldsymbol{X\beta}^{(j)})'(\boldsymbol{y}-\boldsymbol{X\beta}^{(j)})\right) \tag{8.34}$$

中抽取 $\sigma^{(j)}$.

最后, 考虑到向量 γ 维度高, 直接从条件分布 (8.31) 抽取, 计算量过大, SSVS 利用 Gibbs 方法对向量一个维度一个维度地进行抽样. 每一次抽取

$$\gamma_i^{(j)} \sim \pi(\gamma_i^{(j)}|\boldsymbol{\beta}^{(j)}, (\sigma^{(j)})^2, \boldsymbol{\gamma}_{-i}^{(j)}), \tag{8.35}$$

其中 $\boldsymbol{\gamma}_{-i}^{(j)} = (\gamma_1^{(j)}, \gamma_2^{(j)}, \cdots, \gamma_{i-1}^{(j)}, \gamma_{i+1}^{(j)}, \cdots, \gamma_p^{(j)})$. 由 (8.31) 知

$$\begin{aligned}
\pi(\gamma_i^{(j)}|\boldsymbol{\beta}^{(j)}, (\sigma(j))^2, \boldsymbol{\gamma}_{-i}^{(j)}) &\propto \pi(\gamma_i^{(j)}, \boldsymbol{\gamma}_{-i}^{(j)}|\boldsymbol{\beta}^{(j)}, (\sigma(j))^2) \\
&\propto \pi(\boldsymbol{\beta}^{(j)}|\gamma_i^{(j)}, \boldsymbol{\gamma}_{-i}^{(j)})\pi((\sigma(j))^2|\gamma_i^{(j)}, \boldsymbol{\gamma}_{-i}^{(j)}) \\
&\quad \pi(\gamma_i^{(j)}, \boldsymbol{\gamma}_{-i}^{(j)})
\end{aligned}$$

考虑到 $\gamma_i^{(j)}$ 只可能取值 0 或者 1, $\gamma_i^{(j)}$ 的条件分布为伯努利分布, 其概率

$$\pi(\gamma_i^{(j)} = 1|\boldsymbol{\beta}^{(j)}, (\sigma(j))^2, \boldsymbol{\gamma}_{-i}^{(j)}) = \frac{a^{(j)}}{a^{(j)} + b^{(j)}}, \tag{8.36}$$

其中 $a^{(j)} = \pi(\boldsymbol{\beta}^{(j)}|\gamma_i^{(j)} = 1, \boldsymbol{\gamma}_{-i}^{(j)})\pi((\sigma(j))^2|\gamma_i^{(j)} = 1, \boldsymbol{\gamma}_{-i}^{(j)})\pi(\gamma_i^{(j)} = 1, \boldsymbol{\gamma}_{-i}^{(j)})$, $b^{(j)} = \pi(\boldsymbol{\beta}^{(j)}|\gamma_i^{(j)} = 0, \boldsymbol{\gamma}_{-i}^{(j)})\pi((\sigma(j))^2|\gamma_i^{(j)} = 0, \boldsymbol{\gamma}_{-i}^{(j)})\pi(\gamma_i^{(j)} = 0, \boldsymbol{\gamma}_{-i}^{(j)})$.

综上, 连续不断地从分布 (8.33), (8.34) 和 (8.36) 抽取可获得 Gibbs 序列 (8.32). 利用第五章 MCMC 收敛理论可以证明该序列的子序列 $\boldsymbol{\gamma}^{(1)}, \cdots, \boldsymbol{\gamma}^{(N)}, \cdots$ 是遍历的, 并最终几何收敛到唯一的后验分布 $\pi(\boldsymbol{\gamma}|\boldsymbol{y})$, 具体证明过程可参考 Diebolt, Robert (1994).

8.4.3　超参数的选择

由于 γ 的分布很大程度上决定了最后变量的选择, 因此 $f(\boldsymbol{\gamma})$ 的选择异常重要, 应该包含任何可得到的先验信息. 对于 p 维变量, 其子集总数为 2^p, 对应于 γ 的 2^p 种可能, 这给计算带来很大的困难, 特别是对于较大的 p, 需要进行一些合理的先验假设以降低计算复杂性. 如独立性假设: 假设 γ_i's 之间是独立的, 则有

$$\boldsymbol{f}(\boldsymbol{\gamma}) = \prod p_i^{\gamma_i}(1 - p_i)^{(1-\gamma_i)}. \tag{8.37}$$

这种独立假设说明 X_i 和 X_j, $i \neq j$, 被选入最优模型中是不相关的, 这种假设看上去信息使用不够充分, 但事实上可以发现它在很多情况下的使用效果都不错. 一个更加无先验信息的假设方法是均匀独立假设, 即

$$\boldsymbol{f}(\boldsymbol{\gamma}) = 2^{-p}. \tag{8.38}$$

另外, (Wu, Hamada, 2009, 435 – 436) 针对超饱和设计中的交互效应变量选择问题介绍了一类条件先验假设, 该假设有效地融入了试验设计中的效应稀疏、效应分层、效应遗传原则 (见 Wu, Hamada, 2009, 172 – 173).

超参数 τ_i 和 c_i 的基本原则为 τ_i 应足够小, 使得当 β_i 为 0 时, 其以很大的概率足够靠近 0. 而 c_i 足够大以使得 β_i 能足够远离 0, 但同时也不能过大以致出现一些完全不现实的结果. George, Mcculloch (1993) 建议采用所谓的 "半自动" 设置方法, 设定 $(\hat{\sigma}_i^{lse}/\tau_i, c_i)$ 为常数, $\hat{\sigma}_i^{lse}$ 为全模型最小二乘估计. 更为细致的讨论可参考 George, Mcculloch (1993).

矩阵 R 为 $\boldsymbol{\beta}$ 的先验条件相关系数阵, 实际中有两种方便的极端设定方法: 设为单位阵 I, 也即 β_i 间相互独立, 而且由 (8.30) 可知, $\boldsymbol{\beta}$ 的后验分布协方差小于信息阵 $(\boldsymbol{X}^T\boldsymbol{X})^{-1}$; 也可以设置为信息阵 $(\boldsymbol{X}^T\boldsymbol{X})^{-1}$, 此情况下后验协方差正比于信息阵.

关于逆伽马分布中 ν_γ 和 λ_γ 的选择, 可以利用这样的解释: 这些信息来自于一个虚拟的先验试验, 其中 ν_γ 是观测的数目, $\lambda_\gamma\nu_\gamma/(\nu_\gamma - 2)$ 是 σ^2 的先验估计. 最为典型的情形是常数设置 (即 $\nu_\gamma \equiv \nu$, $\lambda_\gamma \equiv \lambda$).

关于超参数的选择, 文献中还有更多的讨论, 如经验贝叶斯或采用交叉验证的统计学习方法等. 这些方法更多由数据驱动, 同时也会加大计算的复杂性.

8.4.4 实例分析

看一个简单的实际数据案例.

例 8.9 Hald 数据是回归分析中的一个常用数据, 它常常被用来说明变量选择过程, 并被收入到多个 R 语言包中 (Gonzalo 等, 2018). 此数据记录了水泥混合物硬化过程中热量变化的影响因素 (Woods 等, 2002). 数据包括一个因变量 y (化学反应过程中产生的热量) 的 $n = 13$ 次观测, 以及 4 个自变量 x_1, x_2, x_3, x_4 (水泥的 4 种成分), 因此有 $2^4 = 16$ 种可能的模型. Draper, Smith (1981) 使用传统变量选择方法, 建议选择其中的 3 种模型. George, Mcculloch (1993) 使用 SSVS 方法进行变量选择, 超参数和先验分布设置如下: $f(\boldsymbol{\gamma}) = \frac{1}{2}^4$, $R = I_4$, $\nu_\lambda = 0$, $(\hat{\sigma}_i^{lse}/\tau_i, c_i) = (10, 100)$. 采用 Gibbs 抽样步骤重复 (8.33), (8.34) 和 (8.36) 得到 5000 次观测样本. 记录 $\boldsymbol{\gamma}$ 在样本中的频率, 也即对应模型的后验概率, 具体见表 8.7. 从表 8.7 可以看出后验概率最高的模型是 $\{X_1, X_2\}$, 其概率为 0.68, 其次是 $\{X_1, X_4\}$, 相应的后验概率为 0.1734. 事实上这与使用传统的最优子集回归得到的结果一致.

表 8.7　Hald 数据模型频率

γ_1	γ_2	γ_3	γ_4	频数	频率
1	1	1	1	24	0.0048
0	1	1	1	123	0.0246
1	0	1	1	156	0.0312
1	1	0	1	174	0.0348
1	1	1	0	251	0.0502
1	0	0	1	867	0.1734
1	1	0	0	3405	0.6810

注: 这里只列出了频率大于 0.02 的子模型.

　　SSVS 或者其他的一些基于贝叶斯方法的模型选择方法在计算复杂度上都具有一定的难度, 若是通过传统的方法直接计算具有一定的难度, 当数据的维度或观察数较大时, 直接计算是不可能的. 蒙特卡罗方法的引入为这一方法的广泛使用带来可能, 特别是马尔可夫链蒙特卡罗方法是贝叶斯方法广泛使用的根本基础.

8.5　非规则区域上的点集

　　在许多随机模拟中, 需要在不规则区域上抽样. 例如对于多维积分问题

$$I = \int_{\mathcal{X}} f(\boldsymbol{x})d\boldsymbol{x},$$

其中积分区域 $\mathcal{X}$ 可能是 s 维空间中的不规则区域. 因此, 我们需要在不规则区域 $\mathcal{X}$ 上均匀布点, 使得近似积分尽可能地接近真值. 例如, 图 8.6 考虑两种不规则区域, 其中左边是由下式确定的非凸区域,

$$\mathcal{X} = \left\{(x_1, x_2) \in [0,1]^2 : |2x_1 - 1|^{1/2} + |2x_2 - 1|^{1/2} \leqslant 1\right\}. \tag{8.39}$$

图 8.6 右边为圆环:

$$\mathcal{X}_R = \left\{(x_1, x_2) \in R^2 : \frac{1}{4} \leqslant x_1^2 + x_2^2 \leqslant 1\right\}. \tag{8.40}$$

　　在不规则区域 $\mathcal{X}$ 上的均匀布点问题需要解决两方面的问题: 第一, 如何度量在 $\mathcal{X}$ 上的点集的均匀性; 第二, 给定均匀性度量后, 如何构造相应的最佳设计.

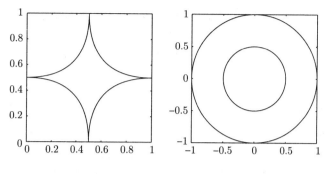

图 8.6 两种不规则区域

对于第一个问题, Chuang, Hung (2010) 提出中心复合偏差 (central composite discrepancy), 用于度量不规则区域 $\mathcal{X}$ 上点集的均匀性. 对于 s 维空间 $\mathcal{X}$ 中的任意点 $\boldsymbol{x} = (x_1, \cdots, x_s)$, 通过点 $\boldsymbol{x}$ 且垂直于第 i 条轴的 $s-1$ 维超平面可以把第 i 条轴分为两部分: $(-\infty, x_i]$ 和 $(x_i, +\infty)$, $i = 1, \cdots, s$. 则以点 $\boldsymbol{x}$ 为中心, 可以把 $\mathcal{X}$ 剖分为 2^s 个子区域, 分别记为 $\mathcal{X}_1(\boldsymbol{x}), \cdots, \mathcal{X}_{2^s}(\boldsymbol{x})$. 设 $\mathcal{P} = \{\boldsymbol{x}_1, \cdots, \boldsymbol{x}_n\}$ 为 $\mathcal{X}$ 中的 n 个点的点集, 则 $\mathcal{P}$ 的中心复合偏差为:

$$
CCD_p(\mathcal{P}) = \left\{ \frac{1}{\mathrm{vol}(\mathcal{X})} \int_{\mathcal{X}} \frac{1}{2^s} \sum_{t=1}^{2^s} \left| \frac{N(\mathcal{X}_t(\boldsymbol{x}), \mathcal{P})}{n} - \frac{\mathrm{vol}(\mathcal{X}_t(\boldsymbol{x}))}{\mathrm{vol}(\mathcal{X})} \right|^p d\boldsymbol{x} \right\}^{1/p},
$$
(8.41)

其中 $p > 0$, $N(\mathcal{X}_t(\boldsymbol{x}), \mathcal{P})$ 表示点集 $\mathcal{P}$ 落入 $\mathcal{X}_t(\boldsymbol{x})$ 的点数, $\mathrm{vol}(\mathcal{X}_t(\boldsymbol{x}))$ 和 $\mathrm{vol}(\mathcal{X})$ 分别表示 $\mathcal{X}_t(\boldsymbol{x})$ 和 $\mathcal{X}$ 的体积. $CCD_p(\mathcal{P})$ 值越小说明该点集的均匀性越好. (8.41) 式中常取 $p = 2$. 体积 $\mathrm{vol}(\mathcal{X}_t(\boldsymbol{x}))$ 和 $\mathrm{vol}(\mathcal{X})$, 以及区域 $\mathcal{X}$ 上的积分经常不易计算, 可用近似值代替.

关于第二个问题, 即如何构造在不规则区域上的均匀点集, 我们可考虑多种方法. 一个最简单的构造方法是先找一个最小的超长方体覆盖这个不规则区域, 然后在超长方体中均匀布点, 落在不规则区域中的点集作为该区域中的近似均匀点集. 我们称这种构造方法为塌陷构造法. 该方法构造的点集均匀性有时待提高.

另一类构造方法是直接在不规则区域上构造点集. 为此, Chuang, Hung (2010) 采用一种交换算法来构造点集, 其过程如下. 首先给定具有 N 个点的近似均匀点集 $\mathcal{N} = \{\boldsymbol{x}_1, \cdots, \boldsymbol{x}_N\}$, 然后在其中随机选择 n 个点构成一个初始设计 $\mathcal{P}^0$, 例如取 $\mathcal{P}^0 = \{\boldsymbol{x}_1, \cdots, \boldsymbol{x}_n\}$, 然后对于第 j 个点 $\boldsymbol{x}_j$, 寻找其他 $N - n$

个候选点中某个点 $\boldsymbol{x}^*$, 使得当 $\boldsymbol{x}_j$ 替换为 $\boldsymbol{x}^*$ 时, 其中心复合偏差最小, 即

$$\boldsymbol{x}^* = \arg\min_{\boldsymbol{x}\in\mathcal{N}\backslash\mathcal{P}^0} CCD_p(\{\boldsymbol{x}\}\bigcup\mathcal{P}^0\backslash\{\boldsymbol{x}_j\}),$$

若替换后中心复合偏差值变小, 则需要把 $\boldsymbol{x}_j$ 替换为 $\boldsymbol{x}^*$. 依次从 $j=1,\cdots,n$ 迭代得到一个具有 n 个点的近似均匀点集. 然后再重复上述过程可得最终的近似均匀点集. Chuang, Hung (2010) 说明该方法的收敛速度很快, 可以得到中心复合偏差值很小的设计. 这里初始的点集 $\mathcal{N}$ 可以通过塌陷构造法得到. 然而该方法是一个局部收敛算法, 受初始点集 $\mathcal{N}$ 的严重影响. 此外, Chen 等 (2014) 采用离散粒子群优化算法等来构造不规则区域上的均匀设计.

最近, Zhang 等 (2020) 提出一种新方法, 其应用逆 Rosenblatt 变换构造不规则区域上的均匀点集. 该方法适用面广, 可构造非凸区域上的点集, 甚至可以构造不连通的不规则区域上的点集. 在介绍该方法之前, 我们先介绍 Rosenblatt 变换. 对于任意 s 维区域 $\mathcal{X}$, 设 $\boldsymbol{X}=(X_1,\cdots,X_s)\in\mathcal{X}\subseteq R^s$ 具有如下密度函数的随机向量

$$f(x_1,\cdots,x_s)=f_1(x_1)f_{2|1}(x_2|x_1)\cdots f_{s|1,\cdots,s-1}(x_s|x_1,\cdots,x_{s-1}), \quad (8.42)$$

其中 f_1 为 X_1 的边缘密度函数, $f_{k|1,\cdots,k-1}$ 表示在 $X_1,\cdots,X_{k-1}$ 给定的情形下 X_k 的条件分布函数, $k=2,\cdots,s$. 设 $F_1, F_{2|1},\cdots,F_{s|1,\cdots,s-1}$ 是相应的分布函数和条件分布函数. 令

$$\begin{cases} U_1 = F_1(X_1), \\ U_j = F_{j|1,\cdots,j-1}(X_j|X_1,\cdots,X_{j-1}), j=2,\cdots,s. \end{cases} \quad (8.43)$$

则从 $(X_1,\cdots,X_s)$ 到 $(U_1,\cdots,U_s)$ 的变换即为 Rosenblatt 变换. 易知, Rosenblatt 变换是从 $\mathcal{X}$ 到 C^s 的一一变换, $U_1,\cdots,U_s$ 相互独立且同为 $[0,1]$ 上的均匀分布, 因此, $(U_1,\cdots,U_s)$ 服从 C^s 上的均匀分布. 由于 Rosenblatt 变换不具有置换不变性, 即这 s 个变量 $X_1,\cdots,X_s$ 的先后顺序有所变化时, 这个变换通常会有所不同. 对于 $\{1,\cdots,s\}$ 的一个置换 $(i_1,\cdots,i_s)$, 记 Rosenblatt 变换

$$T_{(i_1,\cdots,i_s)}:(X_{i_1},\cdots,X_{i_s})\to(U_1,\cdots,U_s).$$

则逆 Rosenblatt 变换定义为 $T^{-1}_{(i_1,\cdots,i_s)}:(U_1,\cdots,U_s)\to(X_{i_1},\cdots,X_{i_s})$. 因此, 给定某点 $\boldsymbol{u}=(u_1,\cdots,u_s)\in C^s$, 逆 Rosenblatt 变换可表示为

$$\begin{cases} x_{i_1}=Q_{i_1}(u_1), \\ x_{i_j}=Q_{i_j|i_1,\cdots,i_{j-1}}(u_j|X_{i_1}=x_{i_1},\cdots,X_{i_{j-1}}=x_{i_{j-1}}), j=2,\cdots,s. \end{cases} \quad (8.44)$$

显然, 若 $(X_1, \cdots, X_s)$ 服从 $\mathcal{X}$ 上的均匀分布, 则逆 Rosenblatt 变换可以从一个单位超立方体 C^s 的均匀分布变换到 $\mathcal{X}$ 上的均匀分布. 类似地, 若预先在 C^s 上找到一个均匀点集 $\mathcal{U} = \{\boldsymbol{u}_1, \cdots, \boldsymbol{u}_n\}$, 我们可以通过逆 Rosenblatt 变换把这 n 个点都变换到 $\mathcal{X}$ 上的 n 个点 $\mathcal{P} = \{\boldsymbol{x}_1, \cdots, \boldsymbol{x}_n\}$, 则变换后的点集也是一个近似均匀点集. 因此逆 Rosenblatt 变换提供了一个在 $\mathcal{X}$ 上构造近似均匀点集的方法. 逆 Rosenblatt 变换的具体构造过程见算法 8.3.

算法 8.3 构造不规则区域上均匀点集的逆 Rosenblatt 变换法

1. 给定不规则区域 $\mathcal{X}$ 和 C^s 上的均匀点集 $\mathcal{U} = \{\boldsymbol{u}_1, \cdots, \boldsymbol{u}_n\}$.

2. 确定 $(1, \cdots, s)$ 的某个置换 $(i_1, \cdots, i_s)$, 计算基于 $\mathcal{X}$ 的相应 Rosenblatt 变换 $T_{(i_1, \cdots, i_s)}$.

3. 应用逆 Rosenblatt 变换法把 $\{\boldsymbol{u}_i\}_{i=1}^n$ 变换至 $\mathcal{X}$, 即

$$\boldsymbol{x}_i = T_{(i_1, \cdots, i_s)}^{-1}(\boldsymbol{u}_i), \quad i = 1, \cdots, n.$$

4. 计算点集 $\mathcal{P} = \{\boldsymbol{x}_i\}_{i=1}^n$ 的中心复合偏差.

5. 对于所有的 $s!$ 个置换重复步骤 2—4, 取中心复合偏差最小的点集 $\mathcal{P}^*$ 作为最终的点集.

在算法 8.3 中, 步骤 1 中 C^s 中的均匀点集 $\mathcal{P}$ 可以由第 6.1 节的构造方法给出. 关于构造均匀点集的更详细的方法可参见 Fang 等 (2018). 步骤 4 中计算中心复合偏差时可通过其近似值得到. 在该算法中, 关键的是计算逆变换 $T_{(i_1, \cdots, i_s)}^{-1}$, 其难易程度取决于 $\mathcal{X}$ 的复杂程度.

例 8.10 考虑非凸区域 (8.39). 由于其区域是对称的, 因此不用考虑 (x_1, x_2) 的置换. 对于均匀分布的随机向量 $X = (X_1, X_2) \sim U(\mathcal{X})$, X_1 的边缘分布函数 $F_1(x)$ 为

$$F_1(x) = \int_0^x \int_{0.5 - (1 - |2x_1 - 1|^{1/2})^2/2}^{0.5 + (1 - |2x_1 - 1|^{1/2})^2/2} \frac{1}{V(\mathcal{X})} dx_2 dx_1,$$

其中 $V(\mathcal{X}) = \int_0^1 (1 - |2x_1 - 1|^{1/2})^2 dx_1$. 由于

$$\int_0^x (1 - |2x_1 - 1|^{1/2})^2 dx_1 = B(2,3) \left[1 + \mathrm{sign}(x - 0.5) I_{|2x - 1|^{1/2}}(2,3) \right],$$

其中 $B(a,b)$ 和 $I_c(a,b)$ $(a, b > 0, c \in [0,1])$ 分别为 Beta 函数和不完全 Beta

比率, 即

$$B(a,b) = \int_0^1 t^{a-1}(1-t)^{b-1}dt,$$

$$I_c(a,b) = \frac{B_c(a,b)}{B(a,b)} = \frac{\int_0^c t^{a-1}(1-t)^{b-1}dt}{\int_0^1 t^{a-1}(1-t)^{b-1}dt}.$$

则边缘分布函数为

$$F_1(x) = \frac{1}{2} + \frac{\text{sign}(x-0.5)}{2} \cdot I_{|2x-1|^{1/2}}(2,3),$$

其逆函数为

$$F_1^{-1}(u) = \frac{1}{2} + \frac{\text{sign}(u-0.5)}{2}\left(I_{|2u-1|}^{-1}(2.3)\right)^2.$$

此外, 条件分布函数 $F_{2|1}(x|x_1)$ 为

$$F_{2|1}(x|x_1) = \frac{x - \left(0.5 - (1-|2x_1-1|^{1/2})^2/2\right)}{(1-|2x_1-1|^{1/2})^2},$$

其逆函数为

$$F_{2|1}^{-1}(u|x_1) = 0.5 + (u-0.5)(1-|2x_1-1|^{1/2})^2.$$

因此, 我们得到逆 Rosenblatt 变换 $T_{(1,2)}^{-1} : [0,1]^2 \to \mathcal{X}$ 为

$$T_{(1,2)}^{-1}(u_1, u_2) = \left(F_1^{-1}(u_1), F_{2|1}^{-1}\left(u_2|F_1^{-1}(u_1)\right)\right). \tag{8.45}$$

例 8.11　考虑圆环 (8.40). 此时理论的边缘分布函数和条件分布函数不易得到, 我们可用近似值代替. 首先把 x_1 的取值范围 $[-1,1]$ 分为 $N = 1000$ 等份, 并取每个小区间的中点 $z_k = (2k-1)/N - 1$, $k = 1, \cdots, N$. 因此获得 x_1 的边缘分布函数的近似值

$$\widehat{F}_1(z_k) = \frac{\sqrt{1-z_k^2} - \sqrt{1/4 - z_k^2} \cdot I(|z_k| \leqslant \frac{1}{2})}{\sum_{k=1}^N \left(\sqrt{1-z_k^2} - \sqrt{1/4 - z_k^2} \cdot I(|z_k| \leqslant \frac{1}{2})\right)}, k = 1, \cdots, N. \tag{8.46}$$

从而在 z_k 的取值处, 得到 $x_2|x_1$ 相应的条件分布函数. 即当 $|z_k| \geqslant 1/2$ 时, 其服从 $\left[-\sqrt{1-z_k^2}, \sqrt{1-z_k^2}\right]$ 上的均匀分布; 当 $|z_k| \leqslant 1/2$ 时, 服从 $\left[-\sqrt{1-z_k^2}, -\sqrt{1/4-z_k^2}\right] \cup \left[\sqrt{1/4-z_k^2}, \sqrt{1-z_k^2}\right]$ 上的均匀分布. 根据 $\widehat{F}_1(z_k)$ 和 $x_2|x_1$ 的条件分布函数, 可以近似地得到相应的逆函数取值.

考虑在圆环中构造 20 个点. 对于圆环这种特殊结构, 除了塌陷构造法和上述的逆 Rosenblatt 变换法, 我们还可以通过 Zhang (1996) 介绍的随机表示法来构造. 对于塌陷构造法, 我们考虑先在正方形 $[-1,1]^2$ 中构造一个点数更多的好格子点, 然后使其塌陷在圆环中的个数恰好为 20 个. 对于随机表示法和逆 Rosenblatt 变换法的初始设计, 我们选用均匀设计网站 web.stat.nankai.edu.cn/cms-ud/中二维的 20 个点的均匀设计. 图 8.7 给出这三种构造算法当 $n = 20$ 时的结果, 以及相应的中心复合偏差值. 从中可见, 逆 Rosenblatt 变换法具有最好的效果, 其中心复合偏差值最小.

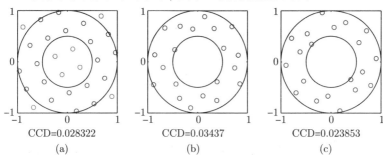

图 8.7　不同方法在圆环中的 20 个点. (a) 塌陷构造法, (b) 随机表示法, (c) 逆 Rosenblatt 变换法

习　　题

1. 考虑下面关于二维标准正态分布的密度函数的定积分

$$I = \int_{-\infty}^{0} \int_{-\infty}^{0} \frac{1}{2\pi} \exp\left(-\frac{x^2 + y^2}{2}\right) dxdy.$$

应用蒙特卡罗法、8.1.2 小节中的网格点法、加权平均法以及好格子点法, 分别构造 $n = 25, 100, 400, 900$ 个点来近似 I, 并比较它们的误差大小.

2. 把上题中的多维标准正态分布的维数从 2 维增大至 6 维, 积分下限为 $(-2, \cdots, -2)$, 积分上限为 $(2, \cdots, 2)$. 点数 $n = 25, 100, 400, 1000, 2000$, 比较蒙特卡罗法和好格子点法的积分值的估计误差.

3. 记 $\boldsymbol{x} = (x_1, x_2, x_3)$. 令

$$r_1(\boldsymbol{x}) = x_1^2 + x_2^2 + x_3^2 - 1,$$
$$r_2(\boldsymbol{x}) = x_1^2 + x_2^2 + (x_3 - 2)^2 - 1,$$
$$r_3(\boldsymbol{x}) = x_1 + x_2 + x_3 - 1,$$

$$r_4(\boldsymbol{x}) = x_1 + x_2 - x_3 + 1,$$
$$r_5(\boldsymbol{x}) = x_1^3 + 3x_2^2 + (5x_3 - x_1 + 1)^2 - 36.$$

应用 SNTO 法求解下面的无约束非线性最小二乘问题:

$$\min f(\boldsymbol{x}) = \frac{1}{2}r(\boldsymbol{x})^T r(\boldsymbol{x}) = \frac{1}{2}\sum_{i=1}^{5}(r_i(\boldsymbol{x}))^2.$$

4. 应用 SNTO 法求解下面的有约束非线性优化问题:

$$\min f = x_1^2 + 2x_2^2 - 2x_1 - 6x_2 - 2x_1x_2$$
$$\text{s.t. } x_1^2 + x_2^2 \leqslant 2,$$
$$-x_1 + x_2 \leqslant 2,$$
$$0 \leqslant x_1, x_2.$$

5. 对于不规则区域 (8.39), 应用塌陷构造法得到一个 $n = 20$ 的近似均匀点集, 并计算其中心复合偏差值.

6. 利用 R 软件实现例 8.9 中的变量选择过程, 并观察 Gibbs 抽样过程中各示性变量的后验概率.

7. 通过塌陷构造法和逆 Rosenblatt 变换法这两种方法分别给出圆环 (8.40) 上 $n = 10, 15, 20, 25, 30$ 个点的均匀点集, 并比较其结果.

参考文献

周永道, 方开泰. 2019. FM-代表点 [J]. 中国科学 (A 辑: 数学), 49(7):1009–1020.

张尧庭, 方开泰. 2003. 多元统计分析引论 (第二版)[M]. 北京: 科学出版社.

方开泰, 王元. 1996. 数论方法在统计中的应用 [M]. 北京: 中国科学出版社.

袁亚湘, 孙文瑜. 1997. 最优化理论与方法 [M]. 北京: 科学出版社.

茆诗松, 王静龙, 濮晓龙. 2006. 高等数理统计 (第二版)[M]. 北京: 高等教育出版社.

王元, 方开泰. 2009. 统计模拟中的数论方法 [J]. 中国科学 (A 辑: 数学), 39(7): 775.

唐年胜, 周勇, 徐亮, 译. 2009. 科学计算中的蒙特卡罗策略, Liu J 著 [M]. 北京: 高等教育出版社.

方开泰, 许建伦. 2016. 统计分布 [M]. 北京: 高等教育出版社.

ALBERT J. 2009. Bayesian Computation with R[M]. Berlin: Springer.

ANDREW G. 1993. Iterative and non-iterative simulation algorithms[J]. Computing Science & Statistics, 24.

ANDRIEU C, THOMS J. 2008. A Tutorial on Adaptive MCMC[M]. Dordrecht: Kluwer Academic Publishers: 343–373.

ATHREYA K B, DOSS H, SETHURAMAN J. 1992. A proof of convergence of the Markov chain simulation method[J]. Annals of Statistics, 24(1):69–100.

BAILEY R W. 1994. Polar generation of random variates with the t-distribution[J]. Mathematics of Computation, 62(206):779–781.

BESAG J. 1974. Spatial interaction and the statistical analysis of lattice systems[J]. Journal of the Royal Statistical Society, 36(2):192–236.

BICKEL P J, FREEDMAN D A. 1981. Some asymptotic theory for the bootstrap[J]. Ann. Statist., 9:1196–1217.

BOYD S, VANDENBERGHE L. 2004. Convex Optimization[M]. Cambridge: Cambridge University Press.

BROOKS S P. 1998. Assessing convergence of Markov chain Monte Carlo algorithms[J]. Statistics & Computing, 8(1):319–335.

BROOKS S P, GELMAN A. 1998. General Methods for monitoring convergence of iterative simulations[J]. Journal of Computational & Graphical Statistics, 7(4):434–455.

BROOKS S P, ROBERTS G O. 1998. Convergence assessment techniques for Markov chain Monte Carlo[J]. Statistics & Computing, 8(4):319–335.

BROOKS S P, GIUDICI P, ROBERTS G O. 2003. Efficient construction of reversible jump Markov chain Monte Carlo proposal distributions[J]. Journal of the Royal Statistical Society, 65(1):3–39.

CHEN R B, HSU Y W, HUNG Y, WANG W C 2014. Discrete particle swarm optimization for constructing uniform design on irregular regions[J]. Comput. Statist. Data Anal., 72:282–297.

CHENG C S. 1997. $E(s^2)$-Optimal superaturated designs[J]. Statist. Sinica, 7:929–939.

CHERNICK M. 2007. Bootstrap Methods: A Guide for Practitioners and Researchers[M]. 2nd ed. New Jersey: John Wiley & Sons.

CHRISTOPHE D, PETR S. 2019. https://CRAN.R-project.org/package= randtoolbox. R package version 1.30.0.

CHUANG S C, HUNG Y C. 2010. Uniform design over general input domains with applications to target region estimation in computer experiments[J]. Comput. Statist. Data Anal., 54:219–232.

COWLES M K, CARLIN B P. 1996. Markov chain Monte Carlo convergence diagnostics: a comparative review[J]. J. Amer. Statist. Assoc., 91(434): 883–904.

COX D R. 1957. A note on grouping[J]. J. Am. Stat. Asso., 52:543–547.

CRANLEY R, PATTERSON T N L. 1976. Randomization of number theoretic methods for multiple integration[J]. SIAM Journal on Numerical Analysis, 13(6):904–914.

DAMIEN P, WAKEFIELD J C, WALKER S. 1999. Gibbs sampling for Bayeisan non-conjugate and hierarchical models using auxiliary variables[J]. Journal of the Royal Statistical Society, 61(2):331–344.

DELLAPORTAS P, FORSTER J J, NTZOUFRAS I. 2000. Bayesian variable selection using the Gibbs sampler[J]. Generalized Linear Models A Bayesian Perspective: 273–286.

DEMPSTER A P, LAIRD N M, RUBIN D B. 1977. Maximum likelihood from incomplete data via the EM algorithm[J]. Journal of the Royal Statistical Society, 39(1):1–38.

DEVROYE L. 1986. Non-uniform random variate generation[M]. New York: Springer-Verlag.

DIEBOLT J, ROBERT C P. 1994. Estimation of finite mixture distributions through Bayesian sampling[J]. Journal of the Royal Statistical Society, 56(2):363–375.

DONGARRA J, SULLIVAN F. 2000. Top ten algorithms of the century[J]. Computing in Science and Engineering, 2:22–23.

DRAPER N, SMITH H. 1981. Applied Regression Analysis[M]. 2nd ed. New Jersey: John Wiley & Sons.

EDWARDS R G, SOKAL A D. 1988. Generalization of the Fortuin-Kasteleyn-Swendsen-Wang representation and Monte Carlo algorithm[J]. Physical Review D Particles & Fields, 38(6):2009.

EFRON B. 1979. Bootstrap methods: another look at the jackknife[J]. Ann.Statist., 7:1–26.

EFRON B. 1982. The Jackknife, the Bootstrap and Other Resampling Plans[M]. Montpelier: Capital City Press.

EFRON B. 1987. Better bootstrap confidence intervals[J]. Journal of the American Statistical Association, 82(397):171–185.

EFRON B. 1992. Jackknife-after-Bootstrap standard errors and influence functions[J]. J.R. Statist. Soc. B, 54:83–127.

EFRON B, TIBSHIRANI R. 1986. Bootstrap methods for standard errors, confidence intervals, and other measures of statistical accuracy[J]. Statistical Science, 1(1):54–75.

FANG K T. 1980. The uniform design: application of number-theoretic methods in experimental design[J]. Acta Math. Appl. Sinica, 3:363–372.

FANG K T, HE S. 1982. The problem of selecting a given number of representative points in a normal population and a generalized Mill's ratio[R]. Department of Statistics, Stanford University.

FANG K T, WANG Y. 1991. A sequential algorithm for solving a system of nonlinear equations[J]. Journal of Computational Mathematics, 9:9–16.

FANG K T, WANG Y. 1994. Number-Theoretic Methods in Statistics[M].

London: Chapman and Hall: 416–428.

FANG K T, ZHANG Y T. 1990. Generalized Multivariate Analysis[M]. Berlin: Springer.

FANG K T, WANG Y, BENTLER P M. 1994. Some applications of number-theoretic methods in statistics[J]. Statist. Sci., 9:416–428.

FANG K T, GE G N, LIU M Q. 2002. Uniform supersaturated design and its construction[J]. Sci. China Ser. A, 45:1080–1088.

FANG K T, GE G N, LIU M Q, QIN H. 2003a. Construction on minimum generalized aberration designs[J]. Metrika, 57:37–50.

FANG K T, LU X, WINKER P. 2003b. Lower bounds for centered and wrap-around L_2-discrepancies and construction of uniform[J]. J. Complexity, 20:268–272.

FANG K T, GE G N, LIU M Q, QIN H. 2004. Combinatorial constructions for optimal supersaturated designs[J]. Discrete Math., 279:191–202.

FANG K T, TANG Y, YIN J X. 2005. Lower bounds for wrap-around L_2-discrepancy and constructions of symmetrical uniform designs[J]. J. Complexity, 21:757–771.

FANG K T, LI R, SUDJIANTO A. 2006a. Design and Modeling for Computer Experiments[M]. London: Chapman and Hall/CRC.

FANG K T, MARINGER D, TANG Y, WINKER P. 2006b. Lower bounds and stochastic optimization algorithms for uniform designs with three or four levels[J]. Math. Comp., 75:859–878.

FANG K T, ZHOU M, WANG W J. 2014. Applications of the representative points in statistical simulations[J]. Science China Mathematics, 57:2609–2620.

FANG K T, LIU M Q, QIN H, ZHOU Y D. 2018. Theory and Application of Uniform Design[M]. New York: Springer-Verlag.

FERMI E, RICHTMYER R D. 1948. Note on census-taking in Monte Carlo calculations[R]. LAM.

FLURY B. 1990. Principal points[J]. Biometrika, 77:33–41.

GELFAND A, SMITH A M. 1990. Sampling-Based approaches to calculating marginal densities[J]. Publications of the American Statistical Association, 85(410):398–409.

GELMAN A, RUBIN D B. 1992a. Inference from iterative simulation using multiple sequences[J]. Statistical Science, 7(4):457–472.

GELMAN A, RUBIN D B. 1992b. A single series from the Gibbs sampler provides a false sense of security[J]. Bayesian Statistics.

GELMAN A, SPEED T P. 1993. Characterizing a joint probability distribution by conditionals[J]. Journal of the Royal Statistical Society, 55(1):185–188.

GELMAN A, ROBERTS R, GILKS W. 1996. Efficient Metropolis jumping rules, in Bayesian Statistics 5 (eds J.M. Bernardo, J.O. Berger, A.P. Dawid and A.F.M. Smith)[M]. Oxford: Oxford University Press: 599–607.

GELMAN A, CARLIN C B, STERN H S, RUBIN D B. 2004. Bayesian Data Analysis[M]. 2nd ed. London: Chapman and Hall/CRC.

GEMAN S, GEMAN D. 1984. Stochastic relaxation, Gibbs distributions, and the Bayesian restoration of images[J]. IEEE Transactions on Pattern Analysis & Machine Intelligence, PAMI-6(6):721–741.

GEORGE E, MCCULLOCH R. 1993. Variable selection via Gibbs sampling[J]. Journal of the American Statistical Association, 88(423):881–889.

GERT V, VAN, TOMMI T. 2019. https://CRAN.R-project.org/package= hitandrun. R package version 0.5-5.

GEYER C J. 1991. Markov chain Monte Carlo maximum likelihood[C]//. E.M.KERAMIGAS F., in Computing Science and Statistics: Procedings of the 23rd Symposium on the Interface. VA: Interface Foundation:156–163.

GILKS W, WILD P. 1992. Adaptive rejection sampling for Gibbs sampling [J]. Journal of the Royal Statistical Society. Series C (Applied Statistics), 41(2): 337–348.

GILKS W R, ROBERTS G O, GEORGE E I. 1994. Adaptive direction sampling[J]. Journal of the Royal Statistical Society, 43(1):179–189.

GILKS W R, BEST N G, TAN K K C. 1995. Adaptive rejection Metropolis sampling[J]. Journal of the Royal Statistical Society. Series C (Applied Statistics), 44(4):455–472.

GIVENS G H, HOETING J A. 2013. Computational Statistics. [M]. 2nd ed. New Jersey: John Wiley & Sons.

GIVENS G H, RAFTERY A E. 1996. Local adaptive importance sampling for multivariate densities with strong nonlinear relationships[J]. Journal of the American Statistical Association, 91(433):132–141.

GONZALO G, ANABEL F, CARLOS V. 2018. https://github.com/comodin19/ BayesVarSel.

GORDON N, SALMOND D, SMITH A. 1993. Novel approach to nonlinear/non-Gaussian Bayesian state estimation[J]. Radar and Signal Processing, IEE Proceedings F., 140(2):107–113.

GOSWAMI G. 2011. https://CRAN.R-project.org/package=EMC. R package version 1.3.

GOSWAMI G, LIU J S. 2007. On learning strategies for evolutionary Monte Carlo[J]. Statistics & Computing, 17(1):23–38.

GREEN P J. 1995. Reversible jump Markov chain Monte Carlo computation and Bayesian model determination[J]. Biometrika, 82(4):711–732.

GRENANDER U, MILLER M I. 1994. Representations of knowledge in complex systems[J]. Journal of the Royal Statistical Society, 56(4):549–603.

HAARIO H. 2001. An adaptive Metropolis algorithm[J]. Bernoulli, 7(2):223–242.

HALL P. 1992. The Bootstrap and Edgeworth Expansion[M]. New York: Springer-Verlag.

HAMMERSLEY J M, MORTON K W. 1956. A new Monte Carlo technique: Antithetic variates[J]. A new Monte Carlo technique: Antithetic variates, 52:449–475.

HASTINGS W K. 1970. Monte Carlo sampling methods using Markov chains and their applications[J]. Biometrika, 57(1):97–109.

HICKERNELL F J. 1998a. A generalized discrepancy and quadrature error bound[J]. Math. Comp., 67:299–322.

HICKERNELL F J. 1998b. Lattice rules: How well do they measure up?[J]. in: Hellekalek, P., Larcher, G. (eds.) Random and Quasi-Random Point Sets, New York: Springer-Verlag:106–166.

HICKERNELL F J, LIU M Q. 2002. Uniform designs limit aliasing[J]. Biometrika, 89:893–904.

HOFER R, NIEDERREITER H. 2013. A construction of (t, s)-sequences with finite-row generating matrices using global function fields[J]. Finite Fields and Their Applications, 21:97–110.

HOSMER D W, LEMESHOW S. 1989. Applied Logistic Regression[M].

HOTI F, SILLANPÄÄ M J. 2006. Bayesian mapping of genotype X expression interactions in quantitative and qualitative traits[J]. Heredity, 97(1):4.

HUA L K, WANG Y. 1981. Applications of Number Theory to Numerical Analysis[M]. Berlin and Beijing: Springer and Science Press.

HUKUSHIMA K, NEMOTO K. 1996. Exchange Monte Carlo method and application to spin glass simulations[J]. Journal of the Physical Society of Japan, 65(6):1604–1608.

JIANG J J, HE P, FANG K T. 2015. An interesting property of the arcsine distribution and its applications[J]. Statistics and Probability Letters, 105:88–95.

KEEFER D L, BODILY S E. 1983. 3-Point appoximations for continuous random variables[J]. Manage Sci, 29:595–609.

KIEFER J, WOLFOWITZ J. 1956. Consistency of the maximum likelihood estimator in the presence of infinitely many incidental parameters[J]. Annals of Mathematical Statistics, 27(4):887–906.

KNUTH D E. 1997. The Art of Computer Programming[M]. Reading, Mass: Addison-Wesley.

KOROBOV N M. 1959a. The approximate computation of multiple integrals[J]. Dokl. Akad. Nauk. SSSR, 124:1207–1210.

KOROBOV N M. 1959b. Computation of multiple integrals by the method of optimal coefficients[J]. Vestnik Moskow Univ. Sec. Math. Astr. Fiz. Him., 4:19–25.

KOTZ S. 1975. Multivariate distributions at a cross road[J]. Patil, Ganapati P. and Kotz, Samuel and Ord, J. K.(eds), Modern Course on Statistical Distributions in Scientific Work, Springer Netherlands:247–270.

KRUSCHKE J K. 2015. Doing Bayesian Data Analysis: A Tutorial with R, JAGS, and Stan[M]. 2nd ed. Academic Press.

LAHIRI S N. 2003. Resampling Methods for Dependent Data[M]. New York: Springer-Verlag.

L'ECUYER P. 1994. Uniform random number generation[J]. Annals of Operations Research, 53:77–120.

L'ECUYER P. 2016. Randomized quasi-Monte Carlo: An introduction for practitioners[C]//International Conference on Monte Carlo and Quasi-Monte Carlo Methods in Scientific Computing:29–52.

L'ECUYER P, LEMIEUX C. 2005. Recent advances in randomized quasi-Monte Carlo methods[C]//Modeling Uncertainty: An Examination of Stochastic Theory, Methods, & Applications:419–474.

LEHMER D H. 1951. Mathematical methods in large-scale computing units[J]. Annals of the Computation Laboratory of Harvard Universiy, 26:141–146.

LI D, NG W L. 2000. Optimal dynamic portfolio selection: Multi-Period mean-variance formulation[J]. Mathematical Finance, 10(3):387–406.

LI K H. 2007. Pool size selection for the samplingimportance resampling algorithm[J]. Statistica Sinica, 17(3):895–907.

LIANG F, WONG W H. 2000. Evolutionary Monte Carlo with applications to

C_p model sampling and change point problem[J]. Statistica Sinica, 10(2): 317–342.

LIANG F, WONG W H. 2001. Real-Parameter evolutionary Monte Carlo with applications to Bayesian mixture models[J]. Journal of the American Statistical Association, 96(454):653–666.

LIANG F, LIU C, CARROLL R J. 2007. Stochastic approximation in Monte Carlo computation[J]. Publications of the American Statistical Association, 102(477):305–320.

LIANG F, LIU C, CARROLL R J. 2010. Advanced Markov Chain Monte Carlo Method: Learning from Past Samples[M]. New Jersey: John Wiley & Sons.

LIANG J, LI R, FANG H, FANG K T. 2000. Testing multinormality based on low-dimensional projection[J]. Journal of Statistical Planning and Inference, 86(1):129–141.

LIU C, RUBIN D B. 1996. Markov-Normal analysis of iterative simulations before their convergence[J]. Journal of Econometrics, 75(1):69–78.

LIU J, LIANG F, WONG W. 2000. The use of multiple-try method and local optimization in Metropolis sampling[J]. Journal of the American Statistical Association, 94:121–134.

LIU J S. 1995. Covariance structure and convergence rate of the Gibbs sampler with various scans[J]. Journal of the Royal Statistical Society, 57(1):157–169.

LIU J S. 2001. Monte Carlo Strategies in Scientific Computing[M]. New York: Springer-Verlag.

LOVÁSZ L. 1999. Hit-And-Run mixes fast[J]. Mathematical Programming, 86(3):443–461.

LOVÁSZ L, VEMPALA S. 2004. Hit-And-Run from a corner[J]. Symposium on Theory of Computing, 35(4):985–1005.

MA C X, T.FANG K. 2004. A new approach to construction of nearly uniform designs[J]. Int. J. Mater. Prod. Tec., 20:115–126.

MARKOWITZ, H. 1959. Portfolio Selection; Efficient Diversification of Investments[M]. New Jersey: John Wiley & Sons.

MARSAGLIA G, ZAMAN A. 1993. The KISS generator[R]. Department of Statistics, Florida State University.

MARTIN A, TANNER, WONG W. 1987. The calculation of posterior distributions by data augmentation[J]. Publications of the American Statistical Association, 82(398):528–540.

METROPOLIS N, ROSENBLUTH A W, ROSENBLUTH M N, TELLER A H, TELLER
E. 1953. Equation of state calculations by fast computing machines[J].
Journal of Chemical Physics, 21(6):1087–1092.

MEUWISSEN T H, HAYES B J, GODDARD M E. 2001. Prediction of total
genetic value using genome-wide dense marker maps[J]. Genetics, 157(4):
1819–1829.

MIRA A, TIERNEY L. 2002. Efficiency and convergence properties of slice
samplers[J]. Scandinavian Journal of Statistics, 29(1):1–12.

MONTIEL L V, BICKEL J E. 2013. Generating a random collection of discrete
joint probability distributions subject to partial information[J]. Methodol-
ogy and Computing in Applied Probability, 15(4):951–967.

MOROHOSI H, FUSHIMI M. 1998. A practical approach to the error estimation
of quasi-Monte Carlo integrations[J]. British Medical Journal: 377–390.

NEAL R M. 2003. Slice sampling. (With discussions and rejoinder)[J]. Annals
of Statistics, 31(31):705–741.

NEUMANN J. 1951. Various Techniques Used in Connection with Random
Digit, Monte Carlo Method[M]. Washington, D.C.: Applied Mathematics
Series 12, National Bureau of Standards.

NIEDERREITER H. 1977. Pseudo-Random numbers and optimal coefficients[J].
Adv. Math., 26(2):99–181.

NIEDERREITER H. 1978. Quasi-Monte Carto methods and pseudo-random
numbers[J]. Bull. Amer. Math. Soc., 84:957–1041.

NIEDERREITER H. 1987. Point sets and sequences with small discrepancy[J].
Monatsh. Math., 104:273–337.

NIEDERREITER H. 1992. Random Number Generation and Quasi-Monte
Carlo Methods[C]//SIAM CBMS-NSF Regional Conference. Philadelphia:.
Applied Mathematics.

NIEDERREITER H. 2018. Nets, (t, s)-Sequences, and Codes[C]//. KELLER
A, HEINRICH S, NIEDERREITER H. Monte Carlo and Quasi-Monte Carlo
Methods 2006. Berlin: Springer: 83–100.

NIEDERREITER H, WINTERHOF A. 2015. Quasi-Monte Carlo Methods[M].
Berlin: Springer: 185–306.

NIEDERREITER H, XING C. 2001. Rational Points on Curves over Finite Fields:
Theory and Applications[M]. Cambridge: Cambridge University Press.

NUMMELIN E. 1984. General Irreducible Markov Chains and Non-Negative
Operators[M]. Cambridge: Cambridge University Press: 2193–2210.

OH M S, BERGER J O. 1992. Adaptive importance sampling in Monte Carlo integration[J]. Journal of Statistical Computation & Simulation, 41(3-4): 143–168.

OH M S, BERGER J O. 1993. Integration of multimodal functions by Monte Carlo importance sampling[J]. Journal of the American Statistical Association, 88(422):450–456.

OWEN A B. 1997a. Monte Carlo variance of scrambled equidistribution quadrature[J]. SIAM J. Numer. Anal., 34(5):1884–1910.

OWEN A B. 1997b. Scrambled net variance for intergrals of smooth functions[J]. Ann. Stat., 25(4):1541–1562.

PARK J H, QUINN K M, MARTIN A D. 2011. MCMCpack: Markov chain Monte Carlo in R[J]. Journal of statistical software, 42(09):1–21.

PÉREZ C J, MARTÍN J, RUFO M J, ROJANO C. 2005. Quasi-Random sampling importance resampling[J]. Communications in Statistics - Simulation and Computation, 34(1):97–112.

PLUMMER M, BEST N, COWLES K, VINES K. 2006. CODA: Convergence diagnosis and output analysis for MCMC[J]. R News, 6(1):7–11.

POLSON N G. 1996. Convergence of Markov chain Monte Carlo algorithms, in Bayesian Statistics 5 (eds J.M. Bernardo, J.O. Berger, A.P. Dawid and A.F.M. Smith)[M]. Oxford: Oxford University Press: 297–322.

PYKE R. 1965. Spacings[J]. J. Roy. Statist. Soc. Ser. B, 27:395–449.

QI Z, ZHOU Y, FANG K. 2019. Representative points for location-biased data sets[J]. Communications in Statistics - Simulation and Computation, 48:458–471.

QUENOUILLE M H. 1949. Approximate tests of correlation in time-series[J]. Journal of the Royal Statistical Society, Series B, 11(1):68–84.

QUENOUILLE M H. 1956. Notes on bias in estimation[J]. Biometrika, 43:353–360.

REVUZ D. 1984. Markov Chains[M]. 2nd ed. Amsterdam: North-Holland Publishing Co.

RICHARDSON S, GREEN P J. 1997. On Bayesian analysis of mixtures with an unknown number of components (with discussion)[J]. Journal of the Royal Statistical Society, 59(4):731–792.

ROBERT P, CHRISTIAN, CASELLA G. 2004. Monte Carlo Statistical Methods[M]. New York: Springer-Verlag.

ROBERTS G O, ROSENTHAL J S. 1999. Convergence of slice sampler Markov chains[J]. Journal of the Royal Statistical Society, 61(3):643–660.

ROBERTS G O, ROSENTHAL J S. 2001. Optimal scaling for various Metropolis-Hastings algorithms[J]. Statistical Science, 16(4):351–367.

ROBERTS G O, SAHU S K. 1997. Updating schemes, correlation structure, blocking and parameterization for the Gibbs sampler[J]. Journal of the Royal Statistical Society, 59(2):291–317.

ROSENBLATT M. 1952. Remarks on a multivariate transformation[J]. Annals of Mathematical Statistics, 23(3):470–472.

ROSENTHAL J S. 1993. Rates of convergence for data augmentation on finite sample spaces[J]. Annals of Applied Probability, 3(3):819–839.

ROSENTHAL J S. 1995a. Minorization conditions and convergence rates for Markov chain Monte Carlo[J]. Publications of the American Statistical Association, 90(430):558–566.

ROSENTHAL J S. 1995b. Rates of convergence for Gibbs sampling for variance component models[J]. Annals of Statistics, 23(3):740–761.

ROSS S M. 2013. Simulation[M]. Pittsburgh: American Academic Press.

ROTH K. 1954. On irregularities of distribution[J]. Mathematika, 1:73–79.

RUBIN D B. 1981. The Bayesian bootstrap[J]. Ann Statist, 9:130–134.

RUBIN D B. 1987. Comment on "The calculation of posterior distributions by data augmentation", by M. A. Tanner and W. H. Wong[J]. Journal of the American Statistical Association, 82:543–546.

RUBIN D B. 1988. Using the SIR Algorithm to Simulate Posterior Distribution, in Bayesian Statistics 3 (eds J.M. Bernardo, J.O. Berger, A.P. Dawid and A.F.M. Smith)[M]. Oxford: Oxford University Press: 395–402.

RUBINSTEIN R, KROESE D. 2013. Simulation and the Monte Carlo Method[M]. New Jersey: John Wiley & Sons.

SCHMIDT W. 1972. Irregularities of distribution. VII[J]. Acta Arith, 21:45–50.

SCHUCANY W R, GRAY H L, OWEN D B. 1971. On bias Reduction in estimation[J]. Journal of the American Statistical Association, 66:524–533.

SHAW J E H. 1988. A quasirandom approach to integration in Bayesian statistics[J]. Ann. Statist., 16:859–914.

SHERLOCK C, FEARNHEAD P, ROBERTS G O. 2010. The random walk Metropolis: Linking theory and practice through a case study[J]. Statistical Science, 25(2):172–190.

SHERLOCK C, THIERY A H, ROBERTS G O, ROSENTHAL J S. 2014. On the efficiency of pseudo-marginal random walk Metropolis algorithms[J]. Annals of Statistics, 43(1):265–268.

SINHARAY S. 2003. Assessing convergence of the markov chain monte carlo algorithms: A review[J]. Ets Research Report, 2003(1):1–52.

SMITH A F M, GELFAND A E. 1992. Bayesian statistics without tears: A sampling-resampling perspective[J]. American Statistician, 46(2):84–88.

SMITH R L. 1984. Efficient Monte Carlo procedures for generating points uniformly distributed over bounded regions[J]. Operations Research, 32(6): 1296–1308.

SOBOL I. 1967. Distribution of points in a cube and approximate evaluation of integrals[J]. Zh. Vych. Mat. Mat. Fiz., 7:784–802 (in Russian).

STEPHENS M. 2000. Bayesian analysis of mixture models with an unknown number of components—an alternative to reversible jump methods[J]. Annals of Statistics, 28(1):40–74.

TAO H, NING J. 2018. Randomized quasi-random sampling/importance resampling[J]. Communications in Statistics - Simulation and Computation, online.

TARPEY T. 2007. A parametric k-means algorithm[J]. Computational Statistics, 22:71–89.

TERVONEN T, VAN VALKENHOEF G, BASTURK N, POSTMUS D. 2013. Hit-And-Run enables efficient weight generation for simulation-based multiple criteria decision analysis[J]. European Journal of Operational Research, 224(3):552–559.

TIBSHIRANI R J. 1992. Discussion of Jackknife-after-bootstrap standard errors and influence functions[J]. J. R.Statist. Soc. B, 54:119–120.

TIERNEY L. 1994. Markov chains for exploring posterior distributions (with discussion)[J]. Annals of Statistics, 22(4):1701–1786.

TOMMI TERVONEN V G V, DOUWE P. 2013. Hit-And-Run enables efficient weight generation for simulation-based multiple criteria decision analysis[J]. European Journal of Operational Research, 224:552–559.

TUFFIN B. 1998. Variance reduction order using good lattice points in Monte Carlo methods[J]. Computing, 61(4):371–378.

TUKEY J W. 1958. Bias and confidence in not-quite large samples, abstract[J]. Annals of Mathematical Statistics, 29(2):614.

VANDEWOESTYNE B, COOLS R. 2010. On the convergence of quasi-random samplingimportance resampling[J]. Mathematics & Computers in Simulation, 81(3):490–505.

VENABLES W N, RIPLEY B D. 2002. Modern Applied Statistics with S[M]. Fourth. New York: Springer-Verlag.

WANG Y, FANG K T. 1981. A note on uniform distribution and experimental design[J]. Chinese Sci. Bull., 26:485–489.

WANG Y C, NING J H, ZHOU Y D, FANG K T. 2015. A New Sampler: Randomized Likelihood Sampling[C]//Souvenir Booklet of the 24th International Workshop on Matrices and Statistics, 25-28 May 2015, Haikou, Hainan, China:255–261.

WEST M. 1993. Approximating posterior distributions by mixture[J]. J.royal Statist.soc, 55(2):553–568.

WEYL H. 1916. Über die Gleichverteilung der Zahlem mod Eins[J]. Math. Ann., 77:313–352.

WINKER P, T.FANG K. 1997. Application of threshold accepting to the evaluation of the discrepancy of a set of points[J]. SIAM Numer. Anal., 34:2038–2042.

WOODS H, STEINOUR H H, STARKE H R. 2002. Effect of composition of Portland cement on heat evolved during hardening[J]. Ind.Eng.Chem, 24(11): 1207–1214.

WU C F J, HAMADA S, MICHAEL. 2009. Experiments, Planning, Analysis and Optimization[M]. 2nd ed. New Jersey: John Wiley & Sons.

XIONG Z, NING J H, BACHELARD C. Efficient sampler for high-dimensional simplex with constraints[J]. manuscript.

YI N, GEORGE V, ALLISON D B. 2003. Stochastic search variable selection for identifying multiple quantitative trait loci[J]. Genetics, 164(3):1129–1138.

YU B, MYKLAND P. 1998. Looking at Markov samplers through cusum path plots: A simple diagnostic idea[J]. Statistics & Computing, 8(3):275–286.

ZHANG M, ZHANG A J, ZHOU Y D. 2020. Construction of Uniform Designs on Arbitrary Domains by Inverse Rosenblatt Transformation[C]//Festschrift for KT Fang 80th Birthday. Berlin: Springer.

ZHANG R C. 1996. On a transformation method in constructing multivariate uniform designs[J]. Statist. Sinica, 6:455–469.

ZHOU Y D, FANG K T. 2013. An efficient method for constructing uniform designs with large size[J]. Comput. Statist., 28(3):1319–1331.

ZHOU Y D, FANG K T, NING J H. 2013. Mixture discrepancy for quasi-random point sets[J]. J. Complexity, 29:283–301.

ZHOU Y D, NING J H, SONG X B. 2008. Lee discrepancy and its applications in experimental designs[J]. Statist. Probab. Lett., 78:1933–1942.

索　引

(t, m, s) 网, 131

(t, s) 序列, 131

F 偏差, 140

B 复制, 66

B 估计, 67

FM 代表点, 142, 143

Gibbs 抽样, 4

GRSRP 算法, 154

Halton 序列, 130

Hammersley 集, 131

Hastings 算法, 95

Ising 模型, 92

Koksma-Hlawka 不等式, 130

Kolmogorov-Smirnov 统计量, 130

k 均值算法, 152

Lee 偏差, 137

MCMC, 77

Metropolis-Hastings 算法, 4, 89

Metropolis 算法, 4, 89

m 相关序列, 74

Rosenblatt 变换, 167

SIR, 159

SNTO, 196

Sobol 序列, 131

t 百分位数 B 估计, 71

van der Corput 序列, 131

B

百分位数 B 估计, 71

C

参数化 k 均值算法, 156

D

刀切法, 5, 59

刀切复制, 60

对偶变量法, 41

多维积分, 185

E

二次规划问题, 192

二次型函数, 62

F

方幂好格子点, 136

方幂好格子点法, 5, 136

非线性规划, 192

分层抽样法, 46

H

好格子点法, 5, 134
混合偏差, 137

J

交换算法, 214
接受拒绝法, 3, 18, 20
均方误差代表点, 141
均匀设计, 5, 134
均匀网格, 134

K

可卷偏差, 137
可行域, 191
控制变量法, 48

L

离散偏差, 137
粒子群算法, 214

M

马尔可夫过程, 80
蒙特卡罗代表点, 139

N

拟蒙特卡罗法, 4, 195
拟牛顿法, 194
拟牛顿条件, 194
逆 Rosenblatt 变换, 214
逆变换抽样法, 3
逆变换法, 15
牛顿法, 193

O

欧拉函数, 135

P

平稳性, 1

Q

切片抽样, 4
全局似然比抽样代表点算法, 154
全局似然比抽样方法; GLR, 170

S

删行好格子点法, 136
生成向量, 135
数论方法代表点, 141

T

塌陷构造法, 213
条件期望法, 43
凸优化问题, 192

W

伪 FM 代表点, 145, 146
无约束优化问题, 191

X

线性规划, 192
线性约束优化问题, 192
星偏差, 5, 130, 137
序贯均匀设计, 196

Y

压缩比, 196
以 b 为基底的基本区间, 131

Z

置信区间, 70
中心复合偏差, 213
中心化偏差, 137
重要性抽样法, 48
自适应拒绝 Metropolis 抽样, 4
自适应拒绝抽样法, 3
最陡下降法, 192

书单

书号	书名	著译者
9787040543377	随机模拟的方法和应用	周永道、贺平、方开泰、宁建辉
	正交数组的比较和选择（英文版）	Yu Tang, A. M. Elsawah, Kai-Tai Fang
9787040535730	递归划分方法及其应用	Heping Zhang, Burton Singer 著 王学钦 译
	非参数统计	王学钦、严颖
9787040538847	高维统计模型的估计理论与模型识别	胡雪梅、刘锋 著
9787040515084	量化交易：算法、分析、数据、模型和优化	黎子良 等 著 冯玉林、刘庆富 译
9787040513806	马尔可夫过程及其应用：算法、网络、基因与金融	Étienne Pardoux 著 许明宇 译
9787040508291	临床试验设计的统计方法	尹国至、石昊伦 著
9787040506679	数理统计（第二版）	邵军
9787040478631	随机场：分析与综合（修订扩展版）	Erik Vanmarke 著 陈朝晖、范文亮 译
9787040447095	统计思维与艺术：统计学入门	Benjamin Yakir 著 徐西勒 译
9787040442595	诊断医学中的统计学方法（第二版）	侯艳、李康、宇传华、周晓华 译
9787040448955	高等统计学概论	赵林城、王占锋 编著
9787040436884	纵向数据分析方法与应用（英文版）	刘宪
9787040423037	生物数学模型的统计学基础（第二版）	唐守正、李勇、符利勇 著
9787040419504	R 软件教程与统计分析：入门到精通	潘东东、李启寨、唐年胜 译

书号	书名	著译者
9 787040 386721	随机估计及 VDR 检验	杨振海
9 787040 378177	随机域中的极值统计学：理论及应用（英文版）	Benjamin Yakir 著
9 787040 372403	高等计量经济学基础	缪柏其、叶五一
9 787040 322927	金融工程中的蒙特卡罗方法	Paul Glasserman 著 范韶华、孙武军 译
9 787040 348309	大维统计分析	白志东、郑术蓉、姜丹丹
9 787040 348286	结构方程模型：Mplus 与应用（英文版）	王济川、王小倩 著
9 787040 348262	生存分析：模型与应用（英文版）	刘宪
9 787040 345407	MINITAB 软件入门：最易学实用的统计分析教程	吴令云 等 编著
9 787040 321883	结构方程模型：方法与应用	王济川、王小倩、姜宝法 著
9 787040 319682	结构方程模型：贝叶斯方法	李锡钦 著 蔡敬衡、潘俊豪、周影辉 译
9 787040 315370	随机环境中的马尔可夫过程	胡迪鹤 著
9 787040 256390	统计诊断	韦博成、林金官、解锋昌 编著
9 787040 250626	R 语言与统计分析	汤银才 主编
9 787040 247510	属性数据分析引论（第二版）	Alan Agresti 著 张淑梅、王睿、曾莉 译
9 787040 182934	金融市场中的统计模型和方法	黎子良、邢海鹏 著 姚佩佩 译

网上购书： www.hepmall.com.cn, gdjycbs.tmall.com, academic.hep.com.cn, www.dangdang.com

其他订购办法：

各使用单位可向高等教育出版社电子商务部汇款订购。
书款通过银行转账，支付成功后请将购买信息发邮件或
传真，以便及时发货。购书免邮费，发票随书寄出（大
批量订购图书，发票随后寄出）。

单位地址： 北京西城区德外大街4号
电　话： 010-58581118
传　真： 010-58581113
电子邮箱： gjdzfwb@pub.hep.cn

通过银行转账：

户　名： 高等教育出版社有限公司
开户行： 交通银行北京马甸支行
银行账号： 110060437018010037603

郑重声明

高等教育出版社依法对本书享有专有出版权。任何未经许可的复制、销售行为均违反《中华人民共和国著作权法》，其行为人将承担相应的民事责任和行政责任；构成犯罪的，将被依法追究刑事责任。为了维护市场秩序，保护读者的合法权益，避免读者误用盗版书造成不良后果，我社将配合行政执法部门和司法机关对违法犯罪的单位和个人进行严厉打击。社会各界人士如发现上述侵权行为，希望及时举报，本社将奖励举报有功人员。

反盗版举报电话　（010）58581999　58582371　58582488
反盗版举报传真　（010）82086060
反盗版举报邮箱　dd@hep.com.cn
通信地址　北京市西城区德外大街4号　高等教育出版社法律事务与版权管理部
邮政编码　100120